南开大学研究生数学教学

凸优化的理论和方法

杨庆之 编著

科学出版社

北京

内 容 简 介

本书系统介绍了凸优化的理论和方法,包括凸集、凸函数、凸优化问题、对偶问题、无约束凸优化问题的最速下降方法和 Newton 方法、具有线性等式约束的凸优化问题的 Newton 型方法和具有不等式约束的凸优化问题的内点法,还介绍了线性半定规划的一些性质和算法,并对目标函数具有可分结构的一类凸优化问题介绍了基本的交替方向乘子方法. 本书对介绍的各种概念、性质、算法,除了严格的描述或推导,也通过一些例子和图示,帮助读者更好地从直观上或具体实例中理解所介绍的内容.

本书可供具有一定数学基础的理工类研究生使用,也可作为对最优化方法特别是凸优化方法有兴趣的科研和工程技术人员的参考书.

图书在版编目 (CIP) 数据

凸优化的理论和方法/杨庆之编著. —北京:科学出版社,2019.12
(南开大学研究生数学教学系列丛书)
ISBN 978-7-03-063870-0

Ⅰ. ①凸… Ⅱ. ①杨… Ⅲ. ①凸分析-研究生-教材 Ⅳ. ①O174.13

中国版本图书馆 CIP 数据核字(2019) 第 289524 号

责任编辑: 李静科 李香叶 / 责任校对: 彭珍珍
责任印制: 赵 博 / 封面设计: 无极书装

科 学 出 版 社 出版
北京东黄城根北街 16 号
邮政编码: 100717
http://www.sciencep.com

北京厚诚则铭印刷科技有限公司印刷
科学出版社发行 各地新华书店经销
*

2019 年 12 月第 一 版 开本: 720×1000 B5
2025 年 1 月第四次印刷 印张: 16 1/2
字数: 330 000
定价: 78.00 元
(如有印装质量问题, 我社负责调换)

前　　言

　　最优化方法自从 20 世纪 40 年代开始得到系统发展以来, 始终和各种应用课题联系在一起. 社会生产力的不断发展, 以及人们日常生活中日益增长的各种需求, 为最优化方法提供了丰富的源泉, 特别是进入 20 世纪 90 年代以后, 各种电子设备的小型化、普及化及互联网技术的出现和发展, 使得最优化方法开始进入一个前所未有的快速发展阶段, 很多小型设备中都嵌入了优化软件. 当今大数据、人工智能等领域的兴起, 又为最优化方法提出了新的富有挑战性的课题, 这也进一步加深了最优化方法和其他领域的联系, 同时也显示了最优化方法独特的作用. 另外, 作为一种理论和"软的"技术, 最优化方法的研究, 主要使用数学分析、高等代数等作为其理论分析的主要工具, 所以, 最优化方法入门起点并不高. 这也使得优化方法容易普及, 成为各领域工作人员便于使用的工具. 尽管最优化方法在实际应用中主要是通过计算机为工具实现的, 但计算机上运行的算法, 它的设计和分析都主要依赖数学的最优化的思想和方法. 所以, 最优化方法也为一些数学理论应用于实际起到了重要的桥梁作用.

　　最优化方法问题本身的提法很简单, 抽象点说, 就是变量在一个区域中变化, 要求一个定义在这个区域上函数的最大值或最小值. 变量所在区域的不同类型, 就把最优化问题大致划分为不同的类型, 比如, 如果区域是由若干离散点组成的, 通常称相应优化问题为离散型优化问题; 如果区域是连通的或是若干连通域组合在一起的, 则称之为连续型优化问题. 本书主要介绍连续型优化问题的一类重要特例——凸优化问题的理论和方法. 凸优化问题是求定义域为连通的凸集合上的一个凸函数的最小值问题. 定义区域一般通过函数不等式和等式来具体表示, 所以, 最优化问题的这种表达形式, 为在最优化方法中充分使用数学知识, 特别是数学分析和线性代数中的知识提供了可能. 尽管当目标函数和约束函数都是线性函数时, 相应的优化问题是凸优化问题, 这一类优化问题也被专门称为线性规划问题, 但一般线性规划中更多地使用线性代数的知识, 而且可以自成体系, 理论、算法和软件包都发展得很成熟. 因此, 凸优化通常不包括线性规划在内, 也就是说, 凸优化问题中涉及的函数不都是线性的甚至都是非线性的. 尽管如此, 线性规划中的理论和算法, 有些可以推广发展到凸优化情形, 比如, 凸优化中的内点方法开始是为求解线性规划而提出的, 后来发展成为凸优化中的一类重要方法. 凸优化作为一般连续型优化问题的特殊情形, 其理论和算法更多地和非线性优化问题有密切关系, 可以说, 所有非线性优化问题的理论和算法都适用于凸优化问题. 不过, 凸优化在理论和算法方面都有自己的特点, 而且由于凸优化有广泛的应用, 包括直接的应用, 以及作为求解非凸优化重要辅助工具的间接的应用, 因此专门研究和介绍凸优化问题的理论和方法十分有必要.

凸优化方法的一本重要教材是 Boyd 和 Vandenberghe 编写的 *Convex Optimization*, 该书主要是面向研究生的. 本书作者在南开大学数学科学学院多次给研究生开设最优化方法课程, 主要使用该书作为教材. 该书写法上的一大特点是, 各种概念和命题的介绍, 不是采用公理化的数学化方式进行介绍的, 这和以往不管是中文还是英文优化方面的教材或专著都有很大不同, 应该也更贴近工程技术等实用性学科的特点. 另外, 对一些重要概念或结论, 比如 KKT 最优性条件, 从多个角度进行解释或分析, 这一方面可以加深读者对概念或结论的理解, 另一方面也说明这些结论或概念和其他领域中的一些事实有密切关系.

但我在教学过程中, 觉得该书似乎也有可改进之处, 比如篇幅过大. 清华大学出版社出版的中译本有 700 页, 按正常课时和速度, 两个学期也是讲不完的, 更何况该书习题量很大, 有的还很有难度, 讲授太快或学时不够, 学生不容易掌握好, 而且我觉得有些内容可以不用讲. 此外, 作为研究生教材, 我觉得最好能加一些凸优化方面新近发展的内容, 比如线性半定规划理论和算法、交替方向乘子法 (ADMM). 基于这样的考虑, 我希望编写一本篇幅小一些又能够相对全面一些的介绍凸优化理论和算法方面的教材, 以方便国内研究生和同行们对凸优化方法的学习和研究.

适合研究生用的凸优化教材不多, 而且 Boyd 和 Vandenberghe 的那本书内容已经很丰富, 多数内容写法也很标准, 所以我编写本书, 主要按照那本书的框架, 保留了其理论和算法方面的主要内容, 同时也删去了那本书上相当一部分内容, 有的地方做了一些改动. 还增加了两章, 分别介绍线性半定规划和 ADMM 方面的基本内容. 本书可以看成 *Convex Optimization* 一书的改写版或简化版, 如果以本书为教材, 可以参考那本书, 以了解凸优化其他方面的内容, 特别是凸优化应用模型方面的内容.

线性半定规划这一章内容, 主要取自修乃华和罗自炎编写的《半定规划》中的部分材料; ADMM 一章的内容, 一部分取自 Boyd 等的一篇综述论文, 另一部分取自何炳生和袁晓明的研究成果. ADMM 类的各种算法及新的应用, 是优化领域近些年来的一个热门课题, 不断有新的优秀工作出现. 因此, 本书只能初步介绍这方面的一些知识, 有兴趣的读者可以查阅相关文献.

在编写本书过程中, 我的好几位研究生帮我收集材料和排版, 特别是我的博士研究生唐耀宗同学, 负责本书整体统筹编排, 为本书编辑出版付出很多辛劳. 没有他们的帮助, 我是不可能在相对短的时间内完成本书编写工作的, 在此对他们表示感谢.

最后, 对本书采用或参考的文献的作者表示感谢, 也要感谢科学出版社编辑同志认真负责地校对和提出的宝贵意见. 同时感谢南开大学数学科学学院在出版经费方面给予的支持.

由于作者水平有限, 本书难免会有不足之处, 望读者提出批评或建议.

杨庆之

2019 年 12 月

目　　录

第1章 凸 集

这一章介绍了各种形式的凸集及一些重要的性质.

1.1 仿射集合和凸集

设 $x_1 \neq x_2$ 为 $\mathbf{R}^n$ 空间中的两个点, 具有下列形式的点

$$y = \theta x_1 + (1-\theta)x_2, \quad \theta \in \mathbf{R}$$

组成一条过 x_1 和 x_2 的直线. 如参数 $\theta \in [0,1]$, 则构成了连结 x_1 和 x_2 的闭线段.

y 的表示形式

$$y = x_2 + \theta(x_1 - x_2)$$

给出了另一种解释: y 是基点 x_2(对应 $\theta = 0$) 和方向 $x_1 - x_2$(由 x_2 指向 x_1) 乘以参数 θ 的和. 因此, θ 给出了 y 在由 x_2 通向 x_1 的路上的位置. 当 θ 由 0 增加到 1, 点 y 相应地由 x_2 移动到 x_1. 如果 $\theta > 1$, 点 y 在超越了 x_1 的直线上.

如果通过集合 $C \subseteq \mathbf{R}^n$ 中任意两个不同点的直线仍然在集合 C 中, 则称集合 C 是仿射的.

这个概念可以扩展到多个点的情况. 如果 $\theta_1 + \cdots + \theta_k = 1$, 称具有 $\theta_1 x_1 + \cdots + \theta_k x_k = 1$ 形式的点为 $x_1, \cdots, x_k$ 的仿射组合.

如果集合 C 中任意有限个点的仿射组合仍然在 C 中, 称 C 为仿射集合.

如果 C 是一个仿射集合并且 $x_0 \in C$, 则集合

$$V = C - x_0 = \{x - x_0 | x \in C\}$$

是一个子空间, 即关于加法和数乘是封闭的. 证明如下.

设 $v_1, v_2 \in V, \alpha, \beta \in \mathbf{R}$, 则有 $v_1 + x_0 \in C, v_2 + x_0 \in C$. 因为 C 是仿射的, 且 $\alpha + \beta + (1 - \alpha - \beta) = 1$, 所以

$$\alpha v_1 + \beta v_2 + x_0 = \alpha(v_1 + x_0) + \beta(v_2 + x_0) + (1 - \alpha - \beta)x_0 \in C,$$

由 $\alpha v_1 + \beta v_2 + x_0 \in C$, 可知 $\alpha v_1 + \beta v_2 \in V$. 所以 V 是一个子空间.

因此, 仿射集合 C 可以表示为

$$C = V + x_0 = \{v + x_0 | v \in V\},$$

即一个子空间加上一个平移. 与仿射集合 C 相关联的子空间 V 和 x_0 的选取无关. 仿射集合 C 的维数定义为子空间 $V = C - x_0$ 的维数.

例 1.1　线性方程组的解集. 线性方程组的解集 $C = \{x|Ax = b\}$, 其中 $A \in \mathbf{R}^{m \times n}$, $b \in \mathbf{R}^m$ 是一个仿射集合. 为说明这点, 设 $x_1, x_2 \in C$, 即 $Ax_1 = b, Ax_2 = b$, 对任意 θ, 有

$$A(\theta x_1 + (1 - \theta)x_2) = \theta A x_1 + (1 - \theta)A x_2$$
$$= \theta b + (1 - \theta)b$$
$$= b.$$

所以 $\theta x_1 + (1 - \theta)x_2$ 也在 C 中, 并且与仿射集合 C 相关联的子空间就是 A 的零空间 $N(A) = \{x|Ax = 0\}$.

反之, 任意仿射集合可以表示为一个线性方程组的解集.

任给 $\mathbf{R}^n$ 中一集合 C, 称由集合 C 中点的所有仿射组合形成的集合为 C 的仿射包, 记为 $\mathbf{aff}C$:

$$\mathbf{aff}C = \{\theta_1 x_1 + \cdots + \theta_k x_k | x_1, \cdots, x_k \in C, \theta_1 + \cdots + \theta_k = 1\}.$$

仿射包是包含 C 的最小的仿射集合, 也就是说, 如果 S 是满足 $C \subseteq S$ 的仿射集合, 则 $\mathbf{aff}C \subseteq S$.

1.1.1　仿射维数与相对内部

集合 C 的仿射包的维数称为 C 的仿射维数.

考虑 $\mathbf{R}^2$ 上的单位圆环 $\{x \in \mathbf{R}^2 | x_1^2 + x_2^2 = 1\}$. 它的仿射包是全空间 $\mathbf{R}^2$, 所以其仿射维数为 2.

定义集合 C 的相对内部为 $\mathbf{aff}C$ 的内部, 记为 $\mathbf{relint}C$, 即

$$\mathbf{relint}C = \big\{x \in C | B(x, r) \cap \mathbf{aff}C \subseteq C \text{ 对于某个 } r > 0\big\},$$

其中 $B(x, r) = \{y | \|y - x\| \leqslant r\}$, 即半径为 r, 中心为 x 并由范数 $\|\cdot\|$ 定义的球. 由此可以定义集合 C 的相对边界为 $\mathbf{cl}C \setminus \mathbf{relint}C$, 此处 $\mathbf{cl}C$ 表示 C 的闭包.

例 1.2　考虑 $\mathbf{R}^3$ 中处于 (x_1, x_2) 平面的一个正方形, 定义

$$C = \big\{x \in \mathbf{R}^3 | -1 \leqslant x_1 \leqslant 1, -1 \leqslant x_2 \leqslant 1, x_3 = 0\big\}.$$

其仿射包为 (x_1, x_2) 平面, 即 $\mathbf{aff}C = \{x \in \mathbf{R}^3 | x_3 = 0\}$. C 的内部为空, 但其相对内部为

$$\mathbf{relint}C = \{x \in \mathbf{R}^3 | -1 < x_1 < 1, -1 < x_2 < 1, x_3 = 0\}.$$

C 在 $\mathbf{R}^3$ 的边界是其自身, 而相对边界是其边框, 即

$$\{x \in \mathbf{R}^3 | \max\{|x_1|, |x_2|\} = 1, x_3 = 0\}.$$

1.1.2 凸集

如果 C 中任意两点间的线段仍然在 C 中, 即对于任意 $x_1, x_2 \in C$ 和满足 $0 \leqslant \theta \leqslant 1$ 的 θ, 都有

$$\theta x_1 + (1 - \theta)x_2 \in C,$$

则集合 C 被称为凸集.

称点 $\theta_1 x_1 + \cdots + \theta_k x_k$ 为点 $x_1, \cdots, x_k$ 的一个凸组合, 其中 $\theta_i \geqslant 0, i = 1, \cdots, k$, 且 $\theta_1 + \cdots + \theta_k = 1$. 与仿射集合类似, 一个集合是凸集等价于集合包含其中所有点的凸组合. 点的凸组合可以看作它们的加权平均, θ_i 代表 x_i 所占的比例.

称集合 C 中所有点的凸组合的集合为其凸包, 记为 $\mathbf{conv}C$:

$$\mathbf{conv}C = \{y = \theta_1 x_1 + \cdots + \theta_k x_k | x_i \in C, \theta_i \geqslant 0, i = 1, \cdots, k, \theta_1 + \cdots + \theta_k = 1\}.$$

凸包 $\mathbf{conv}C$ 总是凸的. 容易证明 $\mathbf{conv}C$ 是凸集. 它是包含 C 的最小的凸集. 也就是说, 如果 B 是包含 C 的凸集, 那么 $\mathbf{conv}C \subseteq B$.

1.1.3 锥

如果对于任意 $x \in C$ 和 $\theta \geqslant 0$, 都有 $\theta x \in C$, 称集合 C 是锥.

如果集合 C 是锥, 并且是凸的, 则称 C 为凸锥, 也即 C 是凸锥是指: 对于任意 $x_1, x_2 \in C$ 和 $\theta_1, \theta_2 \geqslant 0$, 都有

$$\theta_1 x_1 + \theta_2 x_2 \in C.$$

具有 $\theta_1 x_1 + \cdots + \theta_k x_k (\theta_i \geqslant 0, i = 1, \cdots, k)$ 形式的点称为 $x_1, \cdots, x_k$ 的锥组合. 如果 x_i 均属于凸锥 C, 那么, x_i 的每一个锥组合也在 C 中. 集合 C 的锥包是 C 中所有锥组合的集合, 即

$$\{\theta_1 x_1 + \cdots + \theta_k x_k | x_i \in C, \theta_i \geqslant 0, i = 1, \cdots, k\},$$

它是包含 C 的最小的凸锥.

1.2 一些重要的例子

1.2.1 超平面与半空间

具有下面形式的集合

$$\{x | a^{\mathrm{T}} x = b\},$$

称为 $\mathbf{R}^n$ 中的一个超平面, 其中 $a \in \mathbf{R}^n, a \neq 0, b \in \mathbf{R}$. 几何上, 超平面 $\{x | a^{\mathrm{T}} x = b\}$ 可以解释为与给定向量 a 的内积为常数的点的集合, 也可以看成法线方向为 a 的超平面, 而常数 $b \in \mathbf{R}$ 决定了这个平面从原点的偏移.

可以将超平面表示成下面的形式:

$$\{x | a^{\mathrm{T}} (x - x_0) = 0\}.$$

设 x_0 是超平面上的任意一点, 即 $a^{\mathrm{T}} x_0 = b$. 所以

$$\{x | a^{\mathrm{T}} (x - x_0) = 0\} = \{x | a^{\mathrm{T}} v = 0, x = x_0 + v\},$$

v 是 a 的正交补. 可以看出, 超平面是由 x_0 加上所有正交于向量 a 的向量构成的.

一个超平面将 $\mathbf{R}^n$ 分为两个半空间. 半空间是指具有下列形式的集合:

$$\{x | a^{\mathrm{T}} x \leqslant b\}, \tag{1.1}$$

其中 $a \neq 0$. 显然, 半空间是凸的.

半空间 (1.1) 也可表示为

$$\{x | a^{\mathrm{T}} (x - x_0) \leqslant 0\}, \tag{1.2}$$

这里 x_0 是相应超平面上的任意一点. 表达式 (1.2) 有一个简单的几何解释: 半空间由 x_0 加上任意与向外的法向量 a 呈钝角或直角的向量组成.

半空间 (1.1) 的边界是超平面 $\{x | a^{\mathrm{T}} x = b\}$. 集合 $\{x | a^{\mathrm{T}} x < b\}$ 是半空间 $\{x | a^{\mathrm{T}} x \leqslant b\}$ 的内部, 称为开半空间.

1.2.2 Euclid 球和椭球

$\mathbf{R}^n$ 中的空间 Euclid 球 (或简称为球) 是指下面的集合

$$B(x_c, r) = \{x | \; ||x - x_c||_2 \leqslant r\},$$

其中 $r > 0$, $|| \cdot ||$ 是 Euclid 范数, 向量 x_c 是球心, 标量 r 是半径.

Euclid 球的另一个常见的表达式为

$$B(x_c, r) = \{x | x = x_c + ru, ||u||_2 \leqslant 1\}.$$

显然, Euclid 球是凸集.

一类相关的凸集是椭球, 它们具有如下的形式

$$E = \{x | (x - x_c)^{\mathrm{T}} P^{-1} (x - x_c) \leqslant 1\}, \tag{1.3}$$

其中 P 是 n 阶对称正定矩阵, $x_c \in \mathbf{R}^n$ 是椭球的中心. E 的半轴长度由 $\sqrt{\lambda_i}$ 给出, 这里 λ_i 为 P 的特征值. 球可以看成 $P = r^2 I$ 的椭球.

椭球另一个常用的表示形式是

$$E = \{x | x = x_c + Au, \|u\|_2 \leqslant 1\}, \tag{1.4}$$

其中 A 是非奇异的方阵. 在这个表示形式中, 可以不失一般性地假设 A 对称正定, 即取 $A = P^{1/2}$. 当式 (1.4) 中的矩阵 A 为对称半正定矩阵但奇异时, 集合 (1.4) 称为退化的椭球, 其仿射维数等于 A 的秩.

1.2.3 范数球和范数锥

设 $\|\cdot\|$ 是 $\mathbf{R}^n$ 中的范数. 由范数的一般性质可知, 以 r 为半径, x_c 为球心的范数球是凸的. 关于范数 $\|\cdot\|$ 的范数锥是指集合

$$C = \{(x, t) \big| \|x\| \leqslant t, x \in \mathbf{R}^n\} \subseteq \mathbf{R}^{n+1}.$$

显然, C 是一个凸锥. 范数取为 Euclid 范数, 即 2- 范数时, 这时范数锥称为二阶锥:

$$\begin{aligned}
C &= \{(x, t) \in \mathbf{R}^{n+1} \big| \|x\|_2 \leqslant t\} \\
&= \left\{ \begin{bmatrix} x \\ t \end{bmatrix} \Bigg| \begin{bmatrix} x \\ t \end{bmatrix}^{\mathrm{T}} \begin{bmatrix} I & 0 \\ 0 & -1 \end{bmatrix} \begin{bmatrix} x \\ t \end{bmatrix} \leqslant 0, t \geqslant 0 \right\}.
\end{aligned}$$

二阶锥也称为 Lorentz 锥或冰激凌锥. 图 1.1 显示了 $\mathbf{R}^3$ 上的一个二阶锥.

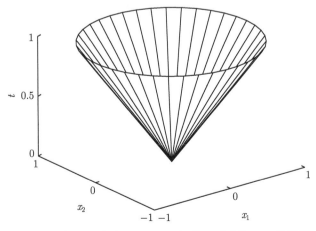

图 1.1 $\mathbf{R}^3$ 中二阶锥 $\{(x_1, x_2, t) \big| (x_1^2 + x_2^2)^{1/2} \leqslant t\}$ 的边界

1.2.4   多面体

有限个线性等式和不等式的解集称为多面体, 一般可写为

$$\mathcal{P} = \left\{ x \middle| a_j^{\mathrm{T}} x \leqslant b_j, j = 1, \cdots, m, c_j^{\mathrm{T}} x = d_j, j = 1, \cdots, p \right\}. \tag{1.5}$$

显然, 仿射集合、射线、线段和半空间都是多面体. 有界的多面体有时也称为多胞形. 图 1.2 显示了一个由五个半空间的交集构成的多面体.

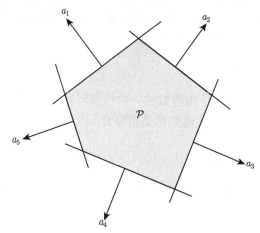

图 1.2   多面体 $\mathcal{P}$(阴影所示) 是外法向量为 a_1, a_2, a_3, a_4, a_5 的五个半空间的交集

可以方便地使用紧凑表达式

$$\mathcal{P} = \{ x | Ax \leqslant b, Cx = d \} \tag{1.6}$$

来表示 (1.5), 其中

$$A = \begin{bmatrix} a_1^{\mathrm{T}} \\ \vdots \\ a_m^{\mathrm{T}} \end{bmatrix}, \quad C = \begin{bmatrix} c_1^{\mathrm{T}} \\ \vdots \\ c_p^{\mathrm{T}} \end{bmatrix},$$

此处的 $\leqslant$ 表示 $\mathbf{R}^m$ 上的向量不等式或分量不等式, 即 $u \leqslant v$ 表示 $u_i \leqslant v_i, i = 1, \cdots, m$.

设 $k+1$ 个点 $v_0, \cdots, v_k \in \mathbf{R}^n$ 仿射独立, 即 $v_1 - v_0, \cdots, v_k - v_0$ 线性无关, 则称下面集合

$$C = \mathbf{conv}\{v_0, \cdots, v_k\} = \{\theta_0 v_0 + \cdots + \theta_k v_k | \theta \geqslant 0, \mathbf{1}^{\mathrm{T}} \theta = 1\} \tag{1.7}$$

为单纯形, 其中 $\mathbf{1}$ 表示所有分量均为 1 的向量. 这个单纯形的仿射维数为 k, 因此也称其为 $\mathbf{R}^n$ 中的 k 维单纯形.

单纯形是一类重要的多面体. 显然, 1 维单纯形是一条线段; 2 维单纯形是一个三角形; 3 维单纯形是一个四面体. 单位单纯形是由零向量和单位向量 $0, e_1, \cdots, e_n \in \mathbf{R}^n$ 确定的 n 维单纯形, 它可以表示为满足下列条件的向量的集合:

$$x \geqslant 0, \quad \mathbf{1}^{\mathrm{T}} x \leqslant 1.$$

概率单纯形是由单位向量 $e_1, \cdots, e_n \in \mathbf{R}^n$ 确定的 $n-1$ 维单纯形. 它是满足下列条件的向量的集合:

$$x \geqslant 0, \quad \mathbf{1}^{\mathrm{T}} x = 1.$$

概率单纯形中的向量对应了含有 n 个元素的集合的概率分布, x_i 可理解为第 i 个元素的概率.

有限集合 $\{v_1, \cdots, v_k\}$ 的凸包是

$$\mathbf{conv}\{v_1, \cdots, v_k\} = \left\{\theta_1 v_1 + \cdots + \theta_k v_k | \theta \geqslant 0, \mathbf{1}^{\mathrm{T}}\theta = 1\right\}.$$

它是一个有界的多面体, 但是一般无法简单地用线性等式和不等式的集合将其表示出来. 反之, 有界的多面体是其所有顶点的凸包.

这里考虑一个简单的例子. 设 C 表示 $\mathbf{R}^n$ 上 ∞- 范数空间的单位球:

$$C = \left\{x \big| |x_i| \leqslant 1, i = 1, \cdots, n\right\}.$$

C 可以由 $2n$ 个线性不等式 $\pm e_i^{\mathrm{T}} x \leqslant 1$ 表示为 (1.5) 的形式, 其中 e_i 表示第 i 维的单位向量, 所以是一个多面体.

设 $\{v_1, \cdots, v_{2^n}\}$ 是以 1 和 -1 为分量的全部向量, 共 2^n 个, 它们是这个多面体的全部顶点. 于是 $C = \mathbf{conv}\{v_1, \cdots, v_{2^n}\}$. 可见, 当 n 很大时, 这两种描述方式的规模相差极大.

1.2.5 半正定锥

用 $\mathbf{S}^n$ 表示对称 $n \times n$ 矩阵的集合, 即

$$\mathbf{S}^n = \{X \in \mathbf{R}^{n \times n} | X = X^{\mathrm{T}}\},$$

它同构于一个维数为 $n(n+1)/2$ 的向量空间. 用 $\mathbf{S}^n_+$ 表示对称半正定矩阵的集合:

$$\mathbf{S}^n_+ = \{X \in \mathbf{S}^n | X \succeq 0\},$$

用 $\mathbf{S}^n_{++}$ 表示对称正定矩阵的集合:

$$\mathbf{S}^n_{++} = \{X \in \mathbf{S}^n | X \succ 0\},$$

容易验证, 集合 $\mathbf{S}^n_+$ 和 $\mathbf{S}^n_{++}$ 都是凸锥.

例 1.3 $\mathbf{S}^2$ 上的半正定锥. 显然

$$X = \begin{bmatrix} x & y \\ y & z \end{bmatrix} \in \mathbf{S}_+^2 \Longleftrightarrow x \geqslant 0, \quad z \geqslant 0, \quad xz \geqslant y^2.$$

图 1.3 显示了这个锥的边界.

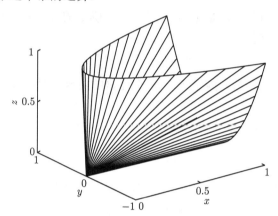

图 1.3 $\mathbf{S}^2$ 上的半正定锥的边界

1.3 保 凸 运 算

本节描述一些保凸运算. 这些运算与 1.2 节中描述的凸集的简单例子一起构成了凸集的演算, 可以用来生成一些凸集, 也可以由此判断一些集合是否为凸的.

1.3.1 交集

如果 $\mathbf{S}_1$ 和 $\mathbf{S}_2$ 是凸集, 那么 $\mathbf{S}_1 \bigcap \mathbf{S}_2$ 也是凸集. 这个简单性质可以扩展到无穷个集合的交: 如果对于任意 $\alpha \in \mathcal{A}, \mathbf{S}_\alpha$ 都是凸的, 那么 $\bigcap_{\alpha \in \mathcal{A}} \mathbf{S}_\alpha$ 也是凸集, 这里 $\mathcal{A}$ 表示一个指标集. 很容易证明这个结论.

例 1.4 半正定锥 $\mathbf{S}_+^n$ 可以表示为

$$\bigcap_{z \neq 0} \left\{ \boldsymbol{X} \in \mathbf{S}^n \,|\, z^{\mathrm{T}} \boldsymbol{X} z \geqslant 0 \right\}.$$

对于任意 $z \neq 0, z^{\mathrm{T}} \boldsymbol{X} z$ 是 $\boldsymbol{X}$ 的 (不恒等于零的) 线性函数, 所以集合

$$\left\{ \boldsymbol{X} \in \mathbf{S}^n \,|\, z^{\mathrm{T}} \boldsymbol{X} z \geqslant 0 \right\}$$

实际上就是 $\mathbf{S}^n$ 中的一个半空间. 由此可见, 半正定锥是无穷个半空间的交集, 因此是凸的.

例 1.5 考虑集合

$$\mathbf{S} = \{x \in \mathbf{R}^m |\ |p(t)| \leqslant 1, \forall |t| \leqslant \pi/3\}, \tag{1.8}$$

其中 $p(t) = \sum\limits_{k=1}^{m} x_k \cos kt$. 集合 $\mathbf{S}$ 可以表示为无穷个平板的交集: $\mathbf{S} = \bigcap_{\{|t| \leqslant \pi/3\}} \mathbf{S}_t$, 其中

$$\mathbf{S}_t = \left\{ x|-1 \leqslant (\cos t, \cdots, \cos mt)^{\mathrm{T}} x \leqslant 1 \right\},$$

因此, $\mathbf{S}$ 是凸的. 对于 $m = 2$ 的情况, 它的定义和集合可见图 1.4 和图 1.5.

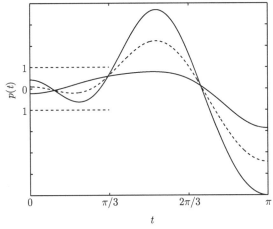

图 1.4 对应于 (1.8) 定义的集合 ($m = 2$) 中的点的三角多项式. 虚线所示的
三角多项式是另外两个的平均

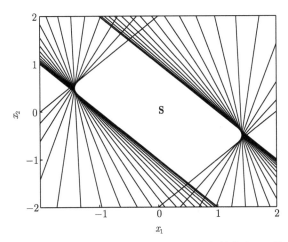

图 1.5 图中央的白色区域显示了 $m = 2$ 情况下 (1.8) 定义的集合 $\mathbf{S}$. 这个集合是无限多个
(图中显示了其中 20 个) 平板的交集

在上面例子中, 我们通过将集合表示为半空间的交集来表明集合的凸性. 反过来, 每一个闭的凸集 $\mathbf{S}$ 是 (通常为无限多个) 半空间的交集. 事实上, 一个闭凸集 $\mathbf{S}$ 是包含它的所有半空间的交集, 即

$$\mathbf{S} = \bigcap\{\mathcal{H}|\mathcal{H}是半空间, \mathbf{S} \subseteq \mathcal{H}\}.$$

1.3.2　仿射函数

函数 $f: \mathbf{R}^n \to \mathbf{R}^m$ 是仿射的, 如果它是一个线性函数和一个常数的和, 即具有 $f(x) = Ax + b$ 的形式, 其中 $A \in \mathbf{R}^{m \times n}, b \in \mathbf{R}^m$. 假设 $\mathbf{S} \subseteq \mathbf{R}^n$ 是凸的, 并且 $f: \mathbf{R}^n \to \mathbf{R}^m$ 是仿射函数. 那么, $\mathbf{S}$ 在 f 下的像

$$f(\mathbf{S}) = \{f(x)|x \in \mathbf{S}\}$$

是凸的. 类似地, 如果 $f: \mathbf{R}^k \to \mathbf{R}^n$ 是仿射函数, 那么 $\mathbf{S}$ 在 f 下的原像

$$f^{-1}(\mathbf{S}) = \{x|f(x) \in \mathbf{S}\}$$

也是凸的.

两个简单的例子是伸缩和平移. 如果 $\mathbf{S} \subseteq \mathbf{R}^n$ 是凸集, $\alpha \in \mathbf{R}$ 并且 $a \in \mathbf{R}^n$, 那么, 集合 $\alpha\mathbf{S}$ 和 $\mathbf{S}+a$ 是凸的, 其中

$$\alpha\mathbf{S} = \{\alpha x|x \in \mathbf{S}\}, \quad \mathbf{S}+a = \{x+a|x \in \mathbf{S}\}.$$

一个凸集向它的某几个坐标的投影是凸的, 即如果 $\mathbf{S} \subseteq \mathbf{R}^m \times \mathbf{R}^n$ 是凸集, 那么

$$T = \{x_1 \in \mathbf{R}^m|(x_1, x_2) \in \mathbf{S} \text{ 对某个 } x_2 \in \mathbf{R}^n\}$$

是凸集.

两个集合的和可以定义为

$$\mathbf{S}_1 + \mathbf{S}_2 = \{x+y|x \in \mathbf{S}_1, y \in \mathbf{S}_2\}.$$

如果 $\mathbf{S}_1$ 和 $\mathbf{S}_2$ 是凸集, 那么, $\mathbf{S}_1 + \mathbf{S}_2$ 是凸的. 可以看出, 如果 $\mathbf{S}_1$ 和 $\mathbf{S}_2$ 是凸的, 那么其直积

$$\mathbf{S}_1 \times \mathbf{S}_2 = \{(x_1, x_2)|x_1 \in \mathbf{S}_1, x_2 \in \mathbf{S}_2\}$$

也是凸集. 这个集合在线性函数 $f(x_1, x_2) = x_1 + x_2$ 下的像是 $\mathbf{S}_1 + \mathbf{S}_2$.

也可以考虑 $\mathbf{S}_1, \mathbf{S}_2 \in \mathbf{R}^m \times \mathbf{R}^n$ 的部分和, 定义为

$$\mathbf{S} = \{(x, y_1 + y_2)|(x, y_1) \in \mathbf{S}_1, (x, y_2) \in \mathbf{S}_2\},$$

其中 $x \in \mathbf{R}^n, y_i \in \mathbf{R}^m(i = 1, 2)$.

例 1.6 多面体 $\{x|Ax \leqslant b, Cx = d\}$ 可以表示为非负象限和原点的 Cartesian 乘积在仿射函数 $f(x) = (b - Ax, d - Cx)$ 下的原像:

$$\{x|Ax \leqslant b, Cx = d\} = \{x|f(x) \in \mathbf{R}_+^m \times \mathbf{0}\}.$$

例 1.7 条件

$$A(x) = x_1 A_1 + \cdots + x_n A_n \preceq B \tag{1.9}$$

称为关于 x 的**线性矩阵不等式 (LMI)**, 其中 $B, A_i \in \mathbf{S}^m$. 线性矩阵不等式的解 $\{x|A(x) \preceq B\}$ 是凸集, 它也是半正定锥在由 $f(x) = B - A(x)$ 给定的仿射映射 $f : \mathbf{R}^n \to \mathbf{S}^m$ 下的原像.

例 1.8 集合

$$\{x|x^{\mathrm{T}}Px \leqslant (c^{\mathrm{T}}x)^2, c^{\mathrm{T}}x \geqslant 0\}$$

是凸集, 其中 $P \in \mathbf{S}_+^n, c \in \mathbf{R}^n$. 这是因为它是二阶锥

$$\{(z, t)|z^{\mathrm{T}}z \leqslant t^2, t \geqslant 0\}$$

在仿射函数 $f(x) = (P^{1/2}x, c^{\mathrm{T}}x)$ 下的原像.

1.3.3 线性分式及透视函数

本节讨论一类称为**线性分式**的函数, 它比仿射函数更普遍, 并且仍然是保凸的.

定义 $P : \mathbf{R}^{n+1} \to \mathbf{R}^n, \mathcal{P}(z, t) = z/t$ 为透视函数, 其定义域为 $\mathbf{dom}\mathcal{P} = \mathbf{R}_n \times \mathbf{R}_{++}$.

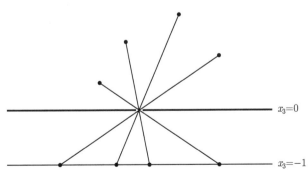

图 1.6 透视函数的小孔成像解释. 深色的水平直线表示 $\mathbf{R}^3$ 中的平面 $x_3 = 0$, 除了在原点处有一个小孔, 它是不透光的. 平面之上的物体或光源呈现在浅色水平直线所示的像平面 $x_3 = -1$ 上. 光源位置向其像位置的映射对应于透视函数

用小孔成像来解释透视函数. ($\mathbf{R}^3$ 中的) 小孔照相机由一个不透明的水平面 $x_3 = 0$ 和一个在原点的小孔组成, 光线通过这个小孔在 $x_3 = -1$ 呈现出一个水平图像. 在相机上方 $x(x_3 > 0)$ 处的一个物体, 在相平面的点 $-(x_1/x_3, x_2/x_3, 1)$ 处形成一个图像. x 处的点的像在象平面上呈现于 $y = -(x_1/x_3, x_2/x_3) = -\mathcal{P}(x)$ 处. 如果 $C \in \mathbf{dom}\mathcal{P}$ 是凸集, 那么它的像

$$\mathcal{P}(C) = \{\mathcal{P}(x) | x \in C\}$$

也是凸集. 这个结论很直观: 通过小孔观察一个凸的物体, 可以得到凸的像. 为解释这个事实, 我们将说明在透视函数作用下, 线段将被映射成线段.

假设 $x = (\tilde{x}, x_{n+1}), y = (\tilde{y}, y_{n+1}) \in \mathbf{R}^{n+1}$, 并且 $x_{n+1} > 0, y_{n+1} > 0$.

那么, 对于 $0 \leqslant \theta \leqslant 1$,

$$\mathcal{P}(\theta x + (1-\theta)y) = \frac{\theta \tilde{x} + (1-\theta)\tilde{y}}{\theta x_{n+1} + (1-\theta)y_{n+1}} = \mu \mathcal{P}(x) + (1-\mu)\mathcal{P}(y),$$

其中

$$\mu = \frac{\theta x_{n+1}}{\theta x_{n+1} + (1-\theta)y_{n+1}} \in [0, 1].$$

θ 和 μ 之间的关系是单调的: 当 θ 从 0 变到 1 时, μ 也从 0 变到 1. 这说明 $\mathcal{P}([x, y]) = [\mathcal{P}(x), \mathcal{P}(y)]$.

现在假设 C 是凸的, 并且有 $C \in \mathbf{dom}P$, 即对于所有 $x \in C, x_{n+1} > 0$. 对 $x, y \in C$, 为显示 $\mathcal{P}(C)$ 的凸性, 需要说明线段 $[\mathcal{P}(x), \mathcal{P}(y)]$ 在 $P(C)$ 中. 这条线段是线段 $[x, y]$ 在 P 的像, 因而属于 $\mathcal{P}(C)$.

一个凸集在透视函数下的原像也是凸的: 如果 $C \in \mathbf{R}^n$ 为凸集, 那么

$$\mathcal{P}^{-1}(C) = \{(x, t) \in \mathbf{R}^{n+1} | x/t \in C, t > 0\}$$

是凸集. 为证明这一点, 假设 $(x, t) \in \mathcal{P}^{-1}(C), (y, s) \in \mathcal{P}^{-1}(C), 0 \leqslant \theta \leqslant 1$. 需要证明

$$\theta(x, t) + (1-\theta)(y, s) \in \mathcal{P}^{-1}(C),$$

即

$$\frac{\theta x + (1-\theta)y}{\theta t + (1-\theta)s} \in C.$$

而这可从下式看出

$$\frac{\theta x + (1-\theta)y}{\theta t + (1-\theta)s} = \mu \left(\frac{x}{t}\right) + (1-\mu)\left(\frac{y}{s}\right),$$

其中

$$\mu = \frac{\theta t}{\theta t + (1-\theta)s} \in [0, 1].$$

线性分式函数由透视函数和仿射函数复合而成. 设 $g : \mathbf{R}^n \to \mathbf{R}^m$ 是仿射的, 即

$$g(x) = \begin{bmatrix} A \\ c^{\mathrm{T}} \end{bmatrix} + \begin{bmatrix} b \\ d \end{bmatrix}, \tag{1.10}$$

其中 $A \in \mathbf{R}^{m \times n}, b \in \mathbf{R}^m, c \in \mathbf{R}^n, d \in \mathbf{R}$. 则由 $f = P \circ g$ 给出的函数 $f : \mathbf{R}^n \to \mathbf{R}^m$ 为

$$f(x) = (Ax + b)/(c^{\mathrm{T}} x + d), \quad \mathbf{dom} f = \{x | c^{\mathrm{T}} x + d > 0\}, \tag{1.11}$$

称它为**线性分式**函数. 如果 $c = 0, d > 0$, 则 $f(x)$ 的定义域为 $\mathbf{R}^n$, 并且 $f(x)$ 是仿射函数. 因此, 可以将仿射和线性函数视为特殊的线性分式函数.

1.4 分离与支撑超平面

1.4.1 超平面分离定理

两个不相交的凸集合可以用一个超平面将二者分开, 这个直观的事实可表述为超平面分离定理.

假设 C 和 D 是 $\mathbf{R}^n$ 两个不相交的凸集, 即 $C \bigcap D = \varnothing$, 则存在向量 $a \neq 0$ 和 b 使得对于所有 $x \in C$ 有 $a^{\mathrm{T}} x \leqslant b$, 对于所有 $x \in D$ 有 $a^{\mathrm{T}} x \geqslant b$. 超平面 $H = \{a^{\mathrm{T}} x = b\}$ 称为集合 C 和 D 的分离超平面, 或称超平面 H 分离了集合 C 和 D, 如图 1.7 所示.

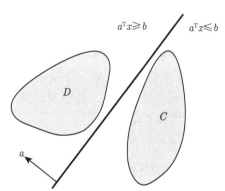

图 1.7 超平面 $\{a^{\mathrm{T}} x = b\}$ 分离了两个不相交的凸集 C 和 D. 仿射函数 $a^{\mathrm{T}} x - b$ 在 C 上非正而在 D 上非负

下面证明这一命题的一个特殊情况.

设 C 和 D 之间的距离为

$$\mathbf{dist}(C, D) = \inf \{\|u - v\|_2 | u \in C, v \in D\}.$$

设 $\mathrm{dist}(C, D) > 0$ 且存在 $c \in C$ 和 $d \in D$ 达到这个距离, 即 $||c - d||_2 = \mathrm{dist}(C, D)$. 记

$$a = d - c, \quad b = \frac{||d||_2^2 - ||c||_2^2}{2}, \quad f(x) = a^\mathrm{T} x - b = (d - c)^\mathrm{T} \left(x - \frac{1}{2}(d + c)\right).$$

下面证明, $H = \{x|\, f(x) = 0\}$ 就是将 C, D 分离的超平面.

先证明 f 在 D 中非负. 假设存在一个点 $u \in D$ 使得

$$f(u) = (d - c)^\mathrm{T}(u - (1/2)(d + c)) < 0. \tag{1.12}$$

可以将 $f(u)$ 表示为

$$f(u) = (d - c)^\mathrm{T} \left(u - d + \frac{1}{2}(d - c)\right) = (d - c)^\mathrm{T}(u - d) + \frac{1}{2}||d - c||_2^2.$$

由 (1.12) 得 $(d - c)^\mathrm{T}(u - d) < 0$. 注意到

$$\frac{d}{t}||d + t(u - d) - c||_2^2 \Big|_{t=0} = 2(d - c)^\mathrm{T}(u - d) < 0.$$

因此, 对足够小的 $t > 0$ ($t < 1$), 有

$$||d + t(u - d) - c||_2 < ||d - c||_2,$$

因为 d 和 u 都在 D 中, 所以有 $d + t(u - d) = tu + (1 - t)d \in D$. 这与 d 是 D 中离 C 最近的点矛盾. 所以 $f(x) \geqslant 0, x \in D$. 同样可证 $f(x) \leqslant 0, x \in C$.

例 1.9 设 C 是凸集, 而 D 是仿射的, 则 $D = \{Fu + g | u \in \mathbf{R}^m\}$, 其中 $F \in \mathbf{R}^{n \times m}$. 设 C 和 D 不相交, 那么根据超平面分离定理, 存在 $a \neq 0$ 和 b 使得对于所有 $x \in C$ 有 $a^\mathrm{T} x \leqslant b$, 对于所有 $x \in D$ 有 $a^\mathrm{T} x \geqslant b$.

这里 $a^\mathrm{T} x \geqslant b$ 对于所有 $x \in D$ 均成立, 所以对任意 $u \in \mathbf{R}^m$, 均有 $a^\mathrm{T} Fu \geqslant b - a^\mathrm{T} g$. 于是, $a^\mathrm{T} F = 0$, 从而也有 $b \leqslant a^\mathrm{T} g$.

所以, 存在 $a \neq 0$ 使得 $F^\mathrm{T} a = 0$, $a^\mathrm{T} x \leqslant b$ 对于所有 $x \in C$ 均成立.

如果之前构造的分离超平面满足更强的条件, 即对于任意 $x \in C$, 有 $a^\mathrm{T} x < b$, 并且对于任意 $x \in D$, 有 $a^\mathrm{T} x > b$, 则称为集合 C 和 D 被**严格分离**.

例 1.10 令 C 为闭凸集, 而 $x_0 \notin C$, 那么存在将 x_0 与 C 严格分离的超平面.

下面证明这个结果. 对于足够小的 $\epsilon > 0$, 由条件知, 集合 C 与 $B(x_0, \epsilon)$ 不相交. 根据超平面分离定理, 存在 $a \neq 0$ 和 b, 使得对于任意 $x \in C$ 有 $a^\mathrm{T} x \leqslant b$; 对于任意 $x \in B(x_0, \epsilon)$, 有 $a^\mathrm{T} x > b$. 因为 $B(x_0, \epsilon) = \{x_0 + u | \, ||u||_2 \leqslant \epsilon\}$, 于是有

$$a^\mathrm{T}(x_0 + u) > b, \quad \forall u, ||u||_2 \leqslant \epsilon$$

上式两端对 u 求最小, 便有

$$a^{\mathrm{T}}x_0 - \epsilon\|a\|_2 \geqslant b.$$

所以, $f(x) = a^{\mathrm{T}}x - b - \epsilon\|a\|_2/2 < 0, \forall x \in C$, 而 $f(x_0) = a^{\mathrm{T}}x_0 - b - -\epsilon\|a\|_2/2 > a^{\mathrm{T}}x_0 - b - \epsilon\|a\|_2 \geqslant 0$. 所以 C 和 x_0 被超平面 $H = \{x|\ f(x_0) = 0\}$ 严格分离.

由此可以顺便证明一个命题: 一个闭凸集是包含它的所有半空间的交集. 事实上, 令 C 为闭和凸的, S 为所有包含 C 的半空间. 显然, $C \subset S$. 反过来, 假设存在 $x \in S$ 并且 $x \notin C$. 根据严格分离的结果, 存在一个将 x 与 C 严格分离的超平面, 即存在一个包含 C 但不包含 x 的半空间. 这样便有 $x \notin S$, 矛盾! 命题得证.

例 1.11 我们导出严格线性不等式

$$Ax < b \tag{1.13}$$

有解的充要条件. 该不等式不可行的充要条件是凸集

$$C = \{b - Ax|x \in \mathbf{R}^n\}, \quad D = \mathbf{R}^m_{++} = \{y \in \mathbf{R}^m_{++}|y > 0\}$$

不相交. 集合 D 是开集, 而 C 是仿射集合. 根据前述的结论, C 和 D 不相交的充要条件是, 存在分离超平面, 即存在非零的 $\lambda \in \mathbf{R}^m$ 和 $\mu \in \mathbf{R}$ 使得: $\lambda^{\mathrm{T}}y \leqslant \mu, \forall y \in C$, $\lambda^{\mathrm{T}}y \geqslant \mu, \forall y \in D$. 第一个条件意味着对所有 x, 都有 $\lambda^{\mathrm{T}}(b - Ax) \leqslant \mu$. 这样便有: $A^{\mathrm{T}}b = 0, \lambda^{\mathrm{T}}b \leqslant \mu$. 第二个不等式意味着 $\lambda^{\mathrm{T}}y \geqslant \mu$ 对于所有 $y > 0$ 均成立.

这表明 $\mu \leqslant 0, \lambda \geqslant 0, \lambda \neq 0$. 将这些结果放在一起, 可以得知严格不等式组 (1.13) 无解的充要条件是存在 $\lambda \in \mathbf{R}^m$ 使得

$$\lambda \neq 0, \quad \lambda \geqslant 0, \quad A^{\mathrm{T}}\lambda = 0, \quad \lambda^{\mathrm{T}}b \leqslant 0. \tag{1.14}$$

这些不等式和等式关于 $\lambda \in \mathbf{R}^m$ 也是线性的. 称式 (1.13) 和式 (1.14) 构成一对择一选择, 即对于任意的 A 和 b, 两个系统有且仅有一组有解.

1.4.2 支撑超平面

设 $C \subseteq \mathbf{R}^n$ 而 x_0 是其边界 $\mathbf{bd}C$ 上的一点, 即

$$x \in \mathbf{bd}C = \mathbf{cl}C \backslash \mathbf{int}C.$$

如果 $a \neq 0$, 并且对任意 $x \in C$ 满足 $a^{\mathrm{T}}x \leqslant a^{\mathrm{T}}x_0$, 那么称超平面 $a^{\mathrm{T}}x = a^{\mathrm{T}}x_0$ 为集合 C 在点 x_0 处的支撑超平面. 这等于说点 x_0 与集合 C 被超平面所分离 $\{x|a^{\mathrm{T}}x = a^{\mathrm{T}}x_0\}$. 其几何解释是超平面 $\{x|a^{\mathrm{T}}x = a^{\mathrm{T}}x_0\}$ 与 C 相切于点 x_0, 而且半空间 $\{x|a^{\mathrm{T}}x \leqslant a^{\mathrm{T}}x_0\}$ 包含 C, 如图 1.8. 下面定理陈述了一个直观的事实, 称为凸集的支撑超平面定理:

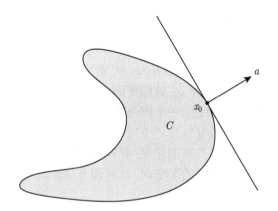

图 1.8   超平面 $\{x|a^{\mathrm{T}}x = a^{\mathrm{T}}x_0\}$ 在 x_0 处支撑 C

对于 $\mathbf{R}^n$ 任意非空的凸集 C 和任意 $x_0 \in \mathbf{bd}C$, 在 x_0 处存在 C 的支撑超平面.

支撑超平面定理从超平面分离定理很容易得到证明. 需要区分两种情况. 如果 C 的内部非空, 对于 x_0 和 $\mathbf{int}C$. 应用超平面分离定理可以直接得到所需的结论. 如果 C 的内部是空集, 则 C 必处于小于 n 维的一个仿射集合中, 并且任意包含这个仿射集合的超平面一定包含 C 和 x_0, 这是一个 (平凡的) 支撑超平面.

支撑超平面定理也有一个不完全的逆定理: 如果一个集合是闭的, 具有非空内部, 并且其边界上每个点均存在支撑超平面, 那么它是凸的.

1.5   对   偶   锥

设 K 是 $\mathbf{R}^n$ 中一个锥, 定义锥:

$$K^* = \{y \in \mathbf{R}^n | x^{\mathrm{T}}y \geqslant 0, \forall x \in K\}, \tag{1.15}$$

称它为 K 的对偶锥.

容易看出, K^* 是一个凸锥.

从几何上看, $y \in K^*$ 当且仅当 $-y$ 是 K 在原点的一个支撑超平面的法线, 如图 1.9 所示.

例 1.12   子空间 $V \subseteq \mathbf{R}^n$ (这是一个锥) 的对偶锥是其正交补 $V^{\perp} = \{y|y^{\mathrm{T}}v = 0, \forall v \in V\}$.

例 1.13   锥 $\mathbf{R}_+^n$ 的对偶是它本身, 也即 $(\mathbf{R}_+^n)^* = \mathbf{R}_+^n$. 称这种锥为**自对偶锥**.

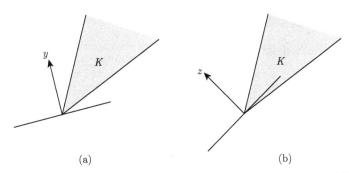

图 1.9   (a) 以 y 为内法向量的半空间包含锥 K, 因此, $y \in K^*$. (b) 以 z 为内法向量的半空间不包含 K, 因此, $z \notin K^*$

例 1.14   **半正定锥是自对偶锥**. 在 $n \times n$ 对称矩阵的集合 $\mathbf{S}^n$ 上, X, Y 之间的内积 $\operatorname{tr}(XY) = \sum\limits_{i,j=1}^{n} X_{ij} Y_{ij}$. 这时 $\mathbf{S}^n_+$ 的对偶锥定义为

$$(\mathbf{S}^n_+)^* = \{Y \in \mathbf{S}^n | \ \operatorname{tr}(XY) \geqslant 0, \forall X \in \mathbf{S}^n_+\},$$

也即证明对任意 $X, Y \in \mathbf{S}^n$, 有

$$\operatorname{tr}(XY) \geqslant 0, \quad \forall X \succeq 0 \Longleftrightarrow Y \succeq 0.$$

假设 $y \notin \mathbf{S}^n_+$, 那么存在 $q \in \mathbf{R}^n$ 并且

$$q^{\mathrm{T}} Y q = \operatorname{tr}(qq^{\mathrm{T}} Y) < 0.$$

于是半正定矩阵 $X = qq^{\mathrm{T}}$ 满足 $\operatorname{tr}(XY) < 0$, 由此可知 $Y \notin (\mathbf{S}^n_+)^*$. 假设 $X, Y \in (\mathbf{S}^n_+)^*$, 可以利用特征值分解将 X 表示为 $\sum\limits_{i=1}^{n} n \lambda_i q_i q_i^{\mathrm{T}}$, 其中 $\lambda_i \geqslant 0, i = 1, \cdots, n$. 于是有

$$\operatorname{tr}(YX) = \operatorname{tr}\left(Y \sum_{i=1}^{n} \lambda_i q_i q_i^{\mathrm{T}}\right) = \sum_{i=1}^{n} \lambda_i q_i^{\mathrm{T}} Y q_i.$$

这说明 $Y \in (\mathbf{S}^n_+)^*$. 所以 $\mathbf{S}^n_+ = (\mathbf{S}^n_+)^*$, 即 $\mathbf{S}^n_+$ 是自对偶锥.

例 1.15   令 $\|\cdot\|$ 为定义在 $\mathbf{R}^n$ 上的范数, 与之相关的锥

$$K = \left\{(x,t) \in \mathbf{R}^{n+1} | \ \|x\| \leqslant t\right\}$$

的对偶锥由其对偶范数定义, 即

$$K^* = \left\{(u,v) \in \mathbf{R}^{n+1} | \ \|u\|_* \leqslant v\right\},$$

这里的对偶范数由 $\|u\|_* = \sup\left\{u^{\mathrm{T}} x | \ \|x\| \leqslant 1\right\}$ 给出.

为证明这个结论, 需要说明

$$x^{\mathrm{T}}u + tv \geqslant 0, \quad 当 \quad ||x|| \leqslant t \Longleftrightarrow ||u||_* \leqslant v. \tag{1.16}$$

先证充分性. 设 $||u||_* \leqslant v$, 并且对某 $t > 0$, 有 $||x|| \leqslant t$. 根据对偶锥的定义以及 $|| - x/t|| \leqslant 1$, 有

$$u^{\mathrm{T}}(-x/t) \leqslant ||u_*|| \leqslant v,$$

因此, $u^{\mathrm{T}}x + vt \geqslant 0$.

下证必要性, 用反证法证明. 假设左边条件成立时, 有 $||u_*|| \geqslant v$, 即右端不成立. 根据对偶锥的定义, 存在 x 满足 $||x|| \leqslant 1$ 及 $x^{\mathrm{T}}u > v$, 记 $t = 1$, 有

$$u^{\mathrm{T}}(-x) + tv < 0,$$

这与 (1.16) 的左端矛盾. 这样便证明了结论.

对偶锥满足下列性质:

(a) K^* 是闭凸锥.

(b) $K_1 \subseteq K_2$ 可导出 $(K_2)^* \subseteq (K_1)^*$.

(c) 如果 K 有非空内部, 那么 K^* 是尖的.

(d) 如果 K 的闭包是尖的, 那么 K^* 有非空内部.

(e) K^{**} 是 K 的凸包的闭包. (因此, 如果 K 是凸和闭的, 则 $K^{**} = K$.)

这些性质表明: 如果 K 是一个正常锥, 那么它的对偶 K^* 也是, 且进一步有, 有 $K^{**} = K$.

关于本章内容的注释 对凸集的系统研究开始于 19 世纪末的 Minkowski, 之后又有许多发展. 1970 年, Rockafellar 在他的 *Convex Analysis*[4] 中, 系统总结和发展了凸集的理论. 关于凸集理论发展历史的详细介绍可参看参考文献 [1, 2] 中凸集一章后面的注释.

习　题　1

1.1　设 $C \subseteq \mathbf{R}^n$ 为一个凸集, $x_1, \cdots, x_k \in C, k \geqslant 2$. 设 $\theta_i \geqslant 0, i = 1, \cdots, k$ 且 $\sum\limits_{i=1}^{k} \theta_i = 1$. 证明 $\sum\limits_{i=1}^{k} \theta_i x_i \in C$.

1.2　证明一个集合是凸集当且仅当它与任意直线的交是凸的. 证明一个集合是仿射的, 当且仅当它与任意直线的交是仿射的.

1.3　如集合 C 中任意两点 a, b 的中点 $(a + b)/2$ 也属于 C, 就称 C 是中点凸的. 证明: 如果 C 是闭和中点凸的, 那么 C 是凸集.

1.4　证明集合 S 的凸包是所有包含 S 的凸集的交.

1.5　求两个平行的超平面 $\{x \in \mathbf{R}^n | a^\mathrm{T} x = b_1\}$ 和 $\{x \in \mathbf{R}^n | a^\mathrm{T} x = b_2\}$ 之间的距离.

1.6　给出使下面包含关系成立的条件

$$\{x \in \mathbf{R}^n | a^\mathrm{T} x = b\} \subseteq \{x \in \mathbf{R}^n | \tilde{a}^\mathrm{T} x = \tilde{b}\} \quad (a \neq 0, \tilde{a} \neq 0).$$

并给出使得两个半空间相等的条件.

1.7　令 a 和 b 为 $\mathbf{R}^n$ 中互异的两点. 证明: $\{x \in \mathbf{R}^n | \ ||x - a||_2 \leqslant ||x - b||_2\}$ 是一个半空间. 用形如 $c^\mathrm{T} x \leqslant d$ 的不等式进行显式表示并画出图形.

1.8　下面的集合 S 中哪些是多面体? 如果可能, 将 S 表示为 $S = \{x | Ax \leqslant b, Fx = g\}$ 的形式.

(a) $S = \{y_1 a_1 + y_2 a_2 | -1 \leqslant y_1 \leqslant 1, -1 \leqslant y_2 \leqslant 1\}$, 其中 $a_1, a_2 \in \mathbf{R}^n$.

(b) $S = \left\{x \in \mathbf{R}^n \middle| x \geqslant 0, \mathbf{1}^\mathrm{T} x = 1, \sum\limits_{i=1}^n x_i a_i = b_1, \sum\limits_{i=1}^n x_i a_i^2 = b_2\right\}$, 其中 $a_1, \cdots, a_n \in \mathbf{R}$ 并且 $b_1, b_2 \in \mathbf{R}$.

(c) $S = \{x \in \mathbf{R}^n | x \geqslant 0, \mathbf{1}^\mathrm{T} x \leqslant 1,$ 对所有满足 $||y||_2 = 1$ 的 $y\}$.

(d) $S = \left\{x \in \mathbf{R}^n \middle| x \geqslant 0, \mathbf{1}^\mathrm{T} x \leqslant 1,$ 对所有满足 $\sum\limits_{i=1}^n |y_i| = 1$ 的 $y\right\}$.

1.9　设 $x_0, x_1, \cdots, x_k \in \mathbf{R}^n$. 考虑

$$V = \left\{x \in \mathbf{R}^n \middle| ||x - x_0||_2 \leqslant ||x - x_i||_2, i = 1, \cdots, k\right\}.$$

V 称为围绕 x_0 的关于 $x_1, \cdots, x_k$ 的 Voronoi 区域.

(a) 证明 V 是一个多面体, 并将 V 表示为 $V = \{x | Ax \preceq b\}$ 的形式.

(b) 给定一个内部非空的多面体 $\mathcal{P}$, 说明如何寻找 $x_0, x_1, \cdots, x_k$ 使得这个多面体是 x_0 关于 $x_1, \cdots, x_k$ 的 Voronoi 区域.

1.10　设 $C = \{x \in \mathbf{R}^n | x^\mathrm{T} A x + b^\mathrm{T} x + c \leqslant 0\}$, 其中 $A \in \mathbf{S}^n, b \in \mathbf{R}^n, c \in \mathbf{R}$. 证明:

(a) 如果 $A \succeq 0$, 那么 C 是凸集.

(b) 如果对某个 $\lambda \in \mathbf{R}$ 有 $A + \lambda gg^\mathrm{T} \succeq 0$, 则 $C \bigcap \{g^\mathrm{T} x + h = 0\}$ 是凸集, 这里 $g \neq 0$.

1.11　证明 $\{x \in \mathbf{R}^n_+ | \prod_{i=1}^n x_i \geqslant 1\}$ 是凸集.

1.12　对一个集合 C, 其锥包是指包含 C 的最小闭凸锥. 设 $1 \leqslant k \leqslant n$, 求 $\{XX^T | X \in \mathbf{R}^{n \times k}, \mathrm{rank} X = k\}$ 的锥包.

1.13　设 $S \subseteq \mathbf{R}^n$.

(a) 对于 $a \geqslant 0$, 定义 $S_a = \{x | \mathbf{dist}(x, S) \leqslant a\}$, 称 S_a 为 S 的扩展或延伸. 证明: 如果 S 是凸集, 那么 S_a 是凸集.

(b) 对于 $a \geqslant 0$, 定义 $S_{-a} = \{x | B(x, a) \subseteq S\}$, 其中 $B(x, a)$ 是以 x 为中心、a 为半径的球. 称 S_{-a} 为 S 的收缩或限制. 证明: 如果 S 是凸集, 那么 S_{-a} 也是凸集.

1.14　证明: 如果 S_1 和 S_2 是 $\mathbf{R}^{m \times n}$ 中的凸集, 则它们的部分和

$$S = \{(x, y_1 + y_2) | x \in \mathbf{R}^m, y_1, y_2 \in \mathbf{R}^n, (x, y_1) \in S_1, (x, y_2) \in S_2\}$$

也是凸集.

1.15 对于下面每个集合 C, 给出形如

$$P(C) = \{v/t | (v,t) \in C, t > 0\}$$

的简单表示.

(a) 多面体 $C = \mathbf{conv}\{(v_1, t_1), \cdots, (v_k, t_k)\}$, 其中的 $v_i \in \mathbf{R}^n, t_i > 0 (i = 1, 2, \cdots, k)$.

(b) 超平面 $C = \mathbf{conv}\{(v,t) | f^\mathrm{T} v + gt = h\}$(其中 f 和 g 不全为零).

(c) 半空间 $C = \mathbf{conv}\{(v,t) | f^\mathrm{T} v + gt \leqslant h\}$(其中 f 和 g 不全为零).

(d) 多面体 $C = \mathbf{conv}\{(v,t) | Fv + gt \leqslant h\}$.

1.16 设 $\mathbf{R}^n \to \mathbf{R}^n$ 为线性分式函数

$$f(x) = (Ax + b)/(c^\mathrm{T} x + d), \quad \mathbf{dom}f = \{x | c^\mathrm{T} x + d > 0\}.$$

设矩阵

$$Q = \begin{bmatrix} A & b \\ c^\mathrm{T} & d \end{bmatrix}$$

非奇异. 证明 f 可逆并且 f^{-1} 也是一个线性分式映射. 利用 A, b, c 和 d 显式地给出 f^{-1} 及其定义域的表达式.

1.17 设 $A \in \mathbf{R}^{m \times n}, b \in \mathbf{R}^m$, 其中 $b \in \mathcal{R}(A)$. 证明存在 x 满足

$$x > 0, \quad Ax = b$$

的充要条件是不存在 λ 满足

$$A^\mathrm{T} \lambda \geqslant 0, \quad A^\mathrm{T} \lambda \neq 0, \quad b^\mathrm{T} \lambda \leqslant 0.$$

(提示: 首先证明对于所有满足 $Ax = b$ 的 x, $c^\mathrm{T} x = d$ 的充要条件是存在向量 λ 满足 $c = A^\mathrm{T} \lambda, d = b^\mathrm{T} \lambda$.)

1.18 设 C 和 D 为 $\mathbf{R}^n$ 的不相交的子集. 记 $E = \{(a, b) \in \mathbf{R}^{n+1} | a^\mathrm{T} x \leqslant b, \forall x \in C; a^\mathrm{T} x \geqslant b, \forall x \in D\}$. 证明这个集合是一个凸锥.

1.19 证明对于两个不相交的凸集 C 和 D 存在分离超平面. (提示: 如果 C 和 D 是不相交的凸集, 那么集合 $\{x - y | x \in C, y \in D\}$ 是凸集并且不包含原点.)

1.20 给出两个不相交的闭凸集不能被严格分离的例子.

1.21 内部和外部多面体逼近. 令 $C \in \mathbf{R}^n$ 为闭凸集, 并设 $x_1, \cdots, x_K$ 在 C 的边界上, 设对于每个 $i, a_i^\mathrm{T}(x - x_i) = 0$ 定义了 C 在向处的一个支撑超平面, 即 $C \subseteq \{x | a_i^\mathrm{T}(x - x_i) \leqslant 0\}$. 考虑两个多面体

$$P_{\mathrm{inner}} = \mathbf{conv}\{x_1, \cdots, x_K\}, \quad P_{\mathrm{outer}} = \{x | a_i^\mathrm{T}(x - x_i) \leqslant 0, i = 1, \cdots, K\},$$

证明: $P_{\mathrm{inner}} \subseteq C \subseteq P_{\mathrm{outer}}$ 并画出图像进行说明.

1.22　集合 $C \subseteq \mathbf{R}^n$ 的支撑函数定义为

$$S_C(Y) = \sup\{y^{\mathrm{T}}x | x \in C\}.$$

设 C 和 D 是 $\mathbf{R}^n$ 中的闭凸集. 证明 $C = D$ 当且仅当它们的支撑函数相等.

1.23　设集合 C 是闭的, 含有非空内部并且在其边界上的每一点都有支撑超平面. 证明 C 是凸集.

1.24　对于 $n = 1, 2, 3$, 用矩阵系数和普通不等式给出半正定锥 $\mathbf{S}^n_+$ 的显式表示. 为表示 $n = 1, 2, 3$ 时 $\mathbf{S}^n$ 的一般元素, 请用下面的符号

$$x_1, \quad \begin{bmatrix} x_1 & x_2 \\ x_2 & x_3 \end{bmatrix}, \quad \begin{bmatrix} x_1 & x_2 & x_3 \\ x_2 & x_4 & x_5 \\ x_3 & x_5 & x_6 \end{bmatrix}.$$

1.25　令 K^* 为凸锥 K 的对偶锥. 证明下面的性质:

(a) K^* 确实是凸锥.

(b) $K_1 \subseteq K_2$ 表明 $K_2^* \subseteq K_1^*$.

(c) K^* 是闭集.

(d) K^* 的内部由 $\mathbf{int}K^* = \{y | y^{\mathrm{T}}x > 0, \forall x \in \mathbf{cl}K\}$ 给出.

(e) 如果 K 具有非空内部. 那么 K^* 是尖的.

(f) K^{**} 是 K 的闭包. (因此, 如果 K 是闭的, 那么 $K^{**} = K$.)

(g) 如果 K 的闭包是尖的, 那么 K^{**} 有非空内部.

1.26　求 $\{Ax | x \succeq 0\}$ 的对偶锥, 其中 $A \in \mathbf{R}^{m \times n}$.

1.27　定义单调非负锥为

$$K_{m+} = \{x \in \mathbf{R}^n | x_1 \geqslant x_2 \geqslant \cdots \geqslant x_n \geqslant 0\},$$

即所有分量按非增排序的非负向量.

(a) 说明 K_{m+} 是正常锥.

(b) 求对偶锥 K_{m+}^*. $\Big($提示: 利用恒等式

$$\sum_{i=1}^{n} x_i y_i = (x_1 - x_2)y_1 + (x_2 - x_3)(y_1 + y_2) + (x_3 - x_4)(y_1 + y_2 + y_3) + \cdots$$
$$+ (x_{n-1} - x_n)(y_1 + \cdots + y_{n-1}) + x_n(y_1 + \cdots + y_n).\Big)$$

1.28　如果对于所有 $z \succeq 0$ 有 $z^{\mathrm{T}}Xz \geqslant 0$, 矩阵 $X \in \mathbf{S}^n$ 称为谐正的. 证明谐正矩阵的集合是一个正常锥, 并求其对偶锥.

1.29　令 K_{pol} 为 $\mathbf{R}$ 中 $2k$ 阶非负多项式的 (系数) 集合, 有

$$K_{\mathrm{pol}} = \{x \in \mathbf{R}^{2k+1} | x_1 + x_2 t + x_3 t^2 + \cdots + x_{2k+1}t^{2k} \geqslant 0, \forall t \in \mathbf{R}\}.$$

(a) 证明 K_{pol} 是一个正常锥.

(b) 一个基本的结果表明 $2k$ 阶多项式在 $\mathbf{R}$ 上非负的充要条件是, 它可以被表示为两个 k 阶次或更低阶次的多项式的平方和, 即 $x \in K_{\mathrm{pol}}$ 当且仅当多项式

$$p(t) = x_1 + x_2 t + x_3 t^2 + \cdots + x_{2k+1} t^{2k}$$

可以被表示为

$$p(t) = r(t)^2 + s(t)^2,$$

其中 r 和 s 为阶次为 k 的多项式.

利用这个结果证明

$$K_{\mathrm{pol}} = \left\{ x \in \mathbf{R}^{2k+1} \middle| x_i = \sum_{m+n=i+1} Y_{mn}, \text{对某些 } Y \in \mathbf{S}_+^{k+1} \right\},$$

即 $p(t) = x_1 + x_2 t + x_3 t^2 + \cdots + x_{2k+1} t^{2k}$ 非负的充要条件是, 存在矩阵 $Y \in \mathbf{S}_+^{k+1}$ 使得

$$x_1 = Y_{11},$$
$$x_2 = Y_{12} + Y_{21},$$
$$x_3 = Y_{13} + Y_{22} + Y_{31},$$
$$\cdots\cdots$$
$$x_{2k+1} = Y_{k+1,k+1}.$$

(c) 证明 $K_{\mathrm{pol}}^* = K_{\mathrm{han}}$, 其中

$$K_{\mathrm{han}} = \left\{ x \in \mathbf{R}^{2k+1} \middle| H(z) \succeq 0 \right\},$$

而

$$H(z) = \begin{bmatrix} z_1 & z_2 & z_3 & \cdots & z_k & z_{k+1} \\ z_2 & z_3 & z_4 & \cdots & z_{k+1} & z_{k+2} \\ z_3 & z_4 & z_5 & \cdots & z_{k+2} & z_{k+3} \\ \vdots & \vdots & \vdots & \ddots & \vdots & \vdots \\ z_k & z_{k+1} & z_{k+2} & \cdots & z_{2k-1} & z_{2k} \\ z_{k+1} & z_{k+2} & z_{k+3} & \cdots & z_{2k} & z_{2k+1} \end{bmatrix}$$

(这是关于系数 $z_1, \cdots, z_{2k+1}$ 的 Hankel 矩阵).

(d) 令 K_{mom} 为所有具有 $(1, t, t^2, \cdots, t^{2k})$ 形式的向量所组成集合的锥包, 其中 $t \in \mathbf{R}$. 证明 $y \in K_{\mathrm{mom}}$, 当且仅当 $y_1 \geqslant 0$ 并且对于某些随机变量 u, 有

$$y = y_1 (1, \mathbf{E}u, \mathbf{E}u^2, \cdots, \mathbf{E}u^{2k}).$$

并证明: $K_{\mathrm{mom}} = K_{\mathrm{mom}}^*$.

(e) 综合 (c) 和 (d) 的结果, 得出 $K_{\mathrm{pol}} = K_{\mathrm{mom}}^*$ 的结论.

作为一个说明 K_{mom} 和 K_{han} 之间关系的例子, 取 $k = 2$, $z = (1, 0, 0, 0, 1)$. 证明 $z \in K_{\mathrm{han}}, z \notin K_{\mathrm{mom}}$, 找出 K_{mom} 中一个趋向于 z 的显式点列.

第2章 凸 函 数

这一章主要介绍凸函数的一些重要性质, 包括凸函数的判断、保凸运算、凸函数与凸集的关系等.

2.1 基本性质和例子

2.1.1 定义及扩展值延伸

下面讨论定义在凸集上的凸函数及一些性质.

如果 $f(x)$ 的定义域 $\mathbf{dom}f$ 是凸集, 且对于任意 $x,y \in \mathbf{dom}f$ 和任意 $0 \leqslant \theta \leqslant 1$, 有

$$f(\theta x + (1-\theta)y) \leqslant \theta f(x) + (1-\theta)f(y), \tag{2.1}$$

则称函数 $f: \mathbf{R}^n \to \mathbf{R}$ 是凸函数. 从几何上来看, 如果点 $(x, f(x))$ 和 $(y, f(y))$ 之间的线段在函数 f 的图像上方. 如果式 (2.1) 中的不等式当 $x \neq y$ 以及 $0 < \theta < 1$ 时严格成立, 则称函数 f 是严格凸的.

可以定义凸函数在定义域外的值为 $+\infty$, 从而将这个凸函数延伸至全空间 $\mathbf{R}^n$. 如果 f 是凸函数, 定义它的扩展值延伸 $\tilde{f}: \mathbf{R}^n \to \mathbf{R} \bigcup \{+\infty\}$ 如下

$$\tilde{f}(x) = \begin{cases} f(x), & x \in \mathbf{dom}f, \\ +\infty, & x \notin \mathbf{dom}f, \end{cases}$$

延伸函数 $\tilde{f}(x)$ 是定义在全空间 $\mathbf{R}^n$ 上的, 取值集合为 $\mathbf{R} \bigcup \{+\infty\}$. 也可以从延伸函数 $\tilde{f}$ 的定义中确定原函数 f 的定义域, 即 $\mathbf{dom}f = \{x | \tilde{f}(x) < \infty\}$.

这种延伸可以简化符号描述, 因为此时不需要明确描述定义域或者每次提到 $f(x)$ 时都要提到其定义域. 以基本不等式 (2.1) 为例, 对于延伸函数 $\tilde{f}$, 其凸性可定义为, 对于任意 x 和 y, 以及 $0 < \theta < 1$, 有

$$\tilde{f}(\theta x + (1-\theta)y) \leqslant \theta \tilde{f}(x) + (1-\theta)\tilde{f}(y).$$

显然, 若 x 和 y 都在 $\mathbf{dom}f$ 内, 上述不等式即为不等式 (2.1); 若有一个点在 $\mathbf{dom}f$ 外, 上述不等式的右端为 ∞, 不等式仍然成立.

在不会造成歧义的情况下, 以下将用同样的符号来表示一个凸函数及其延伸函数, 即假设所有的凸函数都隐含地被延伸了, 也就是在定义域外都被定义为 $+\infty$.

例 2.1 凸集的示性函数. 设 $C \subseteq \mathbf{R}^n$ 是一个凸集, 考虑函数 $I_C(x)$, 其定义域为 C, 对于所有的 $x \in C$, 有 $I_C(x) = 0$. 其扩展值延伸可以描述如下

$$\tilde{I}_C(x) = \begin{cases} 0, & x \in C, \\ +\infty, & x \notin C, \end{cases}$$

凸函数 I_C 被称作集合 C 的**示性函数**. 利用示性函数 $I_C(x)$, 有时可以更加灵活地表示一个集合上的函数. 例如, 对于在集合 C 上极小化函数 $f(x)$ 的问题, 可以等价地写为极小化函数 $f(x) + I_C(x)$.

2.1.2 凸函数的判定

给定一个函数, 判断它是不是凸的是一个重要的问题. 凸函数的判定方法通常有五类: 一阶充要条件、二阶充要条件、上境图的凸性、相应一元函数的凸性以及保凸运算.

函数是凸的, 当且仅当其在与其定义域相交的任何直线上都是凸的. 换言之, 函数 f 是凸的, 当且仅当对于任意 $x \in \mathbf{dom} f$ 和任意向量 v, 函数 $g(t) = f(x + tv)$ 是凸的 (其定义域为 $x + tv \in \mathbf{dom} f$).

这个性质非常有用, 因为它容许通过将函数限制在直线上来判断其是否是凸函数, 从而将多元函数的凸性判定转化为一元函数的凸性判定, 下面证明这个结果.

设 f 是凸的, 对给定的 x, $\forall t_1, t_2$ 及 $\theta \in (0,1)$

$$\begin{aligned} g(t_1 + (1-\theta)t_2) &= f(x + (\theta t_1 + (1-\theta)t_2)v) \\ &= f(\theta(x + t_1 v) + (1-\theta)(x + t_2 v) \\ &\leqslant \theta f(x + t_1 v) + (1-\theta)f(x + t_2 v) \\ &= \theta g(t_1) + (1-\theta)g(t_2) \end{aligned}$$

反之, $\forall x_1, x_2$, 记 $g(t) = f(x_1 + t(x_2 - x_1))$, 则 $g(0) = f(x_1), g(1) = f(x_2)$. 因为 $g(t)$ 是凸的, 所以 $\forall \theta \in (0,1)$, 有

$$\begin{aligned} g(\theta) &= g(\theta \cdot 1 + (1-\theta) \cdot 0) \\ &\leqslant \theta g(1) + (1-\theta)g(0) \end{aligned}$$

则

$$f(\theta x_2 + (1-\theta)x_1) \leqslant \theta f(x_2) + (1-\theta)f(x_1)$$

所以 f 是凸的.

下面介绍凸函数判定的一阶、二阶充要条件. 由数学分析中知识, 我们知道, 当函数有一阶或更高阶导数时, 函数的凸性可以通过导数来刻画.

凸函数的一阶充要条件 假设 f 可微 (即其梯度 ∇f 在开集 $\mathbf{dom}f$ 内处处存在), 则函数 f 是凸函数的充要条件是 $\mathbf{dom}f$ 是凸集且对于任意 $x, y \in \mathbf{dom}f$, 下式成立

$$f(y) \geqslant f(x) + \nabla f(x)^{\mathrm{T}}(y - x). \tag{2.2}$$

由 $f(x) + \nabla f(x)^{\mathrm{T}}(y - x)$ 得出的仿射函数 y 即为函数 $f(x)$ 在 x 附近的 Taylor 近似. 不等式 (2.2) 表明, 对于一个凸函数, 其一阶 Taylor 近似实质上是原函数的一个全局下估计. 反之, 如果某个函数的一阶 Taylor 近似总是其全局下估计, 那么这个函数是凸的.

不等式 (2.2) 说明从一个凸函数的**局部信息** (即它在某点的函数值及导数), 可以得到一些**全局信息** (如它的全局下估计). 这也许是凸函数的最重要的特征, 由此可以解释凸函数以及凸优化问题的一些非常重要的性质. 下面是一个简单的例子, 由不等式 (2.2) 可以知道, 如果 $\nabla f(x) = 0$, 那么对于任意 $y \in \mathbf{dom}f$, 存在 $f(y) \geqslant f(x)$, 即 x 是函数 f 的全局极小点.

$f(x)$ 是严格凸函数的充要条件是: 对于任意 $x, y \in \mathbf{dom}f, x \neq y$, 有

$$f(y) > f(x) + \nabla f(x)^{\mathrm{T}}(y - x). \tag{2.3}$$

先证明 (2.2).

如果 f 是凸函数, 且 $x, y \in \mathbf{dom}f$. 因为 $\mathbf{dom}f$ 是凸集, 对于任意 $0 < t < 1$, 有 $x + t(y - x) \in \mathbf{dom}f$, 由 f 的凸性可得

$$f(x + t(y - x)) \leqslant (1 - t)f(x) + tf(y),$$

也即

$$f(y) - f(x) \geqslant \frac{f(x + t(y - x)) - f(x)}{t}.$$

令 $t \to 0$, 得

$$f(y) \geqslant f(x) + \nabla f(x)^{\mathrm{T}}(y - x).$$

反之, 假设对 $\mathbf{dom}f$ 中的任意 x 和 y, 函数满足不等式

$$f(y) \geqslant f(x) + \nabla f(x)^{\mathrm{T}}(y - x).$$

对任意 $\theta : 0 < \theta < 1$, 令 $z = \theta x + (1 - \theta)y$, 则 $z \in \mathbf{dom}f$, 于是由充分性条件, 有

$$f(x) \geqslant f(z) + \nabla f(z)^{\mathrm{T}}(x - z), \quad f(y) \geqslant f(z) + \nabla f(z)^{\mathrm{T}}(y - z),$$

将第一个不等式乘以 θ, 第二个不等式乘以 $1 - \theta$, 并将二者相加可得

$$\theta f(x) + (1 - \theta)f(y) \geqslant f(z) = f(\theta x + (1 - \theta)y),$$

这说明了函数 f 是凸的.

对于严格凸性的充要条件 (2.3), 充分性同凸性的情况一样证明, 下面证明其必要性.

用反证法证明. 如有 $x, y \in \mathbf{dom}f$, 使

$$f(y) = f(x) + \nabla f(x)^{\mathrm{T}}(y - x),$$

即

$$\frac{f(y) - f(x)}{2} = \nabla f(x)^{\mathrm{T}}\left(\frac{x + y}{2} - x\right) \leqslant f\left(\frac{x + y}{2}\right) - f(x)$$

$$\Longleftrightarrow \frac{f(y) + f(x)}{2} \leqslant f\left(\frac{x + y}{2}\right),$$

这与 f 凸矛盾. 所以 f 严格凸.

凸函数的二阶充要条件 如果 f 在 $\mathbf{dom}f$ 中二阶连续可微, 则 f 是凸函数的充要条件是: 对所有的 $x \in \mathbf{dom}f$, 有

$$\nabla^2 f(x) \geqslant 0.$$

$\nabla^2 f(x) > 0$ 是 $f(x)$ 严格凸的充分条件, 但不是必要条件. 例如, 函数 $f(x) = x^4$, 它是严格凸的, 但是在 $x = 0$ 处, 二阶导数为零.

例 2.2 二次函数. 考虑二次函数 $f: \mathbf{R}^n \to \mathbf{R}$, 其定义域为 $\mathbf{dom}f = \mathbf{R}^n$, 其表达式为

$$f(x) = (1/2)x^{\mathrm{T}}Px + q^{\mathrm{T}}x + r,$$

其中 $P \in \mathbf{S}^n, q \in \mathbf{R}^n$. 因为对于任意 $x, \nabla^2 f(x) = P$, 所以函数 f 是凸的, 当且仅当 $P \succeq 0$.

可以证明, 如 f 是严格凸的, 则有 $P \succ 0$.

2.1.3 一些例子

前面已经提到所有的线性函数和仿射函数均为凸函数, 这一节给出更多的凸函数的例子. 首先考虑 $\mathbf{R}$ 上的一些函数, 其自变量为 x.

(1) **指数函数**. 对任意 $a \in \mathbf{R}$, 函数 e^{ax} 在 $\mathbf{R}$ 上是凸的.

(2) **幂函数**. 当 $a \geqslant 1$ 或 $a \leqslant 0$ 时, x^a 在 $\mathbf{R}_{++}$ 上是凸函数, 当 $0 \leqslant a \leqslant 1$ 时, x^a 在 $\mathbf{R}_{++}$ 上是凹函数.

(3) **绝对值幂函数**. 当 $p \geqslant 1$ 时, 函数 $|x|^p$ 在 **R** 上是凸函数.

(4) **对数函数**. 函数 $-\log x$ 在 $\mathbf{R}_{++}$ 上是凸函数.

(5) **负熵函数**. 函数 $x \log x$ 在其定义域上是凸函数. (定义域为 $\mathbf{R}_+$, 当 $x = 0$ 时定义函数值为 0.)

可以通过二阶导数半正定或半负定来判断上述函数是凸的或是凹的. 以函数 $f(x) = x \log x$ 为例, 其导数和二阶导数为

$$f'(x) = \log x + 1, \quad f''(x) = 1/x,$$

即对于 $x > 0$, 有 $f''(x) > 0$. 所以负熵函数是 (严格) 凸的.

下面给出 $\mathbf{R}^n$ 上的一些例子.

(1) **范数**. $\mathbf{R}^n$ 上任意范数均为凸函数.

如果函数 $f : \mathbf{R}^n \to \mathbf{R}$ 是范数, 任取 $0 \leqslant \theta \leqslant 1$, 有

$$f(\theta x + (1 - \theta)y) \leqslant f(\theta x) + f((1 - \theta)y) = \theta f(x) + (1 - \theta)f(y).$$

上述不等式可以由三角不等式得到, 当范数满足齐次性时, 上述不等式取等号.

(2) **最大值函数**. 函数 $f(x) = \max\{x_1, \cdots, x_n\}$ 在 $\mathbf{R}^n$ 上是凸的.

对任意 $0 \leqslant \theta \leqslant 1$, 函数 $f(x) = \max_i x_i$ 满足

$$\begin{aligned} f(\theta x + (1 - \theta)y) &= \max_i \{\theta x_i + (1 - \theta)y_i\} \\ &\leqslant \theta \max_i x_i + (1 - \theta) \max_i y_i \\ &= \theta f(x) + (1 - \theta)f(y). \end{aligned}$$

(3) **二次–线性分式函数**. 函数 $f(x, y) = x^2/y$, 其定义域为

$$\mathbf{dom}f = \mathbf{R} \times \mathbf{R}^n = \{(x, y) \in \mathbf{R}^2 | y > 0\}$$

是凸函数. 如图 2.1 所示.

对于二次–线性分式函数 $f(x, y) = x^2/y$, 注意到, 对于 $y > 0$, 有

$$\nabla^2 f(x, y) = \frac{2}{y^3} \begin{bmatrix} y^2 & -xy \\ -xy & x^2 \end{bmatrix} = \frac{2}{y^3} \begin{bmatrix} y \\ -x \end{bmatrix} \begin{bmatrix} y \\ -x \end{bmatrix}^{\mathrm{T}} \succeq 0.$$

所以 $f(x, y)$ 是凸函数.

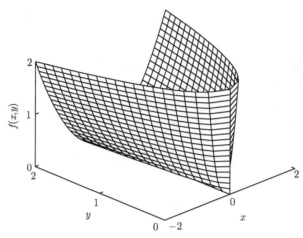

图 2.1　函数 $f(x,y) = x^2/y$ 的图像

(4) **指数和的对数**. 函数 $f(x) = \log(e^{x_1} + \cdots + e^{x_n})$ 在 $\mathbf{R}^n$ 上是凸函数. 指数和的对数函数的 Hessian 矩阵为

$$\nabla^2 f(x) = \frac{1}{(\mathbf{1}^{\mathrm{T}} z)^2} (\mathbf{1}^{\mathrm{T}} z) \mathbf{diag}(z) - zz^{\mathrm{T}},$$

其中 $z = (e^{x_1}, \cdots, e^{x_n})^{\mathrm{T}}$. 为了说明 $\nabla^2 f(x) \succeq 0$, 需要证明对任意 v, 有 $v^{\mathrm{T}} \nabla^2 f(x) v \geqslant 0$, 即

$$v^{\mathrm{T}} \nabla^2 f(x) v = \frac{1}{(\mathbf{1}^{\mathrm{T}} z)^2} \left(\left(\sum_{i=1}^{n} z_i \right) \left(\sum_{i=1}^{n} v_i^2 z_i \right) - \left(\sum_{i=1}^{n} v_i z_i \right)^2 \right) \geqslant 0.$$

上述不等式可以应用 Cauchy-Schwarz 不等式 $(a^{\mathrm{T}} a)(b^{\mathrm{T}} b) \geqslant (a^{\mathrm{T}} b)^2$ 得到, 此时向量 a 和 b 的分量取为 $a_i = v_i \sqrt{z_i}, b_i = \sqrt{z_i}$.

(5) **对数行列式**. 函数 $f(X) = -\log \det X$ 在定义域 $\mathbf{S}^n_{++}$ 上是凸函数.

对于函数 $f(X) = -\log \det X$, 可以通过将其转化为任意直线上的单变量函数来验证它的凸性. 令 $X = Z + tV$, 其中 $Z, V \in \mathbf{S}^n$, 定义 $g(t) = -f(Z + tV)$, 自变量 t 满足 $Z + tV > 0$. 不失一般性, 假设 $t = 0$ 满足条件, 即 $Z > 0$. 有

$$\begin{aligned}
g(t) &= -\log \det(Z + tV) \\
&= -\log \det(Z^{1/2}(I + tZ^{-1/2} V Z^{-1/2}) Z^{1/2}) \\
&= -\sum_{i=1}^{n} \log(1 + t\lambda_i) - \log \det Z,
\end{aligned}$$

其中 $\lambda_1, \cdots, \lambda_n$ 是矩阵 $(Z^{-1/2}VZ^{-1/2})Z^{1/2}$ 的特征值. 因此下式成立

$$g'(t) = -\sum_{i=1}^{n} \frac{\lambda_i}{1+\lambda_i}, \quad g''(t) = \sum_{i=1}^{n} \frac{\lambda_i^2}{(1+\lambda_i)^2}.$$

因为 $g''(t) \geqslant 0$, 所以函数 f 是凸的. 判断上述函数的凸性 (或者凹性) 可以有多种途径, 可以直接验证不等式 (2.1) 是否成立, 也可以验证其 Hessian 矩阵是否半正定, 或者可以将函数转换到与其定义域相交的任意直线上, 通过得到的单变量函数判断原函数的凸性.

2.1.4 下水平集和上境图

函数 $f : \mathbf{R}^n \to \mathbf{R}$ 的 α-下水平集定义为

$$C_\alpha = \{x \in \mathbf{dom}f | f(x) \leqslant \alpha\}.$$

容易证明, 对于任意 α 值, 凸函数的下水平集是凸集.

函数 $f : \mathbf{R}^n \to \mathbf{R}$ 的图像定义为

$$\{(x, f(x)) | x \in \mathbf{dom}f\},$$

它是 $\mathbf{R}^{n+1}$ 空间的一个子集.

函数 $f : \mathbf{R}^n \to \mathbf{R}$ 的上境图定义为

$$\mathbf{epi}f = \{(x, t) | x \in \mathbf{dom}f, f(x) \leqslant t\},$$

它也是 $\mathbf{R}^{n+1}$ 空间的一个子集.

可以通过上境图来建立凸集和凸函数的等价关系: 一个函数是凸函数, 当且仅当其上境图是凸集. 这个命题证明如下:

设 f 是凸函数, $\forall (x_i, t_i) \in \mathbf{epi}f$, $i = 1, 2, 0 < \theta < 1$,

$$f(\theta x_1 + (1-\theta)x_2) \leqslant \theta f(x_1) + (1-\theta)f(x_2) \leqslant \theta t_1 + (1-\theta)t_2,$$

所以

$$\theta x_1 + (1-\theta)x_2 \in \mathbf{epi}f,$$

则 $\mathbf{epi}f$ 是凸集.

反之, 如果 $\mathbf{epi}f$ 是凸集, 对任意 $x_1, x_2 \in \mathbf{dom}f$, $(x_i, f(x_i)) \in \mathbf{epi}f, i = 1, 2$, 所以, $\forall 0 < \theta < 1$, 有

$$\theta(x_1, f(x_1)) + (1-\theta)(x_2, f(x_2)) \in \mathbf{epi}f,$$

即

$$f(\theta x_1 + (1-\theta)x_2) \leqslant \theta f(x_1) + (1-\theta)f(x_2),$$

所以 f 是凸函数.

例 2.3　证明矩阵分式函数 $f: \mathbf{R}^n \times \mathbf{S}^n \to \mathbf{R}$,

$$f(x, Y) = x^{\mathrm{T}} Y^{-1} x$$

在定义域 $\mathbf{dom} f = \mathbf{R}^n \times \mathbf{S}_{++}^n$ 上是凸的.

注意到

$$\mathbf{epi} f = \{(x, Y, t) | Y \succ 0, x^{\mathrm{T}} Y^{-1} x \leqslant t\}$$
$$= \left\{ (x, Y, t) \left| \begin{pmatrix} Y & x \\ x^{\mathrm{T}} & t \end{pmatrix} \succeq 0, Y \succ 0 \right. \right\},$$

第二个等式由 Schur 补条件可以看出 $\mathbf{epi} f$ 是凸集, 所以 $f(x, Y)$ 是凸函数.

关于凸函数的很多结果可以从几何的角度利用上境图并结合凸集的一些结论来证明或理解. 作为一个例子, 考虑凸函数的一阶条件

$$f(y) \geqslant f(x) + \nabla f(x)^{\mathrm{T}} (y - x),$$

可以利用 $\mathbf{epi} f$ 从几何角度理解上述基本不等式. 如果 $(y, t) \in \mathbf{dom} f$, 有

$$t \geqslant f(y) \geqslant f(x) + \nabla f(x)^{\mathrm{T}} (y - x).$$

也即

$$\left[\begin{array}{c} \nabla f(x) \\ -1 \end{array} \right]^{\mathrm{T}} \left(\left[\begin{array}{c} y \\ t \end{array} \right] - \left[\begin{array}{c} x \\ f(t) \end{array} \right] \right) \leqslant 0.$$

这意味着以 $(\nabla f(x), -1)$ 为法向量的一个超平面在 $\mathbf{epi} f$ 的边界点 $(x, f(x))$ 处支撑着. 如图 2.2 所示.

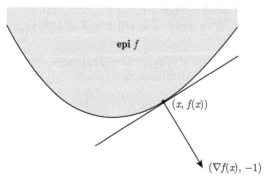

图 2.2　对于可微凸函数 f, 向量 $(\nabla f(x), -1)$ 定义了函数 f 在点 x 处的
上境图的一个支撑超平面

2.1.5 Jensen 不等式及其扩展

基本不等式

$$f(\theta x + (1-\theta)y) \leqslant \theta f(x) + (1-\theta)f(y),$$

有时也称为 Jensen 不等式. 此不等式可以扩展至更多点的凸组合: 如果函数 f 是凸函数, $x_1, \cdots, x_k \in \mathbf{dom}f, \theta_1, \cdots, \theta_k \geqslant 0$ 且 $\theta_1 + \cdots + \theta_k = 1$, 则下式成立

$$f(\theta_1 x_1 + \cdots + \theta_k x_k) \leqslant \theta_1 f(x_1) + \cdots + \theta_k f(x_k).$$

考虑凸集时, 此不等式可以扩展至无穷项和、积分以及期望. 例如, 如果在 $S \subseteq \mathbf{dom}f$ 上 $p(x) \geqslant 0$ 且 $\int_S p(x)dx = 1$, 则当相应的积分存在时, 下式成立

$$f\left(\int_S p(x)dx\right) \leqslant \int_S f(x)p(x)dx.$$

扩展到更一般的情况, 可以采用其支撑属于 $\mathbf{dom}f$ 的任意概率测度. 如果 x 是随机变量, 事件 $x \in \mathbf{dom}f$ 发生的概率为 1, 函数 f 是凸函数, 当相应的期望存在时, 有

$$f(\mathbf{E}x) \leqslant \mathbf{E}f(x). \tag{2.4}$$

设随机变量 x 的可能取值为 x_1, x_2, 相应的取值概率为 $\mathrm{prob}(x = x_1) = \theta$, $\mathrm{prob}(x = x_2) = 1 - \theta$, 则由一般形式 (2.4) 可以得到基本不等式 (2.1). 所以不等式 (2.4) 可以刻画凸性: 如果函数 f 不是凸函数, 那么存在随机变量 $x, x \in \mathbf{dom}f$ 以概率 1 发生, 使得 $f(\mathbf{E}x) > \mathbf{E}f(x)$.

上述所有不等式均被称为 Jensen 不等式.

很多著名的不等式都可以通过将 Jensen 不等式应用于合适的凸函数得到. 作为一个简单的例子, 考虑算术–几何平均不等式

$$\sqrt{ab} \leqslant (a+b)/2, \tag{2.5}$$

其中 $a, b \geqslant 0$. 可以利用凸性和 Jensen 不等式得到此不等式. 函数 $-\log x$ 是凸函数: 利用 Jensen 不等式, 令 $\theta = 1/2$, 可得

$$-\log\left(\frac{a+b}{2}\right) \leqslant \frac{-\log a - \log b}{2}.$$

等式两边取指数即可得到 (2.5).

作为另一个例子, 我们来证明 Hölder 不等式: 对 $p > 1, 1/p + 1/q = 1$, 以及 $x, y \in \mathbf{R}^n$, 有

$$\sum_{i=1}^n x_i y_i \leqslant \left(\sum_{i=1}^n |x_i|^p\right)^{1/p}\left(\sum_{i=1}^n |y_i|^q\right)^{1/q}.$$

由 $-\log x$ 的凸性以及 Jensen 不等式, 可以得到更一般的算术–几何平均不等式

$$a^{\theta}b^{1-\theta} \leqslant \theta a + (1-\theta)b,$$

其中 $a,b \geqslant 0, 0 \leqslant \theta \leqslant 1$. 令

$$a = \frac{|x_i|^p}{\displaystyle\sum_{j=1}^{n}|x_j|^p}, \quad b = \frac{|y_i|^q}{\displaystyle\sum_{j=1}^{n}|y_j|^q}, \quad \theta = 1/p,$$

可以得到如下不等式

$$\left(\frac{|x_i|^p}{\displaystyle\sum_{j=1}^{n}|x_j|^p}\right)^{1/p}\left(\frac{|y_i|^q}{\displaystyle\sum_{j=1}^{n}|y_j|^q}\right)^{1/q} \leqslant \frac{|x_i|^p}{p\displaystyle\sum_{j=1}^{n}|x_j|^p} + \frac{|y_i|^q}{q\displaystyle\sum_{j=1}^{n}|y_j|^q}.$$

对 i 从 1 到 n 求和即得到 Hölder 不等式.

2.2 保 凸 运 算

本节讨论几种保持函数凸性的运算, 这样可以由简单的、已知的凸函数构造新的凸函数, 或者判断一些函数的凸性. 从一些简单的运算开始, 如求和、伸缩以及逐点上确界, 之后再介绍一些更复杂的运算.

2.2.1 非负加权求和

显然, 如果函数 f 是凸函数且 $\alpha \geqslant 0$, 则函数 αf 也为凸函数. 如果函数 f_1 和 f_2 都是凸函数, 则它们的和 $f_1 + f_2$ 也是凸函数. 将非负伸缩以及求和运算结合起来, 可以看出, 凸函数的集合本身是一个凸锥: 凸函数的非负加权求和仍然是凸函数, 即函数

$$f = w_1 f_1 + \cdots + w_m f_m$$

是凸函数.

这个性质可以扩展至无限项的求和以及积分的情形. 例如, 如果固定任意 $y \in \mathcal{A}$, 函数 $f(x,y)$ 关于 x 是凸函数, 且对任意 $y \in \mathcal{A}$, 有 $w(y) \geqslant 0$, 则函数 g

$$g(x) = \int_{\mathcal{A}} w(y)f(x,y)dy$$

关于 x 是凸函数.

可以很容易直接验证非负伸缩以及求和运算是保凸运算, 或者可以根据相关的上境图得到此结论. 例如, 如果 $w \geqslant 0$ 且 f 是凸函数, 有

$$\mathbf{epi}(wf) = \begin{bmatrix} I & 0 \\ 0 & w \end{bmatrix} \mathbf{epi}(f),$$

因为凸集通过线性变换得到的像仍然是凸集, 所以 $\mathbf{epi}(f)$ 是凸集.

2.2.2 复合仿射映射

假设函数 $f : \mathbf{R}^n \to \mathbf{R}, A \in \mathbf{R}^{n \times m}$, 以及 $b \in \mathbf{R}^n$, 定义 $g : \mathbf{R}^m \to \mathbf{R}$ 为

$$g(x) = f(Ax + b),$$

其中 $\mathbf{dom}\, g = \{x | Ax + b \in \mathbf{dom}\, f\}$. 若函数 f 是凸函数, 则函数 g 是凸函数; 如果函数 f 是凹函数, 那么函数 g 是凹函数.

2.2.3 逐点最大和逐点上确界

如果函数 f_1 和 f_2 均为凸函数, 则二者的逐点最大函数 f

$$f(x) = \max\{f_1(x), f_2(x)\},$$

其定义域为 $\mathbf{dom}\, f = \mathbf{dom}\, f_1 \bigcap \mathbf{dom}\, f_2$, 仍然是凸函数. 这个性质可以很容易验证: 任取 $0 \leqslant \theta \leqslant 1$ 以及 $x, y \in \mathbf{dom}\, f$, 有

$$\begin{aligned}
f(\theta x + (1-\theta)y) &= \max\{f_1(\theta x + (1-\theta)y), f_2(\theta x + (1-\theta)y)\} \\
&\leqslant \max\{\theta f_1(x) + (1-\theta)f_1(y), \theta f_2(x) + (1-\theta)f_2(y)\} \\
&\leqslant \theta \max\{f_1(x), f_2(x)\} + (1-\theta)\max\{f_1(y), f_2(y)\} \\
&= \theta f(x) + (1-\theta)f(y),
\end{aligned}$$

从而说明了函数 f 的凸性. 同样很容易证明, 如果函数 $f_1, \cdots, f_m$ 为凸函数, 则它们的逐点最大函数

$$f(x) = \max\{f_1(x), \cdots, f_m(x)\}$$

仍然是凸函数.

例 2.4 函数

$$f(x) = \max\{a_1^{\mathrm{T}} x + b_1, \cdots, a_L^{\mathrm{T}} x + b_L\}$$

定义了一个分片线性 (实际上是仿射) 函数 (具有 L 个或者更少的子区域). 因为它是一系列仿射函数的逐点最大函数, 所以它是凸函数.

例 2.5 对于任意 $x \in \mathbf{R}^n$, 用 $x_{[i]}$ 表示 x 中第 i 大的分量, 即将 x 的分量按照非升序进行排列得到下式

$$x_{[1]} \geqslant x_{[2]} \geqslant \cdots \geqslant x_{[n]}.$$

则对 x 的最大 r 个分量进行求和所得到的函数

$$f(x) = \sum_{i=1}^{r} x_{[i]}$$

是凸函数. 事实上, 这个函数可以表示为

$$f(x) = \sum_{i=1}^{r} x_{[i]} = \max\left\{ x_{i1} + \cdots + x_{ir} \big| 1 \leqslant i_1 < i_2 < \cdots < i_r \leqslant n \right\},$$

即从 x 的分量中选取 r 个不同分量进行求和的所有可能组合的最大值. 因为函数 f 是 $n!/(r!(n-r)!)$ 个线性函数的逐点取最大, 所以是凸函数.

逐点最大的性质可以扩展至无限个凸函数的逐点上确界. 如果对于任意 $y \in \mathcal{A}$, 函数 $f(x,y)$ 关于 x 都是凸的, 则函数

$$g(x) = \sup_{y \in \mathcal{A}} f(x, y) \tag{2.6}$$

关于 x 也是凸的. 此时, 函数 $g(x)$ 的定义域为

$$\mathbf{dom}g = \{x | (x,y) \in \mathbf{dom}f, \forall y \in \mathcal{A}, \sup_{y \in \mathcal{A}} f(x,y) < \infty\}.$$

例 2.6 令集合 $C \subseteq \mathbf{R}^n$ 且 $C \neq \varnothing$, 定义集合 C 的支撑函数 S_C 为

$$S_C(x) = \sup\{x^{\mathrm{T}}y | y \in C\},$$

对于任意 $y \in C$, $x^{\mathrm{T}}y$ 是 x 的线性函数, 所以 S_C 是一系列线性函数的逐点上确界函数, 因此是凸函数.

例 2.7 令集合 $C \subseteq \mathbf{R}^n$, 定义点 x 与集合中最远点的距离为

$$f(x) = \sup_{y \in C} ||x - y||.$$

注意到, 对于任意 y, 函数 $||x-y||$ 关于 x 是凸函数. 因为函数 f 是一族凸函数 (对应不同的 $y \in C$) 的逐点上确界, 所以其是凸函数.

例 2.8 定义函数 $f(X) = \lambda_{\max}(X)$, 其定义域为 $\mathbf{dom}f = \mathbf{S}^m$. 将 $f(x)$ 表示为

$$f(X) = \sup\left\{ y^{\mathrm{T}}Xy \big| \, ||y||_2 = 1 \right\},$$

由此可见 $f(X)$ 是凸的.

2.2.4 最小化形式的凸性

已经知道, 任意个凸函数的逐点最大或者上确界仍然是凸函数. 一些特殊形式的函数最小化也可以得到凸函数. 如果函数 f 关于 (x,y) 是凸函数, 集合 C 是非空凸集, 定义函数

$$g(x) = \inf_{y \in C} f(x, y), \tag{2.7}$$

若存在某个 x 使得 $g(x) > -\infty$, 则函数 $g(x)$ 是凸函数. 下面证明这个结论.

任取 $x_1, x_2 \in \mathbf{dom}g$, 由 $g(x)$ 的定义, $\forall \epsilon > 0$, 存在 $y_1, y_2 \in C$, 使

$$f(x_i, y_i) \leqslant g(x_i) + \epsilon \quad (i = 1, 2),$$

设 $\theta \in [0,1]$, 则有

$$\begin{aligned}
g(\theta x_1 + (1-\theta)x_2) &= \inf_{y \in C} f(\theta x_1 + (1-\theta)x_2, y) \\
&\leqslant f(\theta x_1 + (1-\theta)x_2, \theta y_1 + (1-\theta)y_2) \\
&\leqslant \theta f(x_1, y_1) + (1-\theta)f(x_2, y_2) \\
&\leqslant \theta g(x_1) + (1-\theta)g(x_2) + \epsilon.
\end{aligned}$$

因为上式对任意 $\epsilon > 0$ 均成立, 所以有

$$g(\theta x_1 + (1-\theta)x_2) \leqslant \theta g(x_1) + (1-\theta)g(x_2).$$

例 2.9 **矩阵的 Schur 互补性**. 设 A 和 C 是对称矩阵, 二次函数

$$f(x,y) = x^{\mathrm{T}}Ax + 2x^{\mathrm{T}}By + y^{\mathrm{T}}Cy,$$

关于 (x,y) 是凸函数, 即

$$\begin{bmatrix} A & B \\ B^{\mathrm{T}} & C \end{bmatrix} \succeq 0.$$

考虑 $g(x) = \inf_y f(x,y)$, 由上述结论知, $g(x)$ 是凸函数. 容易求出

$$g(x) = x^{\mathrm{T}}(A - BC^{\dagger}B^{\mathrm{T}})x,$$

其中 $C^{\dagger}$ 是矩阵 C 的广义逆. 既然 g 是凸函数, 则 $A - BC^{\dagger}B^{\mathrm{T}} \succeq 0$. 所以, 如果

$$\begin{pmatrix} A & B \\ B^{\mathrm{T}} & C \end{pmatrix} \succeq 0,$$

即 $A - BC^\dagger B^{\mathrm{T}} \succeq 0$. 反之, 如果 $A - BC^\dagger B^{\mathrm{T}} \succeq 0$, 则 $g(x)$ 是凸函数, 进一步 $f(x,y)$ 是凸函数.

如果矩阵 C 正定, 这时 $C^\dagger = C^{-1}$, 矩阵 $A - BC^{-1}B^{\mathrm{T}}$ 称为 C 在矩阵

$$\begin{pmatrix} A & B \\ B^{\mathrm{T}} & C \end{pmatrix}$$

中的 Schur 补.

例 2.10　到某一集合的距离. 采用范数 $\| \cdot \|$, 某点 x 到集合 $S \subseteq \mathbf{R}^n$ 的距离定义为

$$\operatorname{dist}(x,S) = \inf_{y \in S} \|x - y\|.$$

函数 $\|x - y\|$ 关于 (x,y) 是凸的, 所以若集合 S 是凸集, 则距离函数 $\operatorname{dist}(x,S)$ 是 x 的凸函数.

2.2.5　透视函数

给定函数 $f : \mathbf{R}^n \to \mathbf{R}$, f 的透视函数 $g : \mathbf{R}^{n+1} \to \mathbf{R}$ 定义为

$$g(x,t) = tf(x/t),$$

其定义域为

$$\mathbf{dom}\, g = \{(x,t)\,|\,x/t \in \mathbf{dom}\,f, t > 0\}.$$

透视运算是保凸运算, 即如果函数 f 是凸函数, 则其透视函数 g 也是凸函数.

这里应用上境图给出一个证明. 当 $t > 0$ 时,

$$\begin{aligned}
(x,t,s) \in \mathbf{epi}\, g &\Longleftrightarrow tf(x/t) \leqslant s \\
&\Longleftrightarrow f(x/t) \leqslant s/t \\
&\Longleftrightarrow (x/t, s/t) \in \mathbf{epi}\, f.
\end{aligned}$$

所以, $\mathbf{epi}\, g$ 是透视映射下 $\mathbf{epi}\, f$ 的原像, 此透视映射将 (u,v,w) 映射为 $(u,w)/v$. 根据透视映射对凸集的保凸性质知, $\mathbf{epi}\, g$ 是凸集, 所以函数 $g(x)$ 是凸函数.

例 2.11　$\mathbf{R}^n$ 上的凸函数 $f(x) = x^{\mathrm{T}}x$ 的透视函数由下式给出

$$g(x,t) = t(x/t)^{\mathrm{T}}(x/t) = \frac{x^{\mathrm{T}}x}{t},$$

当 $t > 0$ 时, 它关于 (x,t) 是凸函数.

可以利用其他方法导出 g 的凸性. 将 g 表示为一系列二次线性分式函数 x_i^2/t 的和. 前面已经知道, 每一项 x_i^2/t 是凸函数, 因此和也为凸函数. 另一方面, 可以将 g 表示为一种特殊的矩阵分式函数 $x^{\mathrm{T}}(tI)^{-1}x$, 由此导出凸性.

例 2.12 考虑 $\mathbf{R}_{++}$ 上的凸函数 $f(x) = -\log x$, 其透视函数为

$$g(x,t) = -t\log(x/t) = t\log(t/x) = t\log t - t\log x,$$

在 $\mathbf{R}_{++}^2$ 上它是凸函数. 函数 g 称为关于 t 和 x 的相对熵. 当 $x = 1$ 时, g 即为负熵函数. 基于函数 g 的凸性, 可以得出一些有趣的相关函数的凸性或凹性. 定义两个向量 $u,v \in \mathbf{R}_{++}^n$ 的相对熵

$$\sum_{i=1}^n u_i \log(u_i/v_i),$$

由于它是一系列 u_i, v_i 的相对熵的和, 因此关于 (u,v) 是凸函数.

例 2.13 设 $f : \mathbf{R}^m \to \mathbf{R}$ 是凸函数, $A \in \mathbf{R}^{m\times n}, b \in \mathbf{R}^m, c \in \mathbf{R}^n, d \in \mathbf{R}$. 定义

$$g(x) = (c^{\mathrm{T}}x + d)f((Ax+b)/(c^{\mathrm{T}}x+d)),$$

其定义域为

$$\mathbf{dom}g = \left\{x\big|c^{\mathrm{T}}x + d > 0, (Ax+b)/(c^{\mathrm{T}}x+d) \in \mathbf{dom}f\right\},$$

则 g 是凸函数.

2.3 共 轭 函 数

设函数 $f : \mathbf{R}^n \to \mathbf{R}$, 定义函数 $f^* : \mathbf{R}^n \to \mathbf{R}$ 为

$$f^*(y) = \sup_{x\in\mathbf{dom}f} \left(y^{\mathrm{T}}x - f(x)\right), \tag{2.8}$$

此函数称为函数 f 的共轭函数. 使上述上确界有限, 即差值 $y^{\mathrm{T}}x - f(x)$ 在 $\mathbf{dom}f$ 有上界的所有 $y \in \mathbf{R}^n$ 构成了共轭函数的定义域.

显然, 无论 f 是否是凸函数, f^* 都是凸函数.

下面考虑 $\mathbf{R}$ 上一些凸函数的共轭函数.

(1) $f(x) = ax + b$. 作为 x 的函数, 当且仅当 $y = a$, 即 $yx - ax - b$ 为常数时, $yx - ax - b$ 有界. 因此, 共轭函数 f^* 的定义域为单点集 a, 且 $f^*(a) = -b$.

(2) $f(x) = -\log x$, 定义域为 $\mathbf{R}$. 当 $y \geqslant 0$ 时, 函数 $xy + \log x$ 无上界, 当 $y < 0$ 时, $xy + \log x$ 在 $x = -1/y$ 处达到最大值. 因此, $f^*(y)$ 的定义域为 $(-\infty, 0)$, 共轭函数为 $f^*(y) = -\log(-y) - 1$.

(3) $f(x) = \exp(x)$, 当 $y \leqslant 0$ 时, 函数 $xy - \exp(x)$ 无界. 当 $y > 0$ 时, 函数 $xy - \exp(x)$ 在 $x = \log y$ 处达到最大值. 因此, $f^*(y) = y\log(y) - y$.

(4) $f(x) = x\log x$, 对所有 y, 函数 $xy - x\log x$ 关于 x 在 $\mathbf{R}_+$ 上有上界, 因此 $\mathbf{dom}f^* = \mathbf{R}$; 在 $x = \exp(y) - 1$ 处, 函数达到最大值. 所以 $f^*(y) = \exp(y) - 1$.

(5) $f(x) = 1/x, x \in \mathbf{R}_{++}$. 当 $y > 0$ 时, $yx - 1/x$ 无上界. 当 $y = 0$ 时, 函数有上确界 0; 当 $y < 0$ 时, 在 $x = (-y)^{-1/2}$ 处达到上确界. 因此, $f^*(y) = -2(-y)^{1/2}$.

例 2.14 考虑 $\mathbf{R}^n$ 中二次函数 $f(x) = \frac{1}{2}x^{\mathrm{T}}Qx, Q \in \mathbf{S}_{++}^n$. 对所有的 $y \in \mathbf{R}^n$, $y^{\mathrm{T}}x - \frac{1}{2}x^{\mathrm{T}}Qx$ 的函数都有上界且在 $x = Q^{-1}y$ 处达到上确界, 因此

$$f^*(y) = \frac{1}{2}y^{\mathrm{T}}Q^{-1}y.$$

例 2.15 考虑 $\mathbf{S}_{++}^n$ 上定义的函数 $f(X) = \log\det X^{-1}$. 其共轭函数定义为

$$f^*(Y) = \sup_{X \succ 0}(\mathrm{tr}(YX) + \log\det X),$$

其中, $\mathrm{tr}(YX)$ 是 $\mathbf{S}^n$ 上的标准内积. 首先说明只有当 $Y \prec 0$ 时, $\mathrm{tr}(YX) + \log\det X$ 才有上界. 如果 $Y \succeq 0$, 则 Y 有特征向量 $v, ||v||_2 = 1$, 对应的特征值 $\lambda \geqslant 0$. 令 $X = I + tvv^{\mathrm{T}}$, 则

$$\mathrm{tr}(YX) + \log\det X = \mathrm{tr}(Y) + t\lambda + \log(I + tvv^{\mathrm{T}}) = \mathrm{tr}(Y) + t\lambda + \log(1 + t),$$

当 $t \to \infty$ 时, 上式无界.

下面考虑 $Y \prec 0$ 的情形. 令

$$\nabla_X(\mathrm{tr}(YX) + \log\det X) = Y + X^{-1} = 0,$$

则 $X = -Y^{-1}$. 因为 $\mathrm{tr}(YX) + \log\det X$ 是凹函数, 所以

$$f^*(Y) = \log\det(-Y)^{-1} - n,$$

其定义域为 $\mathbf{dom}f^*(Y) = -\mathbf{S}_{++}^n$.

例 2.16 为了得到指数和的对数函数 $f(x) = \log\left(\sum\limits_{i=1}^{n}\exp x_i\right)$ 的共轭函数, 首先考察 y 取何值时 $y^{\mathrm{T}}x - f(x)$ 的最大值可以得到. 令 $y^{\mathrm{T}}x - f(x)$ 对 x 的偏导数为 0, 得到如下条件

$$y_i = \frac{\exp x_i}{\sum\limits_{i=1}^{n}\exp x_i}, \quad i = 1, \cdots, n.$$

当且仅当 $y > 0$ 以及 $\mathbf{1}^{\mathrm{T}}y = 1$ 时上述方程有解, 这里 $\mathbf{1}$ 表示分量全为 1 的向量. 将 y_i 的表达式代入 $y^{\mathrm{T}}x - f(x)$ 可得

$$f^*(y) = \sum_{i=1}^{n}y_i\log y_i,$$

记 $0 \log 0 \triangleq 0$. 因此只要满足 $y \geqslant 0$, 以及 $\mathbf{1}^{\mathrm{T}} y = 1$, 即使当 y 的某些分量为零时, $f^*(y)$ 的表达式仍然正确.

事实上, f^* 的定义域为 $\mathbf{1}^{\mathrm{T}} y = 1, y \geqslant 0$. 为了说明这一点, 假设 y 的某个分量是负的, 比如说 $y_k < 0$, 令 $x_k = -t, x_i = 0, i \neq k$, 令 t 趋向于无穷, $y^{\mathrm{T}} x - f(x)$ 无上界.

如果 $y \geqslant 0$, 但是 $\mathbf{1}^{\mathrm{T}} y \neq 1$, 令 $x = t\mathbf{1}$, 可得

$$y^{\mathrm{T}} x - f(x) = t\mathbf{1}^{\mathrm{T}} y - t - \log n.$$

若 $\mathbf{1}^{\mathrm{T}} y > 1$, 当 $t \to +\infty$ 时上述表达式无界; 若 $\mathbf{1}^{\mathrm{T}} y < 1$, 当 $t \to -\infty$ 时其无界.

总之,

$$f^*(y) = \begin{cases} \displaystyle\sum_{i=1}^{n} y_i \log y_i, & y \geqslant 0 \text{ 且 } \mathbf{1}^{\mathrm{T}} y = 1, \\ \infty, & \text{其他.} \end{cases}$$

例 2.17 令 $||\cdot||$ 表示 $\mathbf{R}^n$ 上的范数, 其对偶范数为 $||\cdot||_*$. 我们说明 $f(x) = ||x||$ 的共轭函数为

$$f^*(y) = \begin{cases} 0, & ||y||_* \leqslant 1, \\ \infty, & \text{其他,} \end{cases}$$

即范数的共轭函数是对偶范数单位球的示性函数. 如果 $||y||_* > 1$, 根据对偶范数的定义, 存在 $z \in \mathbf{R}^n$, 使得 $y^{\mathrm{T}} z > 1$, 取 $x = tz$, 令 $t \to \infty$ 可得

$$y^{\mathrm{T}} x - ||x|| = t\left(y^{\mathrm{T}} z - ||z||\right) \to \infty,$$

即 $f^*(y) = \infty$, 没有上界. 反之, 若 $||y||_* \leqslant 1$, 对任意 x, 有 $y^{\mathrm{T}} x \leqslant ||x|| ||y||_*$, 即对任意 $x, y^{\mathrm{T}} x - ||x|| \leqslant 0$. 因此, 在 $x = 0$ 处, $y^{\mathrm{T}} x - ||x||$ 达到最大值 0.

从共轭函数的定义可以得到, 对任意 x 和 y, 如下不等式成立

$$f(x) + f^*(y) \geqslant x^{\mathrm{T}} y,$$

这个不等式称为 Fenchel 不等式.

以函数 $f(x) = (1/2)x^{\mathrm{T}} Q x$ 为例, 其中 $Q \in \mathbf{S}_{++}^n$, 可以得到如下不等式

$$x^{\mathrm{T}} y \leqslant \frac{1}{2} x^{\mathrm{T}} Q x + \frac{1}{2} y^{\mathrm{T}} Q^{-1} y.$$

上面的例子以及"共轭"的名称都隐含了凸函数的共轭函数的共轭函数是原函数. 也即, 如果函数 f 是凸函数且 f 是闭的, 即 $\mathbf{epi}f$ 是闭集, 则 $f^{**} = f$. 例如, 若 $\mathbf{dom}f = \mathbf{R}^n$, 则有 $f^{**} = f$, 即 f 的共轭函数的共轭函数还是 f.

关于本章内容的注释 就像函数是数学分析中主要的研究对象一样, 凸函数是凸分析这门学科分支的主要研究对象. 凸函数作为一类特殊的函数, 对它的研究也有很长的历史了. Rockafellar 在 [4] 中, 系统介绍了凸函数及相关的各种概念和性质. 相对来说, 透视函数是一类新颖的凸函数, 它是由 Hiriart-Urraty 和 Lemarechal 首先引入的. 对凸函数更详细的发展历史的介绍, 可参考 [1] 中凸函数一章后面的注释, 也可以参考 [3, 7].

习 题 2

2.1 假设 $f : \mathbf{R} \to \mathbf{R}$ 是凸函数, $a, b \in \mathbf{dom}f$, $a < b$.

(a) 证明对任意 $x \in [a, b]$, 下式成立

$$f(x) \leqslant \frac{b-x}{b-a}f(a) + \frac{x-a}{b-a}f(b).$$

(b) 证明对任意 $x \in (a, b)$, 下式成立

$$\frac{f(x) - f(a)}{x - a} \leqslant \frac{f(b) - f(a)}{b - a} \leqslant \frac{f(b) - f(x)}{b - x}.$$

(c) 假设函数 f 可微. 利用 (b) 中的结果来证明

$$f'(a) \leqslant \frac{f(b) - f(a)}{b - a} \leqslant f'(b).$$

注意到这些不等式也可以通过式 (3.2) 得到

$$f(b) \geqslant f(a) + f'(a)(b - a), \quad f(a) \geqslant f(b) + f'(b)(a - b).$$

(d) 假设函数 f 二次可微. 利用 (c) 中的结论证明 $f''(a) \geqslant 0$ 以及 $f''(b) \geqslant 0$.

2.2 设 $f : \mathbf{R} \to \mathbf{R}$ 递增, 在其定义域 (a, b) 上是凸函数. 令 g 表示其反函数, 即具有定义域 $(f(a), f(b))$, 且对所有 $a < x < b$ 满足 $g(f(x)) = x$. 函数 g 是凸函数还是凹函数? 为什么?

2.3 证明连续函数 $f : \mathbf{R}^n \to \mathbf{R}$ 是凸函数的充要条件是, 对任意线段, 函数在线段上的平均值不大于线段端点函数值的平均, 即对任意 $x, y \in \mathbf{R}^n$, 下式成立

$$\int_0^1 f(x + \lambda(y - x))d\lambda \leqslant \frac{f(x) + f(y)}{2}.$$

2.4 设函数 $f : \mathbf{R} \to \mathbf{R}$ 是凸函数, $\mathbf{R}_+ \subseteq \mathbf{dom}f$. 证明其滑动平均 F, 即

$$F(x) = \frac{1}{x}\int_0^x f(t)dt, \quad \mathbf{dom}F = \mathbf{R}_{++}$$

是凸函数.

2.5 什么时候函数的上境图是半平面? 什么时候函数的上境图是一个凸锥? 什么时候函数的上境图是一个多面体?

2.6 设函数 $f: \mathbf{R}^n \to \mathbf{R}$ 是凸函数, 其定义域为 $\mathbf{dom}f = \mathbf{R}^n$, 函数在 $\mathbf{R}^n$ 上有上界. 证明函数 f 是常数.

2.7 设 $F \in \mathbf{R}^{n \times m}, \hat{x} \in \mathbf{R}^n$. 函数 $f: \mathbf{R}^n \to \mathbf{R}$ 限制在仿射集 $\{Fz + \hat{x} | z \in \mathbf{R}^m\}$ 上的函数定义为 $f: \tilde{\mathbf{R}}^m \to \mathbf{R}$, 其满足

$$f(z) = f(Fz + \hat{x}), \quad \mathbf{dom}\tilde{f} = \{z | Fz + \hat{x} \in \mathbf{dom}f\}.$$

设函数 f 的定义域是凸集, 且在定义域上函数二次可微.

(a) 证明函数 $\tilde{f}$ 是凸函数的充要条件是: 对任意 $z \in \mathbf{dom}\tilde{f}$, 有

$$F^{\mathrm{T}} \nabla^2 f(Fz + \hat{x}) F \geqslant 0.$$

(b) 设 $A \in \mathbf{R}^{p \times n}$, 其零空间为矩阵 F 的值域, 即 $AF = 0$ 且 $\mathrm{rank}A = n - \mathrm{rank}F$. 证明函数 $\tilde{f}$ 是凸函数的充要条件是, 对任意 $z \in \mathbf{dom}f$, 存在 $\lambda \in \mathbf{R}$ 使得下式成立

$$\nabla^2 f(Fz + \hat{x}) + \lambda A^{\mathrm{T}} A \geqslant 0.$$

(提示: 利用如下结论: 如果 $B \in \mathbf{S}^n$ 以及 $A \in \mathbf{R}^{p \times n}$, 则对任意 $x \in \mathcal{N}(A)$, 都有 $x^{\mathrm{T}} Bx \geqslant 0$ 成立的充要条件是, 存在 λ 使得 $B + \lambda A^{\mathrm{T}} A \geqslant 0$.)

2.8 如果对任意 $x, y \in \mathbf{dom}\psi$, 下式成立

$$(\psi(x) - \psi(y))^{\mathrm{T}} (x - y) \geqslant 0,$$

则称函数 $\psi : f: \mathbf{R}^n \to \mathbf{R}^n$ 是单调的. 设函数 $f: \mathbf{R}^n \to \mathbf{R}$ 是一可微函数. 证明 f 凸的充要条件是其梯度 ∇f 是单调的.

2.9 设函数 $f: \mathbf{R}^n \to \mathbf{R}$ 是凸函数, $g: \mathbf{R}^n \to \mathbf{R}$ 是凹函数, $\mathbf{dom}f = \mathbf{dom}g = \mathbf{R}^n$, 对任意 x 有 $g(x) \leqslant f(x)$. 证明存在一个仿射函数 h, 使得对于任意 $x, g(x) \leqslant h(x) \leqslant f(x)$.

2.10 如果任意固定 $x, f(x, z)$ 是 z 的凹函数, 任意固定 $z, f(x, z)$ 是 z 的凸函数, 则称函数 $f: \mathbf{R}^n \times \mathbf{R}^m \to \mathbf{R}$ 是凸-凹函数, 同时, 要求函数的定义域具有积的形式, $\mathbf{dom}f = A \times B$, 其中 $A \subseteq \mathbf{R}^n$ 和 $B \subseteq \mathbf{R}^m$ 都是凸集.

(a) 对二次可微函数 $f: \mathbf{R}^n \times \mathbf{R}^m \to \mathbf{R}$, 从 Hessian 矩阵 $\nabla^2 f(x, z)$ 的角度给出函数为凸-凹函数的二阶条件.

(b) 设函数 $f: \mathbf{R}^n \times \mathbf{R}^m \to \mathbf{R}$ 是凸-凹函数并且可微, $\nabla f(\tilde{x}, \tilde{z}) = 0$. 证明鞍点性质成立, 即对任意 x, z, 有

$$f(\tilde{x}, z) \leqslant f(\tilde{x}, \tilde{z}) \leqslant f(x, \tilde{z}).$$

证明上述性质成立可以推导出函数 f 满足强极大极小性质:

$$\sup_z \inf_x f(x, z) = \inf_x \sup_z f(x, z) = f(\tilde{x}, \tilde{z}).$$

(c) 设函数 $f: \mathbf{R}^n \times \mathbf{R}^m \to \mathbf{R}$ 是可微的, 但不一定是凸-凹函数, 若在点 $\tilde{x}, \tilde{z}$ 处鞍点性质成立, 即对任意 x, z, 有

$$f(\tilde{x}, z) \leqslant f(\tilde{x}, \tilde{z}) \leqslant f(x, \tilde{z}).$$

证明 $\nabla f(\tilde{x}, \tilde{z}) = 0$.

2.11 设 $p < 1, p \neq 0$. 证明定义域为 $\mathbf{dom} f = \mathbf{R}_{++}^n$ 的函数

$$f(x) = \left(\sum_{i=1}^n x_i^p \right)^{1/p}$$

是凹函数.

2.12 证明:

(a) 函数 $f(X) = \mathrm{tr}(X^{-1})$ 在 $\mathbf{S}_{++}^n$ 上是凸函数.

(b) 函数 $f(X) = (\det X)^{1/n}$ 在 $\mathbf{S}_{++}^n$ 上是凹函数.

2.13 证明下列函数是凸函数.

(a) 函数 $f(x) = -\log\left(-\log\left(\sum_{i=1}^m e^{a_i^T x + b_i}\right)\right)$, 其定义域为 $\mathbf{dom} f = \left\{ x \,\middle|\, \sum_{i=1}^m e^{a_i^T x + b_i} < 1 \right\}$.

(b) 函数 $f(x, u, v) = -\sqrt{uv - x^T x}$, 其定义域为 $\mathbf{dom} f = \{(x, u, v) | uv > x^T x, u, v > 0\}$.

(c) 函数 $f(x, u, v) = -\log(uv - x^T x)$, 其定义域为 $\mathbf{dom} f = \{(x, u, v) | uv > x^T x, u, v > 0\}$.

(d) 函数 $f(x, t) = -(t^p - ||x||_p^p)^{1/p}$, 其中 $p > 1$, 定义域为 $\mathbf{dom} f = \{(x, t) | t \geqslant ||x||_p\}$.

(e) 函数 $f(x, t) = -\log(t^p - ||x||_p^p)$, 其中 $p > l$, 定义域为 $\mathbf{dom} f = \{(x, t) | t > ||x||_p\}$.

2.14 函数的透视函数.

(a) 证明: 当 $p > 1$ 时, 函数

$$f(x, t) = \frac{|x_1|^p + \cdots + |x_n|^p}{t^{p-}} = \frac{||x||_p^p}{t^{p-}}$$

在 $\{(x, t) | t > 0\}$ 上是凸函数.

(b) 证明函数

$$f(x) = \frac{||Ax + b||_2^2}{c^T x + d}$$

在 $\{x | c^T x + d > 0\}$ 上是凸函数, 其中 $A \in \mathbf{R}^{m \times n}, b \in \mathbf{R}^n, c \in \mathbf{R}^n$ 以及 $d \in \mathbf{R}$.

2.15 令 $\lambda_1(X) \geqslant \lambda_2(X) \geqslant \cdots \geqslant \lambda_n(X)$ 表示矩阵 $X \in \mathbf{S}^n$ 的特征值. 之前已经讨论过一些有关特征值的函数, 它们是 X 的凸函数或者凹函数.

(1) 最大特征值函数 $\lambda_1(X)$ 是凸函数. 最小特征值函数 $\lambda_n(X)$ 是凹函数.

(2) 特征值的和 (或者矩阵的迹) $\mathrm{tr} X = \lambda_1(X) + \cdots + \lambda_n(X)$ 是线性函数.

(3) 特征值倒数的和 (或者逆矩阵的迹) $\mathrm{tr}(X^{-1}) = \sum_{i=1}^n \lambda_i(X)$ 是 $\mathbf{S}_{++}^n$ 上的凸函数.

(4) 特征值的几何平均 $(\det X)^{1/n} = \left(\prod_{i=1}^n \lambda_i(X)\right)^{1/n}$ 及特征值乘积的对数 $\log \det(X) = \sum_{i=1}^n \log \lambda_i(X)$ 在 $X \in \mathbf{S}_{++}^n$ 上是凹函数.

在这道题中, 利用变分特征, 我们讨论更多的关于特征值函数的性质.

(a) 最大 k 个特征值的和. 证明函数 $\sum_{i=1}^{k} \lambda_i(X)$ 在 $\mathbf{S}^n$ 上是凸函数.

(b) 最小 k 个特征值的几何平均. 证明函数 $\left(\prod_{i=n-k+1}^{n} \lambda_i(X)\right)^{1/k}$ 在 $\mathbf{S}_{++}^n$ 上是凹函数.

(c) 最小 k 个特征值乘积的对数. 证明函数 $\left(\sum_{i=n-k+1}^{n} \log \lambda_i(X)\right)$ 在 $\mathbf{S}_{++}^n$ 上是凹函数.

2.16 任意矩阵 $X \in \mathbf{S}_{++}^n$ 有唯一的 Cholesky 分解 $X = LL^{\mathrm{T}}$, 其中 L 是下三角矩阵, $L_{ii} > 0$. 证明函数 L_{ii} 是 X 的凹函数 (其定义域为 $\mathbf{S}_{++}^n$).

(提示: 函数 L_{ii} 可以表示为 $L_{ii} = (w_z^{\mathrm{T}} Y^{-1} z)^{1/2}$, 其中

$$\begin{bmatrix} Y & z \\ z^{\mathrm{T}} & w \end{bmatrix}$$

是矩阵 X 左上角 $i \times i$ 子矩阵.)

2.17 令 $f : \mathbf{R}^n \to \mathbf{R}$ 是凸函数, 定义 $\tilde{f} : \mathbf{R}^n \to \mathbf{R}$ 为 $\tilde{f}$ 的所有仿射全局下估计函数的逐点上确界:

$$\tilde{f}(x) = \sup\{g(x) | g \text{ 仿射}, g(z) \leqslant f(z), \forall z\}.$$

(a) 证明对 $x \in \mathbf{int\ dom} f$, 有 $f(x) = \tilde{f}(x)$.

(b) 证明如果 f 是闭的 (即 $\mathbf{epi} f$ 是闭集), 有 $f = \tilde{f}$.

2.18 函数 $f : \mathbf{R}^n \to \mathbf{R}$ 的凸包或凸包络定义为

$$g(x) = \inf\{t | (x, t) \in \mathbf{conv}(\mathbf{epi} f)\}.$$

几何上, 函数 g 的上境图是 f 的上境图的凸包. 证明函数 g 是 f 最大的凸下估计函数. 换言之, 证明如果函数 h 是凸函数, 且对所有 x 有 $h(x) \leqslant f(x)$, 则对所有 x, 有 $h(x) \leqslant g(x)$.

2.19 给定标准化的负熵函数

$$f(x) = \sum_{i=1}^{n} x_i \log(x_i / \mathbf{1}^{\mathrm{T}} x),$$

其中 $\mathbf{dom} = \mathbf{R}_{++}^n$. 证明其共轭函数为

$$f^*(y) = \begin{cases} 0, & \sum_{i=1}^{n} e^{x_i} \leqslant 1, \\ +\infty, & \text{其他}. \end{cases}$$

2.20 求下列函数的共轭函数.

(a) 最大值函数. 函数 $f(x) = \max_{i=1,\cdots,n}\{x_i\}$, 定义在 $\mathbf{R}^n$ 上.

(b) 最大若干分量的和. 函数 $f(x) = \sum_{i=1}^{r} x_{[i]}$, 定义域为 $\mathbf{R}^n$.

(c) 定义在 $\mathbf{R}$ 上的分片线性函数. 定义在 $\mathbf{R}$ 上的分片线性函数 $f(x) = \max_{i=1,\cdots,m}(a_i x + b_i)$. 在求解过程中, 可以假设 a_i 按升序排列, 即 $a_1 \leqslant a_2 \leqslant \cdots \leqslant a_m$, 且每个函数 $a_i x + b_i$ 都不是多余的, 即任选 k, 至少存在一点 x 使得 $f(x) = a_k x + b_k$.

(d) 幂函数. 定义在 $\mathbf{R}_{++}$ 上的函数 $f(x) = x^p$, 其中 $p > 1$. 如果 $p < 0$ 呢?

(e) 几何平均. 定义在 $\mathbf{R}_{++}^n$ 上的几何平均函数 $f(x) = -(\prod x_i)^{1/n}$.

(f) 二阶锥上的负广义对数. 函数 $f(x,t) = -\log(t^2 - x^\mathrm{T}x)$, 定义域为 $\{(x,t) \in \mathbf{R}^n \times \mathbf{R}\,|\,||x||_2 < t\}$.

2.21　考虑函数 $f(x) = (1/2)||x||^2$, 其中 $||\cdot||$ 是范数, 对偶范数为 $||\cdot||_*$. 证明此函数的共轭函数为 $f^*(y) = (1/2)||y||_*^2$.

2.22　给定函数 $f(X) = \mathbf{tr}(X^{-1})$, 其定义域为 $\mathbf{dom}f = \mathbf{S}_{++}^n$. 证明 $f(X)$ 的共轭函数为

$$f^*(Y) = -2\mathbf{tr}(-Y)^{1/2}, \quad \mathbf{dom}f = \mathbf{S}_+^n.$$

2.23　设 $f: \mathbf{R} \to \mathbf{R}$ 是增函数, $f(0) = 0$, 设函数 g 是其反函数. 定义 F 和 G 为

$$F(x) = \int_0^x f(a)da, \quad G(y) = \int_0^y g(a)da,$$

证明函数 F 和 G 互为共轭函数.

2.24　共轭函数的一些性质.

(a) 凸函数与仿射函数的和的共轭函数. 设 $g(x) = f(x) + c^\mathrm{T}x + d$, 其中, 函数 f 是凸函数. 利用 f 的共轭函数 f^* 和 c 及 d 表达 g 的共轭函数 g^*.

(b) 透视函数的共轭函数. 将凸函数 f 的透视函数的共轭函数用 f^* 来进行表达.

(c) 共轭以及极小化. 设函数 $f(x,z)$ 是 (x,z) 的凸函数, 定义 $g(x) = \inf_z f(x,z)$. 利用 f^* 表达 g^*.

作为一个应用, 定义函数 $g(x) = \inf\{h(z)|Az + b = x\}$, 其中 h 是凸函数, 用 h^*, A 以及 b 表达 $g(x)$ 的共轭函数.

(d) 共轭的共轭. 证明闭凸函数的共轭的共轭是它自己, 即如果 f 是闭凸函数, 则 $f = f^{**}$.

第3章 凸优化问题

这一章介绍凸优化问题的一般形式及几类特殊的凸优化问题, 还给出了凸优化问题的几条重要性质.

3.1 最优化问题

3.1.1 基本术语

用

$$
\begin{aligned}
\min \quad & f_0(x), \\
\text{s.t.} \quad & f_i(x) \leqslant 0, \quad i = 1, \cdots, m, \\
& h_i(x) = 0, \quad i = 1, \cdots, p
\end{aligned}
\tag{3.1}
$$

描述在所有满足 $f_i(x) \leqslant 0 (i = 1, \cdots, m)$ 及 $h_i(x) = 0 (i = 1, \cdots, p)$ 的 x 中极小化 $f_0(x)$ 的问题. $x \in \mathbf{R}^n$ 称为优化变量, 函数 $f_0 : \mathbf{R}^n \to \mathbf{R}$ 称为目标函数或费用函数. 不等式 $f_i(x) \leqslant 0$ 称为不等式约束, 相应的函数 $f_i : \mathbf{R}^n \to \mathbf{R}$ 称为不等式约束函数. 等式 $h_i(x) = 0$ 称为等式约束, 相应的函数 $h_i : \mathbf{R}^n \to \mathbf{R}$ 称为等式约束函数. 如果没有约束 (即 $m = p = 0$), 问题 (3.1) 就称为无约束优化问题.

使目标函数和所有约束函数有定义的点的集合

$$
\mathcal{D} = \left(\bigcap_{i=0}^{m} \mathbf{dom} f_i \right) \bigcap \left(\bigcap_{i=1}^{p} \mathbf{dom} h_i \right)
$$

称为优化问题 (3.1) 的定义域. 当点 $x \in \mathcal{D}$ 满足约束条件时, 称为可行点. 当问题 (3.1) 至少有一个可行点时, 称 (4.1) 是可行的, 否则称为不可行的. 所有可行点的集合称为可行集或约束集.

问题 (3.1) 的最优值 p^* 定义为

$$
p^* = \inf \{ f_0(x) | f_i(x) \leqslant 0, i = 1, \cdots, m; h_i(x) = 0, i = 1, \cdots, p \}.
$$

如果问题不可行, 记 $p^* = +\infty$. 如果存在可行解点列 $\{x_k\}$ 满足: 当 $k \to \infty$ 时, $f_0(x_k) \to -\infty$, 那么, $p^* = -\infty$, 这时称问题 (3.1) 无下界.

如果 x^* 是可行的并且 $f_0(x^*) = p^*$, 就称 x^* 为 (3.1) 的最优点. 所有最优解的集合称为最优解集, 记为

$$X_{\text{opt}} = \{x | f_i(x) \leqslant 0, i = 1, \cdots, m; h_i(x) = 0, i = 1, \cdots, p, f_0(x) = p^*\}.$$

如果问题 (3.1) 存在最优解, 称最优值是可达的, 问题可解. 如果 X_{opt} 是空集, 称最优值是不可达的, 问题无解. 满足 $f_0(x) \leqslant p^* + \epsilon$ (其中 $\epsilon > 0$) 的可行解 x 称为 ϵ-次优解. 所有 ϵ-次优解的集合称为问题 (3.1) 的 ϵ-次优集.

如果存在 $R > 0$ 使得

$$f_0(x) = \inf\{f_0(z) | f_i(x) \leqslant 0, i = 1, \cdots, m; h_i(x) = 0, i = 1, \cdots, p, ||z - x||_2 \leqslant R\}.$$

也即 x 是下面关于 z 的优化问题

$$
\begin{aligned}
\min \quad & f_0(z), \\
\text{s.t.} \quad & f_i(z) \leqslant 0, \quad i = 1, \cdots, m, \\
& h_i(z) = 0, \quad i = 1, \cdots, p, \\
& ||z - x||_2 \leqslant R
\end{aligned}
$$

的解, 称可行解 x 为局部最优.

如果 x 可行且 $f_i(x) = 0$, 则称约束 $f_i(x) \leqslant 0$ 的第 i 个不等式在 x 处是积极的. 如果 $f_i(x) < 0$, 则称约束 $f_i(x) \leqslant 0$ 在 x 处是不积极的.

3.1.2　问题的标准表示

称 (3.1) 为优化问题的标准形式. 其他的优化问题都可以通过适当变形写成这种形式.

例 3.1　考虑优化问题

$$
\begin{aligned}
\min \quad & f_0(x), \\
\text{s.t.} \quad & l_i \leqslant x_i \leqslant u_i, \quad i = 1, \cdots, n,
\end{aligned}
$$

其中 $x \in \mathbf{R}^n$ 为优化变量. 这些约束称为变量的界或框约束.

可以将该问题表示为标准形式,

$$
\begin{aligned}
\min \quad & f_0(x), \\
\text{s.t.} \quad & l_i - x_i \leqslant 0, \quad i = 1, \cdots, n, \\
& x_i - u_i \leqslant 0, \quad i = 1, \cdots, n,
\end{aligned}
$$

这里有 $2n$ 个不等式约束函数:

$$f_i(x) = l_i - x_i \leqslant 0, \quad i = 1, \cdots, n$$

及

$$f_i(x) = x_{i-n} - u_{i-n} \leqslant 0, \quad i = n+1, \cdots, 2n.$$

例 3.2 考虑如下极大化问题.

$$
\begin{aligned}
\max \quad & f_0(x), \\
\text{s.t.} \quad & f_i(x) \leqslant 0, \quad i = 1, \cdots, m, \\
& h_i(x) = 0, \quad i = 1, \cdots, p,
\end{aligned}
\tag{3.2}
$$

可以通过在同样的约束下极小化 $-f_0(x)$ 得到等价的标准形式.

3.1.3 等价问题

如果从一个优化问题的解, 能得到另一个优化问题的解, 并且反之也如此, 则称两个优化问题是等价的.

比如, 考虑问题

$$
\begin{aligned}
\min \quad & \tilde{f}(x) = \alpha_0 f_0(x), \\
\text{s.t.} \quad & \tilde{f}_i(x) = \alpha_i f_i(x) \leqslant 0, \quad i = 1, \cdots, m, \\
& \tilde{h}_i(x) = \beta_i h_i(x) = 0, \quad i = 1, \cdots, p,
\end{aligned}
\tag{3.3}
$$

其中 $\alpha_i > 0, i = 0, \cdots, m, \beta_i \neq 0, i = 1, \cdots, p$. 这个问题显然与 (3.1) 等价.

下面介绍一些产生等价问题的变换.

1) 变量交换

设 $\phi : \mathbf{R}^n \to \mathbf{R}^n$ 是一一映射, 其像包含了问题的定义域 $\mathcal{D}$, 即 $\phi(\mathbf{dom}\phi) \supseteq \mathcal{D}$. 记函数 $\tilde{f}_i$ 和 $\tilde{h}_i$ 为

$$
\tilde{f}_i(z) = f_i(\phi(z)), \quad i = 0, \cdots, m, \quad \tilde{h}_i(z) = h_i(\phi(z)), \quad i = 0, \cdots, p.
$$

下面考虑关于 z 的优化问题

$$
\begin{aligned}
\min \quad & \tilde{f}(z), \\
\text{s.t.} \quad & \tilde{f}_i(z) \leqslant 0, \quad i = 1, \cdots, m, \\
& \tilde{h}_i(z) = 0, \quad i = 1, \cdots, p,
\end{aligned}
\tag{3.4}
$$

标准形式问题 (3.1) 和问题 (3.4) 通过变量变换或变量代换 $x = \phi(z)$ 密切联系在一起.

如果 x 是问题 (3.1) 的解, 则 $z = \phi^{-1}(x)$ 也是问题 (3.4) 的解: 如果 z 是问题 (3.4) 的解, 则 $x = \phi(z)$ 是问题 (3.1) 的解. 所以, 这两个问题是等价的.

2) 目标函数和约束函数的交换

设 $\psi_0 : \mathbf{R} \to \mathbf{R}$ 单增; $\psi_1, \cdots, \psi_m$ 满足: 当且仅当 $u \leqslant 0$ 时, $\psi_i(u) \leqslant 0, i = 1, \cdots, m, \psi_{m+1}, \cdots, \psi_{m+p}$ 满足: 当且仅当 $u = 0$ 时, $\psi_i(u) = 0, i = m+1, \cdots, m+p$.

定义函数 $\tilde{f}_i$ 和 $\tilde{h}_i$ 为复合函数

$$\tilde{f}_i(x) = \psi_i(f_i(x)), \ i = 0, \cdots, m, \quad \tilde{h}_i(z) = \psi_{m+i}(h_i(x)), \ i = 0, \cdots, p.$$

容易看出优化问题

$$\begin{aligned} \min \quad & \tilde{f}_0(x), \\ \text{s.t.} \quad & \tilde{f}_i(x) \leqslant 0, \quad i = 1, \cdots, m, \\ & \tilde{h}_i(x) = 0, \quad i = 1, \cdots, p, \end{aligned}$$

与标准形式问题 (3.1) 等价.

例 3.3   考虑最小二乘问题

$$\min \quad \|Ax - b\|_2, \tag{3.5}$$

因为范数总是非负的, 所以

$$\min \quad \|Ax - b\|_2^2, \tag{3.6}$$

显然问题 (3.5) 和问题 (3.6) 是等价的. 但这两个问题是不相同的, 问题 (3.5) 的目标函数在任意满足 $Ax - b = 0$ 的 x 处都是不可微的, 而问题 (3.6) 的目标函数对所有的 x 都是可微的.

3) 松弛变量

通过观察可以得到一个简单的变换, 即 $f_i(x) \leqslant 0$ 等价于存在一个 $s_i \geqslant 0$ 满足 $f_i(x) + s_i = 0$. 利用这个变换, 可以得到优化问题

$$\begin{aligned} \min \quad & f_0(x), \\ \text{s.t.} \quad & s_i \geqslant 0, \quad i = 1, \cdots, m, \\ & f_i(x) + s_i = 0, \quad i = 1, \cdots, m, \\ & h_i(x) = 0, \quad i = 1, \cdots, p, \end{aligned} \tag{3.7}$$

其中 $x \in \mathbf{R}^n, s \in \mathbf{R}^m$. 这个问题有 $n + m$ 个变量, m 个不等式约束 (关于 s_i 的非负约束) 和 $m + p$ 个等式约束. 新的变量 s_i 称为对应原不等式约束 $f_i(x) \leqslant 0$ 的松弛变量. 通过引入松弛变量, 可以将每一个不等式约束替换为一个等式约束和一个非负约束.

显然问题 (3.7) 与原标准形式问题 (3.1) 是等价的.

4) 消除等式约束

如果可以用一些参数 $z \in \mathbf{R}^k$ 来显式地参数化等式约束

$$h_i(x) = 0, \quad i = 1, \cdots, p \tag{3.8}$$

的解, 则可以从原问题中消除等式约束. 设函数 $\phi: \mathbf{R}^k \to \mathbf{R}^n$ 是这样的函数: x 满足式 (3.8) 等价于存在一些 $z \in \mathbf{R}^k$ 使得 $x = \phi(z)$. 那么, 优化问题

$$\min \quad \tilde{f}_0(z) = \tilde{f}_0(\phi(z)),$$
$$\text{s.t.} \quad \tilde{f}_i(x) = \tilde{f}_i(\phi(z)) \leqslant 0, \quad i = 1, \cdots, m$$

与原问题 (3.1) 等价. 变换后的问题含有变量 $z \in \mathbf{R}^k$, 有 m 个不等式约束. 如果 z 是变换后问题的最优解, 那么 $x = \phi(z)$ 是原问题的最优解. 反之, 如果 x 是原问题的最优解, 则至少存在一个 x 使得 $x = \phi(z)$. 任意这样的 z 均是变换后问题的最优解.

5) 消除线性等式约束

如果等式约束均是线性的, 即 $Ax = b$, 则可以更清晰地描述消除变量的过程, 并且简单地进行数值计算. 如果 $Ax = b$ 不相容, 即 $b \notin \mathcal{R}(A)$, 则原问题无可行解. 否则, 令 x_0 表示等式约束的任意可行解. 令 $F \in \mathbf{R}^{n \times k}$ 为满足 $\mathcal{R}(F) = \mathcal{N}(A)$ 的矩阵, 那么线性方程 $Ax = b$ 的解可以表示为 $Fz + x_0$, 其中 $z \in \mathbf{R}^k$. 将 $x = Fz + x_0$ 代入原问题可以得到关于 z 的优化问题

$$\min \quad f_0(Fz + x_0),$$
$$\text{s.t.} \quad f_i(Fz + x_0) \leqslant 0, \quad i = 1, \cdots, m,$$

它与原问题等价.

6) 引入等式约束

也可在问题中引入等式约束和新的变量. 比如, 考虑问题

$$\min \quad f_0(A_0 x + b_0),$$
$$\text{s.t.} \quad f_i(A_i x + b_i) \leqslant 0, \quad i = 1, \cdots, m,$$
$$h_i(x) = 0, \quad i = 1, \cdots, p,$$

这里 $x \in \mathbf{R}^n, A_i \in \mathbf{R}^{k_i \times n}, f_i: \mathbf{R}^{k_i} \to \mathbf{R}, i = 1, \cdots, m$. 这个问题的目标函数和约束函数由函数 $f_i(x)$ 与仿射变换 $A_i x + b_i$ 的复合给出.

引入新的变量 $y_i \in \mathbf{R}^{k_i}$ 和新的等式约束 $y_i = A_i x + b_i, i = 0, \cdots, m$, 从而可得到等价问题

$$\min \quad f_0(y_0),$$
$$\text{s.t.} \quad f_i(y_i) \leqslant 0, \quad i = 1, \cdots, m,$$
$$y_i = A_i x + b_i, \quad i = 0, \cdots, m,$$
$$h_i(x) = 0, \quad i = 1, \cdots, p,$$

该问题含有 $k_0 + \cdots + k_m$ 个新变量:

$$y_0 \in \mathbf{R}^{k_0}, \cdots, y_m \in \mathbf{R}^{k_m}$$

及 $k_0 + \cdots + k_m$ 个新的等式约束:

$$y_0 = A_0 x + b_0, \cdots, y_m = A_m x + b_m.$$

7) 优化部分变量

对于函数 $f(x,y)$, 记 $\tilde{f}(x) = \inf_y f(x,y)$, 则有

$$\inf_{x,y} f(x,y) = \inf_x \tilde{f}(x),$$

即可以通过先优化一部分变量再优化另一部分变量来达到优化一个函数的目的. 下面用一个例子来说明.

设变量 $x \in \mathbf{R}^n$ 被分为 $x = (x_1, x_2)$, 其中 $x_1 \in \mathbf{R}^{n_1}, x_2 \in \mathbf{R}^{n_2}$, 并且 $n_1 + n_2 = n$. 考虑问题

$$\begin{aligned}
\min \quad & f_0(x_1, x_x), \\
\text{s.t.} \quad & f_i(x_1) \leqslant 0, \quad i = 1, \cdots, m_1, \\
& \tilde{f}_i(x_2) \leqslant 0, \quad i = 1, \cdots, m_2,
\end{aligned} \tag{3.9}$$

其约束相互独立. 首先优化 x_2. 定义 x_1 的函数 $\tilde{f}_0$ 为

$$\tilde{f}_0(x_1) = \inf\{\tilde{f}_0(x_1, z) | \tilde{f}_i(z) \leqslant 0, i = 1, \cdots, m_2\}.$$

则问题 (3.9) 等价于

$$\begin{aligned}
\min \quad & \tilde{f}_0(x_1), \\
\text{s.t.} \quad & f_i(x_1) \leqslant 0, \quad i = 1, \cdots, m_1.
\end{aligned} \tag{3.10}$$

例 3.4　考虑具有严格凸二次目标的问题, 其中某些变量不受约束:

$$\begin{aligned}
\min \quad & x_1^{\mathrm{T}} P_{11} x_1 + 2 x_1^{\mathrm{T}} P_{12} x_2 + x_2^{\mathrm{T}} P_{22} x_2, \\
\text{s.t.} \quad & f_i(x_1) \leqslant 0, \quad i = 1, \cdots, m_1.
\end{aligned}$$

设 P_{22} 正定, 先对 x_2 求极小, 可得显式最优解:

$$\min_{x_2}\{x_1^{\mathrm{T}} P_{11} x_1 + 2 x_1^{\mathrm{T}} P_{12} x_2 + x_2^{\mathrm{T}} P_{22} x_2\} = x_1^{\mathrm{T}}(P_{11} - 2 P_{12} P_{22}^{-1} P_{12}^{\mathrm{T}}) x_1.$$

因此, 原问题等价于

$$\min \quad x_1^{\mathrm{T}} \left(P_{11} - 2P_{12}P_{22}^{-1}P_{12}^{\mathrm{T}} \right) x_1,$$
$$\text{s.t.} \quad f_i(x_1) \leqslant 0, \quad i = 1, \cdots, m_1.$$

8) 上境图问题形式

标准问题 (3.1) 的上境图形式为

$$\min \quad t,$$
$$\text{s.t.} \quad f_0(x) - t \leqslant 0,$$
$$f_i(x) \leqslant 0, \quad i = 1, \cdots, m, \quad (3.11)$$
$$h_i(x) = 0, \quad i = 1, \cdots, p,$$

其优化变量为 $x \in \mathbf{R}^n$ 及 $t \in \mathbf{R}$. 容易看出这个问题与原问题是等价的: (x, t) 是问题 (3.11) 的最优解当且仅当 x 是问题 (3.1) 的最优解并且 $t = f_0(x)$.

3.2   凸   优   化

3.2.1   标准形式的凸优化问题

形如

$$\min \quad f_0(x),$$
$$\text{s.t.} \quad f_i(x) \leqslant 0, \quad i = 1, \cdots, m, \quad (3.12)$$
$$a_i^{\mathrm{T}} x = b_i, \quad i = 1, \cdots, p$$

的问题称为凸优化问题, 其中 $f_0, \cdots, f_m$ 为凸函数, $a_i (i = 1, \cdots, p)$ 是 $\mathbf{R}^n$ 中非零向量.

容易看出, 可行点集是凸的. 因此凸优化问题其实就是在一个凸集上极小化一个凸的目标函数. 有的优化问题, 可行集是凸的, 目标函数也是凸函数, 但不是 (3.12) 的形式, 比如下面的优化问题:

$$\min \quad f_0(x) = x_1^2 + x_2^2,$$
$$\text{s.t.} \quad f_1(x) = x_1/(1 + x_2^2) \leqslant 0, \quad (3.13)$$
$$h_1(x) = (x_1 + x_2)^2 = 0,$$

这里不等式约束函数 $f_1(x)$ 不是凸的, 等式约束函数 $h_1(x)$ 也不是仿射的, 但其可行集 $\{x | x_1 \leqslant 0, x_1 + x_2 = 0\}$ 是凸的, 目标函数也是凸函数. 虽然这个问题是在凸集上极小化凸函数 f_0, 但它不是我们这里定义的凸优化问题.

这个问题可以等价地写为

$$
\begin{aligned}
\min \quad & f_0(x) = x_1^2 + x_2^2, \\
\text{s.t.} \quad & \tilde{f}_1(x) = x_1 \leqslant 0, \\
& \tilde{h}_1(x) = x_1 + x_2 = 0,
\end{aligned}
\tag{3.14}
$$

这显然是标准的凸优化形式.

在本书中, 凸优化问题不仅是指在凸集上极小化凸函数的问题, 同时还要求其可行集能被一组凸函数不等式和一组线性等式约束表示. 这样问题 (3.13) 就不是凸优化问题, 而问题 (3.14) 是一个凸优化问题.

3.2.2 局部最优解与全局最优解

凸优化问题的一个基本性质是其任意局部最优解也是全局最优解. 下面证明这个性质.

设 x 是凸优化问题的局部最优解, 即 x 是可行的并且对于某个 $R > 0$, 有

$$
f_0(x) \leqslant f_0(y), \quad \text{对任意满足} \|y - x\|_2 \leqslant R \text{ 的可行点 } y,
\tag{3.15}
$$

设 z 是任一可行点, 则 $\theta > 0$ 充分小 (设 < 1) 时, 有 $x + \theta(z - x)$ 满足 $\|(x + \theta(z - x)) - x\|_2 \leqslant R$. 又 $x + \theta(z - x) = \theta z + (1 - \theta)x$, 所以 $x + \theta(z - x)$ 是可行点. 于是由 f_0 的凸性可得

$$
f_0(\theta z + (1 - \theta)x) \leqslant \theta f_0(z) + (1 - \theta)f_0(x),
$$

所以

$$
f_0(x) \leqslant \theta f_0(z) + (1 - \theta)f_0(x),
$$

则

$$
f_0(x) \leqslant f_0(z),
$$

这说明 x 是问题的全局最优解.

3.2.3 最优性准则

设凸优化问题的目标函数 f_0 是可微的, 则对于所有的 $x, y \in \mathbf{dom} f_0$, 有

$$
f_0(y) \geqslant f_0(x) + \nabla f_0(x)^{\mathrm{T}}(y - x),
\tag{3.16}
$$

令 X 表示可行集, 即

$$
X = \{x | f_i(x) \leqslant 0, i = 1, \cdots, m; h_i(x) = 0, i = 1, \cdots, p\}.
$$

那么, x 是最优解当且仅当 $x \in X$, 且

$$\nabla f_0(x)^{\mathsf{T}}(y - x) \geqslant 0, \quad \forall y \in X. \tag{3.17}$$

这个最优性准则可以从几何上进行理解: 如果 $\nabla f_0(x) \neq 0$, 那么意味着 $-\nabla f_0(x)$ 在 x 处定义了可行集的一个支撑超平面. 如图 3.1 所示.

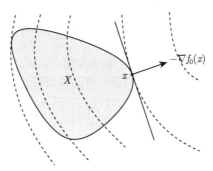

图 3.1 最优性条件 (3.17) 的几何解释. 可行集 X 由阴影显示. f_0 的某些等值曲线由虚线显示. 点 x 是最优解: $-\nabla f_0(x)$ 定义了 X 在 x 处的一个支撑超平面

最优性条件的证明 先假设 $x \in X$ 满足式 (3.17). 那么, 如果 $y \in X$, 根据式 (3.16), 有 $f_0(y) \geqslant f_0(x)$. 这表明 x 是问题 (3.1) 的一个最优解.

设 y 是 X 中任意一点, 对

$$0 < t < 1, x + t(y - x) = ty + (1 - t)x \in X,$$

则

$$f_0(x + t(y - x)) \geqslant f_0(x)$$

从而

$$\frac{f_0(x + t(y - x)) - f_0(x)}{t} \geqslant 0.$$

令 $t \to 0$, 得 $\nabla f_0(x)^{\mathsf{T}}(y - x) \geqslant 0$.

下面先考察几个简单的例子.

1) 无约束问题

对无约束优化问题 (即 $m = p = 0$), 条件 (3.16) 可以简化为

$$\nabla f_0(x) = 0. \tag{3.18}$$

事实上, 设 x 为可行解, 并且对于所有可行的 y, 都有 $\nabla f_0(x)^{\mathsf{T}}(y - x) \geqslant 0$. 因为 f_0 可微, 其定义域是开的, 所以所有充分靠近 x 的点都是可行的. 取 $y = x - t\nabla f_0(x)$. 当 t 为小的正数时, y 是可行的, 因此

$$\nabla f_0(x)^{\mathsf{T}}(y - x) = -t\|\nabla f_0(x)\|_2^2 \geqslant 0,$$

于是可得 $\nabla f_0(x) = 0$.

根据式 (3.17) 解的数量, 有几种可能的情况. 如果式 (3.17) 无解, 那么没有最优点; 问题无下界或最优值有限但不可达. 这里需要区分两种情况: 问题无下界, 或者最优值有界但不可达. 另一方面, 有可能得到式 (3.17) 的多个解.

例 3.5 考虑极小化二次函数问题

$$\min \quad f_0(x) = (1/2)x^{\mathrm{T}}Px + q^{\mathrm{T}}x + r,$$

其中, $P \in \mathbf{S}_+^n$. x 为 $f_0(x)$ 的最小解的充要条件是: $\nabla f_0(x) = Px + q = 0$. 根据这个线性方程无解、有唯一解或有多解的不同, 有几种可能的情况:

(a) 如果 $q \notin \mathcal{R}(P)$, 则问题无下界. 此时 $f_0(x)$ 无下界.

(b) 如果 $P \in \mathbf{S}_{++}^n$, 则存在唯一的最小解 $x^* = -P^{-1}q$.

(c) 如果 P 奇异但 $q \in \mathcal{R}(P)$, 则最优解集合为 $X_{\mathrm{opt}} = -P^\dagger q + \mathcal{N}(P)$, 其中 $P^\dagger$ 表示 P 的广义逆.

例 3.6 **解析中心问题**. 考虑极小化函数 $f_0 : \mathbf{R}^n \to \mathbf{R}$ 的问题,

$$f_0(x) = \sum_{i=1}^m \log(b_i - a_i^{\mathrm{T}}x), \quad \mathbf{dom} f_0 = \{x | Ax < b\},$$

其中 $a_1^{\mathrm{T}}, \cdots, a_m^{\mathrm{T}}$ 表示 A 的行向量. 函数 $f_0(x)$ 可微, 因此 x 是最优解的充要条件为

$$Ax < b, \quad \nabla f_0(x) = \sum_{i=1}^m \frac{1}{b_i - a_i^{\mathrm{T}}x} a_i = 0. \tag{3.19}$$

如果 $Ax < b$ 不可行, 则 f_0 的定义域为空集. 如果 $Ax < b$ 可行, 则存在几种可能的情况:

(a) 式 (4.19) 无解, 则问题无最优解. 这种情况当且仅当 f_0 无下界时发生.

(b) 式 (4.19) 有多解. 在这种情况下, 可以证明其解构成一个仿射集合.

(c) 式 (4.19) 有唯一解, 即 f_0 有唯一的极小值. 这种情况当且仅当开多面体 $\{x | Ax < b\}$ 有界非空时发生.

2) 只含等式约束的问题

考虑只含等式约束的优化问题, 即

$$\min \quad f_0(x),$$
$$\mathrm{s.t.} \quad Ax = b,$$

其可行集是仿射的. 假设定义域非空, 则可行解 x 为最优性解的充要条件为, 对任意满足 $Ay = b$ 的 y, $\nabla f_0(x)^{\mathrm{T}}(y - x) \geqslant 0$. 因为 x 可行, 每个可行解 y 都可以写为

$y = x + v$ 的形式, 其中 $v \in \mathcal{N}(A)$. 因此, 最优性条件可表示为

$$\nabla f_0(x)^{\mathrm{T}}(y - x) \geqslant 0, \quad \forall v \in \mathcal{N}(A).$$

由此得

$$\nabla f_0(x)^{\mathrm{T}} v = 0.$$

所以

$$\nabla f_0(x) \perp \mathcal{N}(A).$$

利用 $\mathcal{N}(A) \perp \mathcal{R}(A^{\mathrm{T}})$, 最优性条件可以表示为 $\nabla f_0(x) \in \mathcal{R}(A^{\mathrm{T}})$, 即存在 $v \in \mathbf{R}^p$, 使得

$$\nabla f_0(x) + A^{\mathrm{T}} v = 0.$$

同时 $Ax = b$. 这是经典的 Lagrange 乘子最优性条件.

3) 非负象限中的极小化问题

作为另一个例子, 考虑问题

$$\begin{aligned} \min \quad & f_0(x), \\ \text{s.t.} \quad & x \succeq 0. \end{aligned}$$

这时最优性条件 (3.17) 为

$$x \geqslant 0, \quad \nabla f_0(x)^{\mathrm{T}}(y - x) \geqslant 0, \quad \forall y \geqslant 0.$$

对每一个 i, 取 $y = x + e_i$, 使得 $\nabla f_0(x)^{\mathrm{T}}(y - x) = (\nabla f_0(x))_i \geqslant 0$, 所以 $\nabla f_0(x) \geqslant 0$, 再分别取 $y = 2x$ 和 $y = 0$, 便得 $\nabla f_0(x)^{\mathrm{T}} x = 0$. 于是, 由最优性条件可得

$$x \geqslant 0, \quad \nabla f_0(x) \succeq 0, \quad x_i(\nabla f_0(x))_i = 0, \quad i = 1, \cdots, n.$$

最后一个条件称为互补性条件.

3.3 线性规划问题

如果目标函数和约束函数都是仿射的, 优化问题称作线性规划 (LP). 一般的线性规划具有以下形式

$$\begin{aligned} \min \quad & c^{\mathrm{T}} x, \\ \text{s.t.} \quad & Gx \leqslant h, \\ & Ax = b, \end{aligned} \tag{3.20}$$

其中 $G \in \mathbf{R}^{m \times n}, A \in \mathbf{R}^{p \times n}$. 显然, 线性规划是凸优化问题.

如果线性规划有下列形式:

$$
\begin{aligned}
\min \quad & c^{\mathrm{T}}x, \\
\text{s.t.} \quad & Ax = b, \\
& x \geqslant 0.
\end{aligned} \tag{3.21}
$$

则称其为标准形式的线性规划. 如果线性规划问题没有等式约束, 则称之为不等式形式的线性规划, 一般写作

$$
\begin{aligned}
\min \quad & c^{\mathrm{T}}x, \\
\text{s.t.} \quad & Ax \leqslant b.
\end{aligned} \tag{3.22}
$$

很容易通过引入松弛变量将线性规划 (3.20) 和 (3.22) 转换为标准形式. 对 (3.20), 记 $s = h - Gx$, 则 (3.20) 可等价地写为

$$
\begin{aligned}
\min \quad & c^{\mathrm{T}}x + d, \\
\text{s.t.} \quad & Gx + s = h, \\
& Ax = b, \\
& s \geqslant 0,
\end{aligned}
$$

因为一个变量 x 表示为两个非负变量 x^+ 和 x^- 的差, 即 $x = x^+ - x^-, x^+, x^- \geqslant 0$, 所以上述问题又可等价地写为

$$
\begin{aligned}
\min \quad & c^{\mathrm{T}}x_+ - c^{\mathrm{T}}x_- + d, \\
\text{s.t.} \quad & Gx^+ - Gx^- + s = h, \\
& Ax^+ - Ax^- = b, \\
& x^+ \geqslant 0, \quad x^- \geqslant 0, \quad s \geqslant 0,
\end{aligned}
$$

这样便得到标准形式的线性规划, 其优化变量是 x^+, x^- 和 s.

标准形式的线性规划有很好的性质, 这些性质在使用单纯形法求解线性规划中起重要作用. 因此将一般线性规划问题等价写为标准线性规划问题很有意义.

线性规划有广泛的应用, 这里给出几个例子.

1) 多面体的 Chebyshev 中心

考虑在多面体中寻找最大 Euclid 球的问题, 这里多面体 $\mathcal{P}$ 由线性不等式表示为

$$
\mathcal{P} = \{x \in \mathbf{R}^n | a_i^{\mathrm{T}}x \leqslant b_i, i = 1, \cdots, m\}.
$$

Euclid 球表示为

$$\mathcal{B} = \left\{ x_C + u \mid \|u\|_2 \leqslant r \right\},$$

这个问题中的变量是球的中心 $x_C \in \mathbf{R}^n$ 和半径 r. 多面体的 Chebyshev 中心问题是求满足 $\mathcal{B} \subseteq \mathcal{P}$ 约束下最大的 r, 也就是在 $\mathcal{P}$ 中求一个半径最大的内接球.

从较为简单的约束开始考虑: $\mathcal{B}$ 在半空间 $\{x \mid a_i^\mathrm{T} x \leqslant b_i\}$ 中, 意味着

$$a_i^\mathrm{T}(x_C + u) \leqslant b_i, \quad \forall \|u\|_2 \leqslant r (i = 1, \cdots, m). \tag{3.23}$$

因为

$$\sup \left\{ a_i^\mathrm{T} u \mid \|u\|_2 \leqslant r \right\} = r \|a_i\|_2 (i = 1, \cdots, m),$$

所以, 式 (3.23) 可写为

$$a_i^\mathrm{T} x_C + r \|a_i\|_2 \leqslant b_i (i = 1, \cdots, m), \tag{3.24}$$

这是关于 x_C 和 r 的线性不等式. 所以, 决定球在半空间 $\{x \mid a_i^\mathrm{T} x \leqslant b_i\}$ 中的约束可以写为一个线性不等式.

因此, $\mathcal{B} \subseteq \mathcal{P}$ 当且仅当对于所有的 $i = 1, \cdots, m$, 式 (3.24) 都成立. 所以, Chebyshev 中心可以通过下面的线性规划问题

$$
\begin{aligned}
\max \quad & r, \\
\text{s.t.} \quad & a_i^\mathrm{T} x_C + r \|a_i\|_2 \leqslant b_i, \quad i = 1, \cdots, m
\end{aligned}
$$

解决.

2) 动态活动计划

考虑在 N 个时间段内选择或计划 n 种活动或经济部门的活动水平的问题. 用 $x_j(t) \geqslant 0 \ (t = 1, \cdots, N)$ 表示 t 时段 j 的活动级别. 活动消耗和制造的货物或商品的量正比于其活动水平. 单位活动 j 制造的商品 i 的量由 a_{ij} 给出. 类似地, 单位活动 j 消耗的商品 i 的量为 b_{ij}. 在时间段 t 内制造的商品总量由 $Ax(t) \in \mathbf{R}^m$ 给出, 而消耗的商品总量为 $Bx(t) \in \mathbf{R}^m$.

一个时间段内消耗的商品不能超过前一个周期的生产量, 即

$$Bx(t+1) \leqslant Ax(t), \quad t = 1, \cdots, N.$$

给定初始商品向量 $g_0 \in \mathbf{R}^m$, 用以约束第一个周期的活动水平: $Bx(1) \leqslant g_0$. 没有被活动消耗的超出部分的产品, 满足

$$
\begin{aligned}
s(0) &= g_0 - Bx(1), \\
s(t) &= Ax(t) - Bx(t+1), \quad t = 1, \cdots, N, \\
s(N) &= Ax(N),
\end{aligned}
$$

这里, 目标是最大化这些超出商品的折扣总价值:

$$c^{\mathrm{T}}s(0) + \gamma c^{\mathrm{T}}s(1) + \cdots + \gamma^N c^{\mathrm{T}}s(N),$$

其中 $c \in \mathbf{R}^m$ 给出了商品的价值, $\gamma > 0$ 为折扣因子. (如果第 i 种产品是不想要的物品, 如污染物, 则 c_i 的值为负; 此时, $|c_i|$ 为清除单位产品的花费.)

综合上述讨论, 得到关于变量 $x(1), \cdots, x(N), s(0), \cdots, s(N)$ 的线性规划

$$\begin{aligned}
\min \quad & c^{\mathrm{T}}s(0) + \gamma c^{\mathrm{T}}s(1) + \cdots + \gamma^N c^{\mathrm{T}}s(N),\\
\text{s.t.} \quad & x(t) \geqslant 0, \quad t = 1, \cdots, N,\\
& s(t) \geqslant 0, \quad t = 1, \cdots, N,\\
& s(0) = g_0 - Bx(1),\\
& s(t) = Ax(t) - Bx(t+1), \quad t = 1, \cdots, N,\\
& s(N) = Ax(N).
\end{aligned}$$

3) Chebyshev 不等式

考虑含有 n 个元素的集合 $\{u_1, \cdots, u_n\}$ 上的离散型随机变量 x 的概率分布. 用向量 $p \in \mathbf{R}^n$ 描述 x 的分布:

$$p_i = \mathbf{prob}(x = u_i),$$

因此, p 满足 $p \geqslant 0$ 和 $\mathbf{1}^{\mathrm{T}}p = 1$. 反之, 如果 p 满足 $p \geqslant 0$ 及 $\mathbf{1}^{\mathrm{T}}p = 1$, 则定义了 x 的一个概率分布.

如果 f 是 x 的函数, 则

$$\mathbf{E}f = \sum_{i=1}^{n} p_i f(u_i)$$

是关于 p 的线性函数. 如果 S 是 $\mathbf{R}$ 的子集, 则

$$\mathbf{prob}(x \in S) = \sum_{u_i \in S} p_i$$

是关于 p 的线性函数.

尽管不知道 p, 但知道某些关于 x 的函数的期望的上、下界, 以及 $\mathbf{R}$ 的一些子集的概率. 这些先验知识可以表示为 p 的线性不等式约束,

$$a_i \leqslant a_i^{\mathrm{T}}p \leqslant \beta_i, \quad i = 1, \cdots, m.$$

要给出 $\mathbf{E}f_0(x) = a_0^{\mathrm{T}}p$ 的上、下界, 其中 f_0 是 x 的函数.

为找到下界, 我们求解关于 p 的线性规划

$$\min \quad a_0^\mathrm{T} p,$$
$$\mathrm{s.t.} \quad p \succeq 0, \quad \mathbf{1}^\mathrm{T} p = 1,$$
$$a_i \leqslant a_i^\mathrm{T} p \leqslant \beta_i, \quad i = 1, \cdots, m.$$

这个线性规划的最优值给出了任意满足先验知识的分布下 $\mathbf{E} f_0(x)$ 的最小可能值. 并且, 这个界是严格的: 最优解给出了满足先验知识并能达到这个下界的分布. 类似地, 可以在相同的约束下极大化 $a_0^\mathrm{T} p$, 从而得到上界.

4) 分片线性极小化

考虑分片线性极小化凸函数的问题

$$f(x) = \max_{i=1,\cdots,m} (a_i^\mathrm{T} x + b_i).$$

这个问题可以首先通过构造上境图问题等价地转化为线性规划

$$\min \quad t,$$
$$\mathrm{s.t.} \quad \max_{i=1,\cdots,m} (a_i^\mathrm{T} x + b_i) \leqslant t,$$

并将不等式表示为 m 个分开的不等式:

$$\min \quad t,$$
$$\mathrm{s.t.} \quad a_i^\mathrm{T} x + b_i \leqslant t, \quad i = 1, \cdots, m.$$

这是关于变量 x 和 t 的线性规划.

3.4 二次优化问题

当凸优化问题 (3.15) 的目标函数是凸二次型并且约束函数为线性函数时, 该问题称为二次规划 (QP). 二次规划可以表示为

$$\min \quad (1/2)x^\mathrm{T} P x + q^\mathrm{T} x + r,$$
$$\mathrm{s.t.} \quad Gx \leqslant h, \tag{3.25}$$
$$Ax = b$$

的形式. 其中 $P \in \mathbf{S}_+^n, G \in \mathbf{R}^{m \times n}, A \in \mathbf{R}^{p \times n}$.

如果在 (3.15) 中, 不等式约束也是凸二次形式, 即

$$\min \quad (1/2)x^\mathrm{T} P_0 x + q_0^\mathrm{T} x + r_0,$$
$$\mathrm{s.t.} \quad (1/2)x^\mathrm{T} P_i x + q_i^\mathrm{T} x + r_i \leqslant 0, \quad i = 1, \cdots, m, \tag{3.26}$$
$$Ax = b,$$

其中 $P_i \in \mathbf{S}_+^n$, $i = 0, \cdots, m$. 这时问题称为二次约束二次规划 (QCQP). 在 QCQP 中, 当 $P_i \in \mathbf{S}_{++}^n$ 时, 问题就是在椭圆的交集构成的可行集上极小化凸二次函数.

本节二次规划问题包含 (3.25)(3.26) 两种形式.

3.4.1　几个例子

例 3.7　多面体间的距离

$\mathbf{R}^n$ 上多面体 $\mathcal{P}_1 = \{x | A_1 x \leqslant b_1\}$ 和 $\mathcal{P}_2 = \{x | A_2 x \leqslant b_2\}$ 的 Euclid 距离定义为

$$\mathbf{dist}(\mathcal{P}_1, \mathcal{P}_2) = \inf\{\|x_1 - x_2\|_2 | x_1 \in \mathcal{P}_1, x_2 \in \mathcal{P}_2\}.$$

如果多面体相交, 距离为零. 为得到 $\mathcal{P}_1$ 和 $\mathcal{P}_2$ 间的距离, 我们求解关于变量 $x_1, x_2 \in \mathbf{R}^n$ 的二次规划

$$\begin{aligned} \min \quad & \|x_1 - x_2\|_2^2, \\ \text{s.t.} \quad & A_1 x_1 \leqslant b_1, \ A_2 x_2 \leqslant b_2, \end{aligned}$$

这个问题无可行解的充要条件是, 至少一个多面体是空的. 其最优解为零的充要条件是: 多面体相交, 这种情况下, 最优的 x_1 和 x_2 是相等的. 否则最优的 x_1 和 x_2 分别在 $\mathcal{P}_1$ 和 $\mathcal{P}_2$ 中, 并且是最接近的.

例 3.8　方差定界

再次考虑 Chebyshev 不等式的例子, 其变量是由 $p \in \mathbf{R}^n$ 给出的未知概率分布, 并且我们对其有一些先验知识. 随机变量 $f(x)$ 的方差由

$$\mathbf{E}f^2 - (\mathbf{E}f)^2 = \sum_{i=1}^n f_i^2 p_i - \left(\sum_{i=1}^n f_i p_i\right)^2$$

给出 (其中, $f_i = f(u_i)$, 这是 p 的凹二次函数).

由此可知, 我们可以在给定的先验知识的条件下, 通过求解下面的二次规划来最大化 $f(x)$ 的方差

$$\begin{aligned} \max \quad & \sum_{i=1}^n f_i^2 p_i - \left(\sum_{i=1}^n f_i p_i\right)^2, \\ \text{s.t.} \quad & p \geqslant 0, \quad \mathbf{1}^\mathrm{T} p = 1, \\ & a_i \leqslant a_i^\mathrm{T} p \leqslant \beta_i, \quad i = 1, \cdots, m. \end{aligned}$$

该问题的最优值给出了满足先验知识的条件下 $f(x)$ 的最大可能方差; 最优解 p 给出了达到最大方差的分布.

例 3.9 关于随机费用的线性规划

考虑线性规划

$$
\begin{aligned}
\min \quad & c^{\mathrm{T}}x, \\
\text{s.t.} \quad & Gx \leqslant h, \\
& Ax = b,
\end{aligned}
$$

其优化变量为 $x \in \mathbf{R}^n$. 设费用函数 (向量) $c \in \mathbf{R}^n$ 是随机的, 其均值为 $\bar{c}$, 协方差为 $\mathbf{E}(c - \bar{c})(c - \bar{c})^{\mathrm{T}} = \Sigma$. 对给定的 $x \in \mathbf{R}^n$, 费用 $c^{\mathrm{T}}x$ 是随机变量, 其均值为 $\mathbf{E}c^{\mathrm{T}}x = \bar{c}^{\mathrm{T}}x$, 方差为

$$
\mathbf{var}\left(c^{\mathrm{T}}x\right) = \mathbf{E}\left(c^{\mathrm{T}}x - \mathbf{E}c^{\mathrm{T}}x\right)^2 = x^{\mathrm{T}}\Sigma x.
$$

一般地, 在小的费用期望和小的费用方差之间有一个权衡. 考虑方差的一种方法是极小化费用的期望和方差的线性组合, 即

$$
\mathbf{E}c^{\mathrm{T}}x + \gamma \mathbf{var}\left(c^{\mathrm{T}}x\right),
$$

这个函数称为风险敏感费用. 系数 $\gamma \geqslant 0$ 称为风险回避参数, 因为它设置了费用的方差和期望之间的关系.

极小化风险敏感费用的优化模型可写为如下二次规划问题

$$
\begin{aligned}
\min \quad & \bar{c}^{\mathrm{T}}x + \gamma x^{\mathrm{T}}\Sigma x, \\
\text{s.t.} \quad & \bar{p}^{\mathrm{T}}x \geqslant r_{\min}, \\
& \mathbf{1}^{\mathrm{T}}p = 1, \quad x \geqslant 0.
\end{aligned}
$$

例 3.10 Markowitz 投资组合优化

考虑在一时期内持有 n 种资产或股票的经典的投资组合问题. 用 x_i 表示在这个时期内持有资产 i 的数量, x_i 以美元为单位, 用开始时的价格进行度量. 一般地, 资产 i 的多头对应于 $x_i > 0$, 资产 i 的空头 (即在期末购买资产的契约) 对应于 $x_i < 0$. 用 p_i 表示资产在整个时期内的相对价格变动, 即其整个时期内的资产变动除以其在开始时的价格. 投资总回报为 $r = p^{\mathrm{T}}x$. 优化变量为投资组合向量 $x \in \mathbf{R}^n$.

可以考虑对于投资组合的各种约束. 最简单的约束是 $x_i \geqslant 0$ 和 $\mathbf{1}^{\mathrm{T}}x = B$.

用随机模型来描述价格变动: $p \in \mathbf{R}^n$ 为随机变量, 其均值 $\bar{p}$ 和协方差 Σ 已知. 所以, 对于投资组合 $x \in \mathbf{R}^n$, 其回报 r 是 (标量) 随机变量, 均值为 $p^{\mathrm{T}}x$. 方差为 $x^{\mathrm{T}}\Sigma x$. 投资组合 x 的选择需要考虑平均回报和方差之间的权衡.

由 Markowitz 引入的经典的投资组合优化问题是二次规划

$$\min \quad x^{\mathrm{T}} \Sigma x,$$
$$\text{s.t.} \quad Gx \leqslant h,$$
$$Ax = b,$$

其中投资组合 x 是变量. 这里在达到最小可接收平均回报率 $r_{\min}$ 的约束下寻找极小化回报方差 (与投资的风险相关), 同时要求满足投资预算和无空头约束.

3.4.2　二阶锥规划

一个与二次规划密切相关的问题是二阶锥规划 (SOCP):

$$\min \quad f^{\mathrm{T}} x,$$
$$\text{s.t.} \quad ||A_i x + b_i||_2 \leqslant c_i^{\mathrm{T}} x + d_i, \quad i = 1, \cdots, m, \qquad (3.27)$$
$$Fx = g,$$

其中 $x \in \mathbf{R}^n$ 为优化变量, $A_i \in \mathbf{R}^{n_i \times n}$, 且 $F \in \mathbf{R}^{n_i p \times n}$. 称这种形式中的约束

$$||Ax + b||_2 \leqslant c^{\mathrm{T}} x + d,$$

为二阶锥约束.

当 $c_i = 0 (i = 1, \cdots, m)$ 时, SOCP(3.27) 简化为一类 QCQP(可通过将每个约束平方得到). 类似地, 如果 $A_i = 0, i = 1, \cdots, m$, SOCP(3.27) 退化为一个线性规划.

下面说明二阶锥规划的几个来源或应用.

1) 鲁棒线性规划

考虑不等式形式的线性规划

$$\min \quad c^{\mathrm{T}} x,$$
$$\text{s.t.} \quad a_i^{\mathrm{T}} x \leqslant b_i, \quad i = 1, \cdots, m,$$

其中的参数 c, a_i 和 b_i 含有一些不确定性或变化. 为简洁起见, 假设 c 和 b_i 是固定的, 并且知道 a_i 在给定的椭球中:

$$a_i \in \varepsilon_i = \{(a)_i + P_i u |||u||_2 \leqslant 1\},$$

其中 $P \in \mathbf{R}^{n \times n}$.

要求对于参数 a_i 的所有可能值, 这些约束都必须满足, 于是可以得到鲁棒线性规划

$$\min \quad c^{\mathrm{T}} x,$$
$$\text{s.t.} \quad a_i^{\mathrm{T}} x \leqslant b_i, \quad \forall a_i \in \varepsilon_i, \quad i = 1, \cdots, m, \qquad (3.28)$$

对于所有 $a_i \in \varepsilon_i$ 都有 $a_i x \leqslant b_i$. 这一鲁棒线性约束可以表示为

$$\sup\left\{a_i^\mathrm{T} x | a_i \in \varepsilon_i\right\} \leqslant b_i.$$

其左端为

$$\begin{aligned}
\sup\{a_i x | a_i \in \varepsilon_i\} &= \bar{a}_i x + \sup\left\{u^\mathrm{T} P_i^\mathrm{T} | \|u\|_2 \leqslant 1\right\} \\
&= \bar{a}_i^\mathrm{T} x + \|P_i^\mathrm{T} x\|_2.
\end{aligned}$$

因此, 鲁棒线性约束可以表示为

$$\bar{a}_i x + \|P_i^\mathrm{T} x\|_2 \leqslant b_i.$$

因此, 鲁棒线性规划 (3.28) 可以表示为 SOCP

$$\begin{aligned}
\min \quad & c^\mathrm{T} x, \\
\text{s.t.} \quad & \bar{a}_i^\mathrm{T} x + \|P_i^\mathrm{T} x\|_2 \leqslant b_i, \quad i = 1, \cdots, m.
\end{aligned}$$

2) 随机约束下的线性规划

也可以在统计的框架下考虑上述鲁棒线性规划. 这里设参数项是独立 Gauss 随机变量, 均值为 $\bar{a}_i$, 协方差为 Σ_i. 我们要求每一个约束 $a_i^\mathrm{T} x \leqslant b_i$ 成立的概率超过 η, 这里 $\eta \geqslant 0.5$, 即

$$\mathbf{prob}(a_i^\mathrm{T} x \leqslant b_i) \geqslant \eta. \tag{3.29}$$

下面将证明这个概率约束可以表示为二阶锥约束.

令 $u = a_i^\mathrm{T} x$, 用 σ^2 表示方差, 则约束可以写为

$$\mathbf{prob}\left(\frac{u - \bar{u}}{\sigma} \leqslant \frac{b_i - \bar{u}}{\sigma}\right) \geqslant \eta.$$

因为 $u - \bar{u}/\sigma$ 是具有零均值和单位方差的 Gauss 变量, 上述概率等于 $\Phi(u - \bar{u}/\sigma)$, 其中

$$\Phi(z) = \frac{1}{\sqrt{2\pi}} \int_{-\infty}^{z} \mathrm{e}^{-t^2/2} dt$$

为零均值单位方差 Gauss 随机变量的累积分布函数. 因此概率约束 (3.29) 可以表示为

$$\frac{b_i - \bar{u}}{\sigma} \geqslant \Phi^{-1}(\eta),$$

即

$$\bar{u} + \Phi^{-1}(\eta)\sigma \leqslant b_i.$$

由 $\bar{u} = \bar{a}_i^T x$ 和 $\sigma = (x^T \Sigma_i x)^{1/2}$, 可得

$$\bar{a}_i^T x + \Phi^{-1}(\eta)\|\Sigma_i^{1/2} x\|_2 \leqslant b_i.$$

由前面假设 $\eta \geqslant 1/2$, 有 $\Phi^{-1}(\eta) \geqslant 0$, 所以这个约束是二阶锥约束.

于是, 问题

$$\min \quad c^T x,$$
$$\text{s.t.} \quad \mathbf{prob}\left(a_i^T x \leqslant b_i\right) \geqslant \eta_i, \quad i = 1, \cdots, m.$$

可以表示为 SOCP

$$\min \quad c^T x,$$
$$\text{s.t.} \quad \bar{a}_i^T x + \Phi^{-1}(\eta)\|\Sigma_i^{1/2} x\|_2 \leqslant b_i, \quad i = 1, \cdots, m.$$

3) 极小表面问题

考虑可微函数 $f : \mathbf{R}^2 \to \mathbf{R}$, 并且 $\mathbf{dom} f = C$, 其图像的表面积由

$$A = \int_C \sqrt{1 + \|\nabla f(x)\|_2^2} dx = \int_C \|(\nabla f(x), 1)\|_2 dx$$

给出. 极小表面问题是在某些约束下, 例如在 C 的边界上给定 f 的某些值, 寻找使 A 最小的 f, 所以这是一个变分问题.

可以通过离散化 f 来近似求解这个问题. 令 $C = [0,1] \times [0,1]$, 用 $f_{i,j}(i,j = 0, \cdots, k)$ 表示 f 在 $(i/K, j/K)$ 的值. 在 $x = (i/K, j/K)$ 点, f 的偏导数的近似表达式可以由前向差分得到

$$\nabla f(x) \approx K \left[\begin{array}{c} f_{i+1,j} - f_{i,j} \\ f_{i,j+1} - f_{i,j} \end{array} \right].$$

将其代入区域的图中并用求和逼近积分, 可以得到图的表面积的近似

$$A \approx A_{\text{disc}} = \frac{1}{K^2} \sum_{i,j=0}^{K-1} \left\| \left[\begin{array}{c} K(f_{i+1,j} - f_{i,j}) \\ K(f_{i,j+1} - f_{i,j}) \\ 1 \end{array} \right] \right\|_2.$$

离散化的近似面积 A_{disc} 是 f_{ij} 的凸函数.

考虑 f_{ij} 的各种约束, 如对其任意元素或矩的等式或不等式约束 (例如, 元素值的界). 作为一个例子, 考虑在正方形左、右边界的值固定的情况下, 寻找最小区域表面的问题:

$$\min \quad A_{\text{disc}},$$
$$\text{s.t.} \quad f_{0j} = l_j, \quad j = 0, \cdots, K, \tag{3.30}$$
$$\qquad f_{Kj} = r_j, \quad j = 0, \cdots, K,$$

其中 $f_{ij}(i, j = 0, \cdots, K)$ 为优化变量, l_j, r_j 为正方形左、右边界上的给定值.

可以通过引入新变量 $t_{ij}(i, j = 0, \cdots, K-1)$ 将问题 (3.30) 转换为 SOCP:

$$
\begin{aligned}
\min \quad & \frac{1}{K^2} \sum_{i,j=0}^{K-1} t_{ij}, \\
\text{s.t.} \quad & \left\| \begin{bmatrix} K(f_{i+1,j} - f_{i,j}) \\ K(f_{i,j+1} - f_{i,j}) \\ 1 \end{bmatrix} \right\|_2 \leqslant t_{ij}, \quad i, j = 0, \cdots, K-1, \\
& f_{0j} = l_j, \quad j = 0, \cdots, K, \\
& f_{Kj} = r_j, \quad j = 0, \cdots, K.
\end{aligned}
$$

关于本章内容的注释 最优化问题虽然在微积分创始的时候便是其中研究的一个课题, 但最优化方法形成一个学科, 开始于 20 世纪 40 年代. 具体来说, 是从 Dantzig 在线性规划方面的重要工作开始的, 在 20 世纪 50 年代又逐渐开始二次规划的理论及在经济学领域应用方面的研究. 然后再发展到一般最优化问题的研究. 这些研究包括理论、算法设计和算法分析、算法的实现及对各具体实际部门或领域的应用. 近些年, 一些新型的凸优化问题, 如二阶锥优化、半定规划的出现, 对它们更具体深入的理论、算法研究和应用, 以及通过凸松弛的方法去近似求解非凸优化和组合优化近似解研究, 极大地促进了凸优化的快速发展. 更详细的历史发展介绍, 可参考 [1] 凸优化问题一章后的注释.

习 题 3

3.1 考虑优化问题

$$
\begin{aligned}
\min \quad & f_0(x_1, x_2), \\
\text{s.t.} \quad & 2x_1 + x_2 \geqslant 1, \\
& x_1 + 3x_2 \geqslant 1, \\
& x_1 \geqslant 0, \quad x_2 \geqslant 0.
\end{aligned}
$$

画出其可行集. 对下面的每个目标函数, 给出最优集和最优值.

(a) $f_0(x_1, x_2) = x_1 + x_2$.

(b) $f_0(x_1, x_2) = -x_1 - x_2$.

(c) $f_0(x_1, x_2) = x_1$.

(d) $f_0(x_1, x_2) = \max\{x_1, x_2\}$.

(e) $f_0(x_1, x_2) = x_1^2 + 9x_2^2$.

3.2 考虑优化问题

$$\min \quad f_0(x) = -\sum_{i=1}^{n} \log(b_i - a_i^{\mathrm{T}} x),$$

其定义域为 $\mathbf{dom} f_0 = \{x | Ax < b\}$, 其中 $A = \begin{bmatrix} a_1^{\mathrm{T}} \\ \vdots \\ a_m^{\mathrm{T}} \end{bmatrix}, b = \begin{bmatrix} b_1 \\ \vdots \\ b_m \end{bmatrix}.$

证明下面的结论:

(a) $\mathbf{dom} f_0$ 无界的充要条件是, 存在 $v \neq 0$ 满足 $Av \leqslant 0$.

(b) $\mathbf{dom} f_0$ 下无界的充要条件是, 存在 v 及 $Av \leqslant 0, Av \neq 0$. (提示: 存在 v 满足 $Av \leqslant 0, Av \neq 0$ 的充要条件是: 不存在 $z > 0$ 使得 $A^{\mathrm{T}} z = 0$. 这可由择一定理得到.)

(c) 如果 $\mathbf{dom} f_0$ 有下界, 则其极小值可达.

(d) 最优集是仿射的: $X_{\mathrm{opt}} = \{x^* + v | Av = 0\}$, 其中 x^* 为任意最优解.

3.3 证明 $x^* = (1, 1/2, -1)^{\mathrm{T}}$ 是下面优化问题

$$\min \quad (1/2) x^{\mathrm{T}} P x + q^{\mathrm{T}} x + r,$$
$$\text{s.t.} \quad -1 \leqslant x_i \leqslant 1, \quad i = 1, 2, 3$$

的最优解, 其中

$$P = \begin{bmatrix} 13 & 12 & -2 \\ 12 & 17 & 6 \\ -2 & 6 & 12 \end{bmatrix}, \quad q = \begin{bmatrix} -22.0 \\ -14.5 \\ 13.0 \end{bmatrix}, \quad r = 1.$$

3.4 说明下列三个凸优化问题等价. 解释每个问题的解如何从其他问题的解得到. 问题中已知数据为矩阵 $A \in \mathbf{R}^{m \times n}$ (行为 a_i^{T}), 向量 $b \in \mathbf{R}^m$ 和常数 $M > 0$.

(a) 鲁棒最小二乘问题

$$\min \sum_{i=1}^{m} \phi(a_i^{\mathrm{T}} x - b_i),$$

其变量为 $x \in \mathbf{R}^n$, 其中 $\phi : \mathbf{R} \to \mathbf{R}$ 定义为

$$\phi(u) = \begin{cases} u^2, & |u| \leqslant M, \\ M(2|u| - M), & |u| > M, \end{cases}$$

这个函数被称为 Huber 罚函数.

(b) 变权重最小二乘问题

$$\min \quad \sum_{i=1}^{m} (a_i^{\mathrm{T}} x - b_i)^2 / (w_i + 1) + M^2 \mathbf{1}^{\mathrm{T}} w,$$
$$\text{s.t.} \quad w \geqslant 0,$$

其变量为 $x \in \mathbf{R}^n$ 和 $w \in \mathbf{R}^m$, 定义域为 $\mathcal{D} = \{(x, w) \in \mathbf{R}^n \times \mathbf{R}^m | w > -1\}.$

(提示: 假设 x 固定, 优化 w 以建立与问题 (a) 的关系.)

(c) 二次规划

$$\min \quad \sum_{i=1}^{m} (u_i^2 + 2Mv_i),$$
$$\text{s.t.} \quad -u - v \leqslant Ax - b \leqslant u + v,$$
$$0 \leqslant u \leqslant M\mathbf{1},$$
$$v \geqslant 0.$$

3.5　考虑优化问题

$$\min \quad f_0(x),$$
$$\text{s.t.} \quad f_i(x) \leqslant 0, \quad i = 1, \cdots, m,$$
$$h(x) = 0,$$

其中 f_i 和 h 是凸函数. 除非 h 是仿射的, 这不是一个凸优化问题. 考虑相关问题

$$\min \quad f_0(x),$$
$$\text{s.t.} \quad f_i(x) \leqslant 0, \quad i = 1, \cdots, m,$$
$$h(x) \leqslant 0,$$

这个问题是凸优化问题.

假设可以保证松弛的凸优化问题的任意最优解 x^* 都有 $h(x^*) = 0$, 即不等式 $h(x) \leqslant 0$ 在解处总是起作用的. 那么, 可以通过求解凸优化问题来求解原问题.

证明下标 r 满足下面三个条件时, 就会发生这种情况.

(a) f_0 关于 x_r 单调递增.

(b) $f_1, \cdots, f_m$ 关于 x_r 非减.

(c) h 关于 x_r 单调递减.

3.6　考虑具有下面形式的问题

$$\min \quad f_0(x)/(c^{\mathrm{T}}x + d),$$
$$\text{s.t.} \quad f_i(x) \leqslant 0, \quad i = 1, \cdots, m,$$
$$Ax = b,$$

其中 $f_0, f_1, \cdots, f_m$ 为凸的, 而目标函数的定义域为 $\{x \in \mathbf{dom} f_0 | c^{\mathrm{T}}x + d > 0\}$.

(a) 证明这个问题等价于

$$\min \quad g_0(y, t),$$
$$\text{s.t.} \quad g_i(y, t) \leqslant 0, \quad i = 1, \cdots, m,$$
$$Ay = bt,$$
$$c^{\mathrm{T}}y + dt = 1,$$

其中 g_i 是 f_i 的透视. 其变量是 $y \in \mathbf{R}^n$ 和 $t \in \mathbf{R}$. 说明这个问题是凸的.

(b) 通过类似的讨论, 导出下面的凸-凹分式问题的凸形式:

$$\begin{aligned} \min \quad & f_0(x)/h(x), \\ \text{s.t.} \quad & f_i(x) \leqslant 0, \quad i = 1, \cdots, m, \\ & Ax = b, \end{aligned}$$

其中 $f_0, f_1, \cdots, f_m$ 是凸的, h 是凹的, 目标函数的定义域为 $\{x \in \mathbf{dom}f_0 \bigcap \mathbf{dom}h | h(x) > 0\}$, 并且在各处都有 $f_0(x) \geqslant 0$.

3.7 给出下面每个线性规划 (LP) 的显式解.

(a) 在仿射集合上极小化线性函数.

$$\begin{aligned} \min \quad & c^{\mathrm{T}}x, \\ \text{s.t.} \quad & Ax = b. \end{aligned}$$

(b) 在半空间上极小化线性函数.

$$\begin{aligned} \min \quad & c^{\mathrm{T}}x, \\ \text{s.t.} \quad & a^{\mathrm{T}}x \leqslant b, \end{aligned}$$

其中 $a \neq 0$.

(c) 在矩形上极小化线性函数.

$$\begin{aligned} \min \quad & c^{\mathrm{T}}x, \\ \text{s.t.} \quad & l \leqslant x \leqslant u, \end{aligned}$$

其中 l 和 u 满足 $l \leqslant u$.

(d) 在概率单纯性上极小化线性函数.

$$\begin{aligned} \min \quad & c^{\mathrm{T}}x, \\ \text{s.t.} \quad & \mathbf{1}^{\mathrm{T}}x = 1, \ x \geqslant 0. \end{aligned}$$

当等式约束被替换为不等式 $\mathbf{1}^{\mathrm{T}}x \leqslant 1$ 时, 会有什么变化?

可以将这个 LP 理解为简单的投资组合优化问题. 向量 x 表示总预算在不同资产上的配额, x_i 表示投资资产 i 的比例. 每个投资的收益率 $-c_i$ 是固定和给定的, 所以总收益 (我们希望极大化它) 为 $-c^{\mathrm{T}}x$. 如果将预算约束 $\mathbf{1}^{\mathrm{T}}x = 1$ 替换为 $\mathbf{1}^{\mathrm{T}}x \leqslant 1$, 那么, 有一个选项, 对总预算中的一部分不进行投资.

(e) 总预算约束下在单位框中极小化线性函数.

$$\begin{aligned} \min \quad & c^{\mathrm{T}}x, \\ \text{s.t.} \quad & \mathbf{1}^{\mathrm{T}}x = \alpha, \quad 0 \leqslant x \leqslant \mathbf{1}, \end{aligned}$$

其中 α 是 0 和 n 之间的一个整数. 如果 α 不是整数, 但满足 $0 \leqslant \alpha \leqslant n$, 将出现什么情况? 如果将等式变为不等式 $\mathbf{1}^\mathrm{T} x \leqslant \alpha$, 又将出现什么情况? 试讨论一下.

(f) 加权预算约束下, 在单位区间上极小化线性函数.

$$\begin{aligned} \min \quad & c^\mathrm{T} x, \\ \text{s.t.} \quad & d^\mathrm{T} x = \alpha, \quad 0 \leqslant x \leqslant \mathbf{1}, \end{aligned}$$

其中 $d \succ 0, 0 \leqslant \alpha \leqslant \mathbf{1}^\mathrm{T} d$.

3.8　考虑线性规划

$$\begin{aligned} \min \quad & c^\mathrm{T} x, \\ \text{s.t.} \quad & A x \preceq b, \end{aligned}$$

其中 A 是方阵且不奇异. 证明其最优值由

$$p^* = \begin{cases} c^\mathrm{T} A^{-1} b, & A^{-\mathrm{T}} c \preceq 0, \\ -\infty, & \text{其他} \end{cases}$$

给出.

3.9　将下面的问题写为线性规划问题. 说明每个问题的最优解与等价的线性规划解之间的关系.

(a) 极小化 $\|Ax - b\|_\infty$(ℓ_∞-范数逼近).

(b) 极小化 $\|Ax - b\|_1$(ℓ_1-范数逼近).

(c) 在 $\|x\|_\infty \leqslant 1$ 约束下极小化 $\|Ax - b\|_1$.

(d) 在 $\|Ax - b\|_\infty \leqslant 1$ 约束下极小化 $\|x\|_1$.

(e) 极小化 $\|Ax - b\|_1 + \|x\|_\infty$.

3.10　考虑 n 个结点的网络, 每对结点间由有向边相联系. 问题的变量为每个边上的流量: x_{ij} 表示从结点 i 到结点 j 的流量. 从结点 i 到结点 j 的边上的流量的费用由 $c_{ij} x_{ij}$ 给出, 其中 c_{ij} 为给定的常数. 整个网络总费用为

$$C = \sum_{i,j=1}^{n} c_{ij} x_{ij}.$$

每个边流量 x_{ij} 同时受给定下界 l_{ij}(通常假设为非负) 和上界 u_{ij} 的约束.

结点 i 处的外部供给由 b_i 给出, 这里, $b_i > 0$ 意味着外部流从结点 i 进入网络, $b_i < 0$ 意味着 $|b_i|$ 的流量从结点 i 流出网络. 假设 $\mathbf{1}^\mathrm{T} b = 0$, 即总外部供给等于总外部需求.

问题是在满足上述约束下, 极小化穿过网络的流量的总费用. 将这个问题表示为一个线性规划问题.

3.11　考虑优化问题

$$\begin{aligned} \min \quad & c^\mathrm{T} x, \\ \text{s.t.} \quad & Ax \leqslant b, \quad \forall A \in \mathcal{A}, \end{aligned}$$

其中 $\mathcal{A} \subseteq \mathbf{R}^{m \times n}$ 为集合

$$\mathcal{A} = \{A \in \mathbf{R}^{m \times n} | \bar{A}_{ij} - V_{ij} \leqslant A_{ij} \leqslant \bar{A}_{ij} + V_{ij},\ i = 1, \cdots, m,\ j = 1, \cdots, n\}.$$

矩阵 $\bar{A}$ 和 V 已知. 但仅知道 A 的每个元素落入一个区间, 要求对于所有可能的元素值, x 都必须满足约束. 将这个问题表示为线性规划.

3.12 给定 $k+1$ 个矩阵 $A_0, \cdots, A_k \in \mathbf{R}^{m \times n}$, 考虑问题: 求 $x \in \mathbf{R}^k$ 以极小化

$$\|A_0 + x_1 A_1 + \cdots + x_k A_k\|_\infty.$$

将这个问题表示为线性规划. 解释你的 LP 中每个附加变量的意义. 并解释如何通过线性规划问题求解这个问题.

3.13 在 Boolean 线性规划中, 变量 x 被限制为含有等于 0 或 1 的分量:

$$\begin{aligned} \min \quad & c^{\mathrm{T}} x, \\ \text{s.t.} \quad & Ax \leqslant b, \\ & x_i \in \{0, 1\}, \quad i = 1, \cdots, n. \end{aligned}$$

一般地, 这类问题非常难以求解, 虽然其可行集是有限的 (包含至多 2^n 个点).

在一般的被称为松弛的方法中, x_i 为 0 或 1 的约束被替换为线性不等式 $0 \leqslant x \leqslant 1$:

$$\begin{aligned} \min \quad & c^{\mathrm{T}} x, \\ \text{s.t.} \quad & Ax \leqslant b, \\ & 0 \leqslant x \leqslant 1, \quad i = 1, \cdots, n. \end{aligned}$$

称这一问题为 Bool 线性规划松弛. LP 松弛远比原 Bool 线性规划易于求解.

(a) 证明 LP 松弛的最优值是 Boolean 线性规划最优值的一个下界. 如果线性规划松弛是不可行的, 能够得到关于 Boolean 线性规划的什么结论?

(b) 有时会发生 LP 松弛的解满足 $x_i \in \{0, 1\}$ 的情况. 对于这种情况, 你有什么结论?

3.14 考虑具有状态 $x(t) \in \mathbf{R}^n (t = 0, \cdots, N)$ 的线性动态系统, 其执行器或输入信号为 $u(t) \in \mathbf{R}$, $t = 0, \cdots, N-1$. 系统的动态特性由线性递归

$$x(t+1) = Ax(t) + bu(t), \quad t = 0, \cdots, N-1$$

给出, 其中 $A \in \mathbf{R}^{n \times n}$ 和 $b \in \mathbf{R}^n$ 已知. 假设初始状态为零, 即 $x(0) = 0$.

最少燃料最优控制问题是选择输入 $u(0), \cdots, u(N-1)$ 以极小化由

$$F = \sum_{t=0}^{N-1} f(u(t))$$

给出的总消耗燃料. 同时满足约束 $x(N) = x_{\mathrm{des}}$, 其中 N 为给定的时间长度, $x_{\mathrm{des}} \in \mathbf{R}^n$ 为给定的最终结果或目标状态. 函数 $f : \mathbf{R} \to \mathbf{R}$ 为执行器的燃料消耗, 用执行器信号幅度的函数给出了燃料消耗量. 在这个问题中, 取

$$f(a) = \begin{cases} |a|, & |a| \leqslant 1, \\ 2|a| - 1, & |a| > 1. \end{cases}$$

这意味着, 对于处于 −1 和 1 之间的信号, 燃料消耗正比于执行器信号的绝对值; 对于更大的执行器信号, 燃料的边际效率减半. 将最少燃料最优控制问题建模为一个线性规划.

3.15 考虑 n 种非负活动水平, 记为 $x_1, \cdots, x_n$. 这些活动消耗 m 种有限的资源. 活动 j 消耗数量为 $A_{ij}x_j$ 的资源 i, 这里 A_{ij} 给定. 总资源消耗是加性的, 所以消耗的资源 i 的总量为 $c_i = \sum_{j=1}^{n} A_{ij}x_j$. (通常有 $A_{ij} \geqslant 0$, 即活动 j 消耗资源 i. 但是也允许 $A_{ij} < 0$ 的可能, 这意味着活动 j 事实上产生了资源 i 作为副产品.) 每种资源的消耗是有限制的, 即必须有 $c_i \leqslant c_i^{\max}$, 其中 $c_i^{\max}$ 给定. 每个活动产生收益, 它是活动水平的分片线性凹函数

$$r_j(x_j) = \begin{cases} p_j x_j, & 0 \leqslant x_j \leqslant q_j, \\ p_j q_j + p_j^{\mathrm{disc}}(x_j - q_j), & x_j > q_j, \end{cases}$$

这里 $p_j > 0$ 为活动 j 的基本价格, $q_j > 0$ 为折扣数量水平, p_j^{disc} 为折扣价格. 有: $0 < p_j^{\mathrm{disc}} < p_j$. 总收益是关于每个活动的收益之和, 即 $\sum_{j=1}^{n} r_j(x_j)$. 目标是选择活动水平, 在考虑资源限制情况下, 极大化总收益. 说明如何将这个问题建模为线性规划.

3.16 考虑问题

$$\begin{aligned} \min \quad & \|Ax - b\|_1 / (c^{\mathrm{T}}x + d), \\ \mathrm{s.t.} \quad & \|x\|_\infty \leqslant 1, \end{aligned}$$

其中 $A \in \mathbf{R}^{m \times n}, b \in \mathbf{R}^m, c \in \mathbf{R}^n, d \in \mathbf{R}$. 我们假设 $d > \|c\|_1$, 这表明对于所有可行的 x 有 $c^{\mathrm{T}}x + d > 0$. 证明它等价于凸优化问题

$$\begin{aligned} \min \quad & \|Ay - bt\|_1, \\ \mathrm{s.t.} \quad & \|y\|_\infty \leqslant t, \\ & c^{\mathrm{T}}y + dt = 1, \end{aligned}$$

3.17 对下面的二次约束二次规划 (QCQP), 给出显式解
(a) 在以原点为中心的椭球上极小化线性函数.

$$\begin{aligned} \min \quad & c^{\mathrm{T}}x, \\ \mathrm{s.t.} \quad & x^{\mathrm{T}}Ax \leqslant 1, \end{aligned}$$

其中 $A \in \mathbf{S}_{++}^n, c \neq 0$. 如果问题不是凸的 $(A \notin \mathbf{S}_+^n)$, 其解是什么?

(b) 在椭球上极小化线性函数.

$$\begin{aligned} \min \quad & c^{\mathrm{T}}x, \\ \mathrm{s.t.} \quad & (x - x_c)^{\mathrm{T}}A(x - x_c) \leqslant 1, \end{aligned}$$

其中 $A \in \mathbf{S}_{++}^n, c \neq 0$.

(c) 在以原点为中心的椭球上极小化二次型.

$$\begin{aligned} \min \quad & x^{\mathrm{T}}Bx, \\ \mathrm{s.t.} \quad & x^{\mathrm{T}}Ax \leqslant 1, \end{aligned}$$

其中 $A \in \mathbf{S}_{++}^n, B \in \mathbf{S}_+^n$. 同时, 也进一步考虑 $B \notin \mathbf{S}_+^n$ 时的非凸扩展问题.

3.18　考虑 QCQP

$$\min \quad (1/2)x^\mathrm{T}Px + q^\mathrm{T}x + r,$$
$$\text{s.t.} \quad x^\mathrm{T}x \leqslant 1,$$

其中 $P \in \mathbf{S}_{++}^n$. 证明其解为 $x^* = -(P + \lambda I)^{-1}q$, 其中 $\lambda = \max\{0, \bar{\lambda}\}$, $\bar{\lambda}$ 为非线性方程

$$q^\mathrm{T}(P + \lambda I)^{-2}q = 1$$

的最大解.

3.19　将 ℓ_4-范数逼近问题

$$\min \ \|Ax - b\|_4 = \left(\sum_{i=1}^m (a_i^\mathrm{T}x - b_i)^4\right)^{1/4}$$

写为等价的 QCQP, 这里 $A = \begin{bmatrix} a_1^\mathrm{T} \\ \vdots \\ a_m^\mathrm{T} \end{bmatrix}, b = \begin{bmatrix} b_1 \\ \vdots \\ b_m \end{bmatrix}$.

3.20　考虑问题

$$\min \ \|Ax - b\|_p,$$

其中 $A \in \mathbf{C}^{m \times n}, b \in \mathbf{C}^m$. 对于 $p \geqslant 1$, 复 ℓ_p-范数定义为

$$\|y\|_p = \left(\sum_{i=1}^m |y_i|^p\right)^{1/p},$$

对于 $p = 1, 2$ 和 ∞, 将复 ℓ_p-范数逼近问题表示为关于实变量和实数据的 QCQP 或二阶锥规划 (SOCP).

3.21　设给定 $K + L$ 个椭球

$$\mathcal{E}_i = \{P_i u + q_i | \ \|u\|_2 \leqslant 1\}, \quad i = 1, \cdots, K + L,$$

其中 $P_i \in \mathbf{S}^n$. 求一个超平面, 将 $\mathcal{E}_1, \cdots, \mathcal{E}_K$ 与 $\mathcal{E}_{K+1}, \cdots, \mathcal{E}_{K+L}$ 严格分离开来, 即希望计算出 $a \in \mathbf{R}^n, b \in \mathbf{R}$ 使得

$$a^\mathrm{T}x + b > 0, \quad \text{对} \quad x \in \mathcal{E}_1 \cup \cdots \cup \mathcal{E}_K, \quad a^\mathrm{T}x + b < 0, \quad \text{对} \quad x \in \mathcal{E}_{K+1} \cup \cdots \cup \mathcal{E}_{K+L},$$

或者证明不存在这样的超平面. 将这个问题表述为一个 SOCP 可行性问题.

3.22　验证 $x \in \mathbf{R}^n, y, z \in \mathbf{R}$ 满足

$$x^\mathrm{T}x \leqslant yz, \quad y \geqslant 0, \quad z \geqslant 0$$

的充要条件是

$$\left\| \begin{bmatrix} 2x \\ y - z \end{bmatrix} \right\|_2 \leqslant y + z,$$

利用这个结果, 将下列问题表示为 SOCP.

(a) 极大化调和平均.

$$\max \left(\sum_{i=1}^{m} 1/(a_i^\mathrm{T} x - b_i) \right)^{-1},$$

其中 a_i^T 为 A 的第 i 行, 而定义域为 $\{x | Ax > b\}$.

(b) 极大化几何平均.

$$\max \left(\prod_{i=1}^{m} (a_i^\mathrm{T} x - b_i) \right)^{1/m},$$

其中 a_i^T 为 A 的第 i 行, 而定义域为 $\{x | Ax > b\}$.

3.23 矩阵对 $(A, B)(A, B \in \mathbf{S}^n)$ 的广义特征值定义为多项式 $\det(\lambda B - A)$ 的根. 设 B 是非奇异的, A 和 B 可以同时被相合变换对角化, 即存在非奇异的 $R \in \mathbf{R}^{n \times n}$ 使得

$$R^\mathrm{T} A R = \mathbf{diag}(a), \quad R^\mathrm{T} B R = \mathbf{diag}(b),$$

其中 $a, b \in \mathbf{R}^n$. (假设成立的一个充分条件是存在 t_1, t_2 使得 $t_1 A + t_2 B \succ 0$.)

(a) 证明 (A, B) 的广义特征值是实数, 由 $\lambda_i = a_i/b_i (i = 1, \cdots, n)$ 给出.

(b) 用 a 和 b 表示关于变量 $t \in \mathbf{R}$ 的 SDP

$$\min \quad ct,$$
$$\text{s.t.} \quad tB \preceq A$$

的解.

3.24 考虑 SDP

$$\min \quad c^\mathrm{T}(x),$$
$$\text{s.t.} \quad x_1 F_1 + x_2 F_2 + \cdots + x_n F_n + G \preceq 0,$$

其中 $F_i, G \in \mathbf{S}^k, c \in \mathbf{R}^n$.

(a) 设 $R \in \mathbf{R}^{k \times k}$ 非奇异. 证明这个 SDP 等价于 SDP

$$\min \quad c^\mathrm{T}(x)$$
$$\text{s.t.} \quad x_1 \tilde{F}_1 + x_2 \tilde{F}_2 + \cdots + x_n \tilde{F}_n + \tilde{G} \preceq 0,$$

其中 $\tilde{F}_i = R^\mathrm{T} F_i R, \tilde{G} = R^\mathrm{T} G R$.

(b) 设存在非奇异矩阵 R 使得 $\tilde{F}_i$ 和 $\tilde{G}$ 是对角阵. 证明这个 SDP 等价于一个线性规划.

(c) 设存在非奇异矩阵 R 使得 $\tilde{F}_i$ 和 $\tilde{G}$ 具有如下形式

$$\tilde{F}_i = \begin{bmatrix} \alpha_i I & a_i \\ a_i^\mathrm{T} & \alpha_i \end{bmatrix}, \quad i = 1, \cdots, n, \quad \tilde{G}_i = \begin{bmatrix} \beta I & b \\ b^\mathrm{T} & \beta \end{bmatrix},$$

其中 $\alpha_i, \beta \in \mathbf{R}, a_i, b \in \mathbf{R}^{k-1}$. 证明这个 SDP 等价于具有一个二阶锥约束的 SOCP.

第 4 章 对 偶

对偶性在约束优化问题中起着十分重要的作用. 这一章讨论对偶的定义和一些重要的性质, 特别是由强对偶性导出了解的一阶最优性条件.

4.1 Lagrange 对偶函数

4.1.1 Lagrange 函数

考虑标准形式的优化问题:

$$\begin{aligned}
\min \quad & f_0(x), \\
\text{s.t.} \quad & f_i(x) \leqslant 0, \quad i = 1, \cdots, m, \\
& h_i(x) = 0, \quad i = 1, \cdots, p,
\end{aligned} \tag{4.1}$$

设问题的定义域 $\mathcal{D} = (\cap_{i=0}^m \mathbf{dom} f_i) \cap (\cap_{i=1}^p \mathbf{dom} h_i)$ 是非空集合, 优化问题的最优值为 p^*. 这里没有假设问题 (4.1) 是凸优化问题.

Lagrange 对偶的基本思想是在目标函数中考虑问题 (4.1) 的约束条件, 即添加约束条件的加权和, 得到增广的目标函数. 问题 (4.1) 的 Lagrange 函数定义为 $L: \mathbf{R}^n \times \mathbf{R}^m \times \mathbf{R}^p \to \mathbf{R}$

$$L(x, \lambda, \nu) = f_0(x) + \sum_{i=1}^m \lambda_i f_i(x) + \sum_{i=1}^p \nu_i h_i(x),$$

λ_i 称为第 i 个不等式约束 $f_i(x) \leqslant 0$ 对应的 Lagrange 乘子, ν_i 称为第 i 个等式约束 $h_i(x) = 0$ 对应的 Lagrange 乘子. 向量 λ 和 ν 称为对偶变量或者问题 (4.1) 的 Lagrange 乘子向量.

4.1.2 Lagrange 对偶函数及性质

Lagrange 对偶函数定义为

$$g(\lambda, \nu) = \inf_{x \in \mathcal{D}} L(x, \lambda, \nu) = \inf_{x \in \mathcal{D}} \left(f_0(x) + \sum_{i=1}^m \lambda_i f_i(x) + \sum_{i=1}^p \nu_i h_i(x) \right).$$

因为对偶函数是一族关于 (λ, ν) 的仿射函数的逐点下确界, 所以对偶函数是凹函数. 另外, 对偶函数是原问题 (4.1) 最优值 p^* 的下界, 即对任意 $\lambda \geqslant 0$ 和 ν 下式

成立

$$g(\lambda, \nu) \leqslant p^*. \tag{4.2}$$

下面证明这个结论.

设 $\tilde{x}$ 是原问题 (4.1) 的一个可行点, 即 $f_i(\tilde{x}) \leqslant 0, h_i(\tilde{x}) = 0$. 既然 $\lambda \geqslant 0$, 则有

$$\sum_{i=1}^{m} \lambda_i f_i(\tilde{x}) + \sum_{i=1}^{p} \nu_i h_i(\tilde{x}) \leqslant 0,$$

所以有

$$L(\tilde{x}, \lambda, \nu) = f_0(\tilde{x}) + \sum_{i=1}^{m} \lambda_i f_i(\tilde{x}) + \sum_{i=1}^{p} \nu_i h_i(\tilde{x}) \leqslant f_0(\tilde{x}).$$

因此

$$g(\lambda, \nu) = \inf_{x \in \mathcal{D}} L(x, \lambda, \nu) \leqslant L(\tilde{x}, \lambda, \nu) \leqslant f_0(\tilde{x}).$$

由于每一个可行点 $\tilde{x}$ 都满足 $g(\lambda, \nu) \leqslant f_0(\tilde{x})$, 因此不等式 (4.2) 成立.

虽然不等式 (4.2) 成立, 但是当 $g(\lambda, \nu) = -\infty$ 时其意义不大. 只有当 $\lambda \geqslant 0$ 且 $(\lambda, \nu) \in \mathbf{dom}g$, 即 $g(\lambda, \nu) \neq -\infty$ 时, 对偶函数才能给出 p^* 的一个非平凡下界. 称满足 $\lambda \geqslant 0$ 以及 $(\lambda, \nu) \in \mathbf{dom}g$ 的 (λ, ν) 是对偶可行的.

4.1.3 一些例子

这一节给出几个简单例子, 在这些例子中, Lagrange 对偶函数可以得到解析表达式.

1) 线性方程组的最小二乘解

考虑问题

$$\begin{aligned} \min \quad & x^{\mathrm{T}}x, \\ \text{s.t.} \quad & Ax = b, \end{aligned} \tag{4.3}$$

其中 $A \in \mathbf{R}^{p \times n}$. 这个问题有 p 个线性等式约束. 其 Lagrange 函数是

$$L(x, \mu) = x^{\mathrm{T}}x + \mu^{\mathrm{T}}(Ax - b),$$

定义域为 $\mathbf{R}^n \times \mathbf{R}^p$. 对偶函数是 $g(\mu) = \inf_x L(x, \mu)$. 因为 $L(x, \mu)$ 是 x 的二次凸函数, 可以通过求解如下最优性条件得到函数的最小值,

$$\nabla_x L(x, \mu) = 2x + A^{\mathrm{T}}\mu = 0,$$

显然, 在点 $x = -(1/2)A^{\mathrm{T}}\mu$ 处 Lagrange 函数达到最小值. 因此对偶函数为

$$g(\mu) = L(-(1/2)A^{\mathrm{T}}\mu, \mu) = -(1/4)\mu^{\mathrm{T}}AA^{\mathrm{T}}\mu - b^{\mathrm{T}}\mu,$$

它是一个二次凹函数, 由对偶函数的性质, 对任意 $\mu \in \mathbf{R}^p$, 有

$$-(1/4)\mu^{\mathrm{T}}AA^{\mathrm{T}}\mu - b^{\mathrm{T}}\mu \leqslant \inf\{x^{\mathrm{T}}x|Ax = b\}.$$

2) 标准形式的线性规划

考虑标准形式的线性规划问题

$$\begin{aligned}
&\min && c^{\mathrm{T}}x, \\
&\text{s.t.} && Ax = b, \\
&&& x \geqslant 0,
\end{aligned} \tag{4.4}$$

其中不等式约束函数为 $f_i(x) = -x_i, i = 1, \cdots, n$. 为了推导 Lagrange 函数, 对 n 个不等式约束引入 Lagrange 乘子 λ_i, 对等式约束引入 Lagrange 乘子 μ_i, 得到

$$L(x, \lambda, \nu) = c^{\mathrm{T}}x - \sum_{i=1}^{n} \lambda_i x_i + \nu^{\mathrm{T}}(Ax - b) = -b^{\mathrm{T}}\nu + (c + A^{\mathrm{T}}\nu - \lambda)^{\mathrm{T}}x.$$

对偶函数为

$$g(\lambda, \nu) = \inf L(x, \lambda, \nu) = -b^{\mathrm{T}}\nu + \inf_x \left(c + A^{\mathrm{T}}\nu - \lambda\right)^{\mathrm{T}}x,$$

由此得

$$g(\lambda, \nu) = \begin{cases} -b^{\mathrm{T}}\nu, & A^{\mathrm{T}}\nu - \lambda + c = 0, \\ -\infty, & A^{\mathrm{T}}\nu - \lambda + c \neq 0. \end{cases}$$

注意到对偶函数 g 只在 $\mathbf{R}^m \times \mathbf{R}^p$ 上的一个正常仿射子集上才是有限值.

只有当 λ 和 ν 满足 $\lambda \geqslant 0$ 和 $A^{\mathrm{T}}\nu - \lambda + c = 0$ 时, 下界性质 (4.2) 才是有意义的. 在此情形下, $-b^{\mathrm{T}}\nu$ 给出了线性规划问题 (4.4) 最优值的一个下界.

3) 双向划分问题

考虑优化问题

$$\begin{aligned}
&\min && x^{\mathrm{T}}Wx, \\
&\text{s.t.} && x_i^2 = 1, \quad i = 1, \cdots, n,
\end{aligned} \tag{4.5}$$

其中 $W \in \mathbf{S}^n$. 该问题可行集是有限的 (包含 2^n 个点), 所以此问题本质上可以通过枚举所有可行点来求得最小值. 然而, 可行点的数量是指数增长的, 所以, 只有当问题规模较小 (比如说 $n \leqslant 30$) 时, 枚举法才是可行的. 问题 (4.5) 一般很难求解.

可以将问题 (4.5) 看成 n 个元素的集 ($\{1, \cdots, n\}$) 上的双向划分问题: 对任意可行点 x, 其对应的划分为

$$\{1, \cdots, n\} = \{i | x_i = -1\} \cup \{i | x_i = 1\}.$$

矩阵中元素 W_{ij} 可以看成分量 i 和 j 在同一分区内的成本, $-W_{ij}$ 可以看成分量 i 和 j 在不同分区内的成本. 问题 (4.5) 中的目标函数是考虑分量之间所有配对的成本, 因此问题 (4.5) 就是寻找使得总成本最小的划分.

下面推导此问题的对偶函数. 该问题的 Lagrange 函数为

$$L(x, \nu) = x^{\mathrm{T}} W x + \sum_{i=1}^{n} \nu_i (x_i^2 - 1)$$
$$= x^{\mathrm{T}} (W + \mathbf{diag}(\nu)) x - \mathbf{1}^{\mathrm{T}} \nu.$$

对 x 求极小得 Lagrange 对偶函数

$$g(\nu) = \inf_{x} x^{\mathrm{T}} (W + \mathbf{diag}(\nu)) x - \mathbf{1}^{\mathrm{T}} \nu$$
$$= \begin{cases} -\mathbf{1}^{\mathrm{T}} \nu, & W + \mathbf{diag}(\nu) \succeq 0, \\ -\infty, & \text{其他.} \end{cases}$$

对偶函数构成了问题 (4.5) 的最优值的一个下界, 如取对偶变量为

$$\nu = -\lambda_{\min}(W) \mathbf{1},$$

上述取值是对偶可行的, 这是因为

$$W + \mathbf{diag}(\nu) = W - \lambda_{\min}(W) I \succeq 0.$$

由此得到最优值 p^* 的一个下界, 即有

$$p^* \geqslant \mathbf{1}^{\mathrm{T}} \nu = n \lambda_{\min}(W). \tag{4.6}$$

当然, 也可以不用 Lagrange 对偶函数得到最优值 p^* 的下界. 比如, 将约束 $x_1^2 = 1, \cdots, x_n^2 = 1$ 用约束 $\sum\limits_{i=1}^{n} x_i^2 = n$ 替代, 可以得到可行域范围更大的松弛问题

$$\begin{aligned} \min \quad & x^{\mathrm{T}} W x, \\ \text{s.t.} \quad & \sum_{i=1}^{n} x_i^2 = n. \end{aligned} \tag{4.7}$$

所以问题 (4.7) 的最优值构成了原问题 (4.5) 的最优值 p^* 的一个下界. 松弛问题 (4.7) 相对来说求解要容易得多, 实际上, 它可以当成是一个特征值问题来进行求解, 其最优值为 $n\lambda_{\min}(W)$, 和上面得到的下界相同.

4.1.4   Lagrange 对偶函数和共轭函数

共轭函数和 Lagrange 对偶函数有密切关系. 下面的问题说明了一个简单的联系.

考虑问题

$$\min \quad f(x),$$
$$\text{s.t.} \quad x = 0.$$

这个问题的 Lagrange 函数为 $L(x,\nu) = f(x) + \nu^{\mathrm{T}}x$, 其对偶函数为

$$g(\nu) = \inf_x \Big(f(x) + \nu^{\mathrm{T}}x \Big) = -\sup_x \Big(-\nu^{\mathrm{T}}x - f(x) \Big) = -f^*(-\nu).$$

更一般地, 考虑下面的优化问题:

$$\min \quad f_0(x),$$
$$\text{s.t.} \quad Ax \leqslant b, \tag{4.8}$$
$$Cx = d.$$

利用函数 f_0 的共轭函数, 可以将问题 (4.8) 的对偶函数表示为

$$\begin{aligned} g(\lambda,\nu) &= \inf_x \big(f_0(x) + \lambda^{\mathrm{T}}(Ax-b) + \nu^{\mathrm{T}}(Cx-d) \big) \\ &= -b^{\mathrm{T}}\lambda - d^{\mathrm{T}}\nu + \inf_x \big(f_0(x) + (A^{\mathrm{T}}\lambda + C^{\mathrm{T}}\nu)^{\mathrm{T}}x \big) \\ &= -b^{\mathrm{T}}\lambda - d^{\mathrm{T}}\nu - \big(f_0^*(-A^{\mathrm{T}}\lambda - C^{\mathrm{T}}\nu) \big). \end{aligned} \tag{4.9}$$

函数 g 的定义域也可以由函数 f_0^* 的定义域得到

$$\mathbf{dom}g = \{(\lambda,\nu)| -A^{\mathrm{T}}\lambda - C^{\mathrm{T}}\nu \in \mathbf{dom}f_0^*\}.$$

下面再看两个更具体的例子.

1) 等式约束条件下的范数极小化

考虑问题

$$\min \quad ||x||,$$
$$\text{s.t.} \quad Ax = b, \tag{4.10}$$

其中 $||\cdot||$ 是任意范数. 已知共轭函数为

$$f_0^*(y) = \begin{cases} 0, & ||y||_* \leqslant 1, \\ \infty, & \text{其他.} \end{cases}$$

可以看出此函数是对偶范数单位球的示性函数. 由得到的结论 (4.9) 可以得到问题 (4.10) 的对偶函数为

$$g(\nu) = -b^{\mathrm{T}}\nu - f_0^*\left(-A^{\mathrm{T}}\nu\right) = \begin{cases} -b^{\mathrm{T}}\nu, & \|A^{\mathrm{T}}\nu\|_* \leqslant 1, \\ -\infty, & \|A^{\mathrm{T}}\nu\|_* > 1. \end{cases}$$

2) 最小体积覆盖椭球

考虑关于变量 $X \in \mathbf{S}^n$ 的问题

$$\begin{aligned} \min \quad & f_0(X) = \log \det X^{-1}, \\ \text{s.t.} \quad & a_i^{\mathrm{T}} X a_i \leqslant 1, \quad i = 1, \cdots, m, \end{aligned} \tag{4.11}$$

其中 $\mathbf{dom} f_0 = \mathbf{S}_{++}^n$. 问题 (4.12) 有着简单的几何意义. 对于任意 $X \in \mathbf{S}_{++}^n$, 将其与如下中心在原点的椭球联系起来, 有

$$\varepsilon_X = \left\{ z \middle| z^{\mathrm{T}} X z \leqslant 1 \right\}.$$

椭球的体积与 $(\det X^{-1})^{1/2}$ 成正比, 所以问题 (4.12) 的目标函数实质上是椭球 ε_X 体积的对数的两倍并加上一个常数附加项. 问题 (4.12) 的约束条件可以写成 $a_i \in \varepsilon_X$. 因此问题 (4.12) 等价于寻找能够包含点 $a_1, \cdots, a_m$ 的, 并以原点为中心, 具有最小体积的椭球.

问题 (4.12) 的不等式约束是仿射的: 它们可以表述为

$$\mathrm{tr}\left((a_i a_i^{\mathrm{T}}) X\right) \leqslant 1.$$

已知函数 $f_0(X) = \log \det X^{-1}$ 的共轭函数为

$$f_0^*(Y) = \log \det(-Y)^{-1} - n,$$

于是得到问题 (4.12) 的对偶函数

$$g(\lambda) = \begin{cases} \log \det \left(\sum_{i=1}^m \lambda_i a_i a_i^{\mathrm{T}}\right) - \mathbf{1}^{\mathrm{T}}\lambda + n, & \sum_{i=1}^m \lambda_i a_i a_i^{\mathrm{T}} > 0, \\ -\infty, & \text{否则}. \end{cases} \tag{4.12}$$

因此, 对任意满足 $\sum\limits_{i=1}^m \lambda_i a_i a_i^{\mathrm{T}} > 0$ 和 $\lambda \geqslant 0$ 的 λ, 数值

$$\log \det \left(\sum_{i=1}^m \lambda_i a_i a_i^{\mathrm{T}}\right) - \mathbf{1}^{\mathrm{T}}\lambda + n$$

给出了问题 (4.12) 最优值的一个下界.

4.2   Lagrange 对偶问题

对于任意一组 (λ,ν), 其中 $\lambda \geqslant 0$, Lagrange 对偶函数都给出了约束优化问题 (4.1) 的最优值 p^* 的一个下界. 于是一个自然的问题是: 从 Lagrange 对偶函数能够得到的最好下界是什么?

可以将这个问题表述为优化问题

$$\begin{aligned} \max \quad & g(\lambda,\nu), \\ \text{s.t.} \quad & \lambda \geqslant 0. \end{aligned} \tag{4.13}$$

这个问题称为问题 (4.1) 的 Lagrange 对偶问题, (4.1) 一般被称为原问题. 前面提到的对偶可行的概念, 即满足 $\lambda \geqslant 0$ 和 $g(\lambda,\nu) > -\infty$ 的一组 (λ,ν), 此时具有意义. 它意味着, 这样的一组 (λ,ν) 是对偶问题 (4.14) 的一个可行解. 如果 (λ^*,ν^*) 是对偶问题 (4.14) 的最优解, 称它是对偶最优解或者是最优 Lagrange 乘子. 因为已知 $g(\lambda,\nu)$ 是凹函数, 所以 Lagrange 对偶问题 (4.14) 是一个凸优化问题.

4.2.1   显式表达对偶约束

要得到对偶优化问题, 在推导 $g(\lambda,\nu)$ 的过程中, 目标函数 g 有界的要求隐含了某些等式约束条件. 这些等式约束都被显式地放在对偶问题的约束条件中. 下面给出几个例子说明这一点.

1) 标准形式线性规划的 Lagrange 对偶

标准形式线性规划

$$\begin{aligned} \min \quad & c^{\mathrm{T}}x, \\ \text{s.t.} \quad & x \geqslant 0 \end{aligned} \tag{4.14}$$

的 Lagrange 对偶函数为

$$g(\lambda,\nu) = \begin{cases} -b^{\mathrm{T}}\nu, & A^{\mathrm{T}}\nu - \lambda + c = 0, \\ -\infty, & A^{\mathrm{T}}\nu - \lambda + c \neq 0. \end{cases}$$

所以, 标准形式线性规划的对偶问题是在满足约束 $\lambda \geqslant 0$ 的条件下极大化对偶函数 g, 即

$$\begin{aligned} \max \quad & g(\lambda,\nu) = \begin{cases} -b^{\mathrm{T}}\nu, & A^{\mathrm{T}}\nu - \lambda + c = 0, \\ -\infty, & A^{\mathrm{T}}\nu - \lambda + c \neq 0, \end{cases} \\ \text{s.t.} \quad & \lambda \geqslant 0. \end{aligned} \tag{4.15}$$

显然, 只有 $A^{\mathrm{T}}\nu - \lambda + c = 0$ 时, 对偶函数 g 才有界. 于是, 对偶优化问题可写为

$$\begin{aligned}
\max \quad & -b^{\mathrm{T}}\nu, \\
\text{s.t.} \quad & A^{\mathrm{T}}\nu - \lambda + c = 0, \\
& \lambda \geqslant 0.
\end{aligned} \tag{4.16}$$

这个问题显然可以等价地写为

$$\begin{aligned}
\max \quad & -b^{\mathrm{T}}\nu, \\
\text{s.t.} \quad & A^{\mathrm{T}}\nu + c \geqslant 0.
\end{aligned} \tag{4.17}$$

所以问题 (4.17) 和 (4.18) 都是标准形式线性规划 (4.15) 的 Lagrange 对偶问题.

2) 不等式形式线性规划的 Lagrange 对偶

写出不等式形式的线性规划问题

$$\begin{aligned}
\min \quad & c^{\mathrm{T}}x, \\
\text{s.t.} \quad & Ax \leqslant b
\end{aligned} \tag{4.18}$$

的 Lagrange 对偶问题. 该问题的 Lagrange 函数为

$$L(x,\lambda) = c^{\mathrm{T}}x + \lambda^{\mathrm{T}}(Ax - b) = -b^{\mathrm{T}}\lambda + (A^{\mathrm{T}}\lambda)^{\mathrm{T}}x,$$

所以对偶函数为

$$g(\lambda) = \inf_x L(x,\lambda) = -b^{\mathrm{T}}\lambda + \inf_x (A^{\mathrm{T}}\lambda)^{\mathrm{T}}x,$$

容易得到对偶函数为

$$g(\lambda) = \begin{cases} -b^{\mathrm{T}}\lambda, & A^{\mathrm{T}}\lambda + c = 0, \\ -\infty, & A^{\mathrm{T}}\lambda + c \neq 0. \end{cases}$$

如果 $\lambda \geqslant 0$ 且 $A^{\mathrm{T}}\lambda + c = 0$, 称对偶变量 λ 是对偶可行的.

线性规划 (4.19) 的 Lagrange 对偶问题是对所有的 $\lambda \geqslant 0$ 极大化 g. 和前面一样, 可得到规范形式的对偶问题

$$\begin{aligned}
\max \quad & -b^{\mathrm{T}}\lambda, \\
\text{s.t.} \quad & A^{\mathrm{T}}\nu - \lambda + c = 0, \\
& \lambda \geqslant 0,
\end{aligned} \tag{4.19}$$

这是一个标准形式线性规划问题.

注意到标准形式线性规划和不等式形式线性规划以及它们的对偶问题之间的有趣的对称性：标准形式线性规划的对偶问题是只含有不等式约束的线性规划问题, 反之亦然. 实际上容易验证, 问题 (4.20) 的 Lagrange 对偶问题就是原问题 (4.19).

4.2.2 弱对偶性

用 d^* 表示 Lagrange 对偶问题的最优值. 这是通过 Lagrange 函数得到的原问题最优值 p^* 的最好下界. 特别地, 有下面简单却十分重要的不等式

$$d^* \leqslant p^*, \tag{4.20}$$

这个性质称为优化问题的弱对偶性.

即使当 d^* 和 p^* 无限时, 弱对偶性不等式 (4.21) 也成立. 例如, 如果原问题无下界, 即 $p^* = -\infty$, 为了保证弱对偶性成立, 必须有 $d^* = -\infty$, 即 Lagrange 对偶问题不可行. 反过来, 若对偶问题无上界, 即 $d^* = \infty$, 为了保证弱对偶性成立, 必须有 $p^* = \infty$, 即原问题不可行.

定义差值 $p^* - d^*$ 是原问题的最优对偶间隙. 它给出了原问题最优值以及通过 Lagrange 对偶函数所能得到的最好下界之间的差值. 显然最优对偶间隙总是非负的.

4.2.3 强对偶性和 Slater 约束准则

如果最优对偶间隙为零, 即

$$d^* = p^*, \tag{4.21}$$

称强对偶性成立. 这说明从 Lagrange 对偶函数得到的最好下界是紧的.

一般情况下, 强对偶性不成立. 但是, 如果原问题 (4.1) 是凸的, 强对偶性一般是成立的. 有几个条件保证了强对偶性成立, 这些条件称为约束规格.

一个简单的约束规格是 Slater 条件: 存在一点 x 使得下式成立

$$f_i(x) < 0, \quad i = 1, \cdots, m, \quad Ax = b. \tag{4.22}$$

满足上述条件的点称为严格可行点. 对凸优化问题, 当 Slater 条件成立时, 强对偶性成立.

当不等式约束函数 $f_i(x)$ 中有一些是仿射函数时, Slater 条件可以进一步改进. 且最前面的 k 个约束函数 $f_1, \cdots, f_k$ 是仿射的, 如果存在一点 x 使得

$$f_i(x) \leqslant 0, \quad i = 1, \cdots, k, \quad f_i < 0, \quad i = k+1, \cdots, m, \quad Ax = b. \tag{4.23}$$

这时强对偶性也成立.

在下一节将给出强对偶性的证明.

4.2.4 几个例子

1) 线性方程组的最小二乘解

再考虑问题

$$\min \quad x^{\mathrm{T}}x,$$
$$\text{s.t.} \quad Ax = b,$$

其相应的对偶问题为

$$\max \quad -(1/4)\nu^{\mathrm{T}}AA^{\mathrm{T}}\nu - b^{\mathrm{T}}\nu,$$

Slater 条件此时即原问题的可行性条件, 所以如果 $b \in \mathcal{R}$, 则 $p^* < \infty$, 这时有 $p^* = d^*$. 事实上, 对于此问题, 即使 $p^* = \infty$, 强对偶性也成立. 当 $p^* = \infty$ 时, $b \notin \mathcal{R}$, 所以存在 z 使得 $A^{\mathrm{T}}z = 0, b^{\mathrm{T}}z \neq 0$. 因此, 对偶函数在直线 $\{tz|t \in \mathbf{R}\}$ 上无界, 即对偶问题最优值也无界, $d^* = \infty$.

2) 线性规划的 Lagrange 对偶

对于任意线性规划问题 (无论是标准形式还是不等式形式), 根据 Slater 条件的弱化形式, 只要原问题可行, 强对偶性都成立. 将此结论应用到对偶问题, 如果对偶问题可行, 强对偶性成立. 对线性规划问题, 原问题和对偶问题均不可行时, 强对偶性不成立.

3) 二次约束二次规划的 Lagrange 对偶

考虑约束和目标函数都是二次函数的优化问题 QCQP

$$\min \quad (1/2)x^{\mathrm{T}}P_0x + q_0^{\mathrm{T}}x + r_0,$$
$$\text{s.t.} \quad (1/2)x^{\mathrm{T}}P_ix + q_i^{\mathrm{T}}x + r_i \leqslant 0, \quad i = 1, \cdots, m, \qquad (4.24)$$
$$Ax = b,$$

其中 $P_0 \in \mathbf{S}_{++}^n, P_i \in \mathbf{S}_+^n, i = 0, \cdots, m$. 其 Lagrange 函数为

$$L(x, \lambda) = (1/2)x^{\mathrm{T}}P(\lambda)x + q(\lambda)^{\mathrm{T}}x + r(\lambda),$$

其中

$$P(\lambda) = P_0 + \sum_{i=1}^m \lambda_i P_i, \quad q(\lambda) = q_0 + \sum_{i=1}^m \lambda_i q_i, \quad r(\lambda) = r_0 + \sum_{i=1}^m \lambda_i r_i,$$

如果 $\lambda \geqslant 0$, 有 $P(\lambda) \succ 0$ 以及

$$g(\lambda) = \inf_x L(x, \lambda) = -(1/2)q(\lambda)^{\mathrm{T}}P(\lambda)^{-1}q(\lambda) + r(\lambda).$$

因此, 对偶问题可以表示为

$$\max \quad -(1/2)q(\lambda)^{\mathrm{T}}P(\lambda)^{-1}q(\lambda) + r(\lambda),$$
$$\text{s.t.} \quad \lambda \geqslant 0. \tag{4.25}$$

根据 Slater 条件, 当二次不等式约束严格成立时, 即存在一点 x 使得

$$(1/2)x^{\mathrm{T}}P_i x + q_i^{\mathrm{T}}x + r_i < 0, \quad i = 1, \cdots, m.$$

问题 (4.25) 的强对偶性成立.

4) 熵的最大化

下一个问题是熵的最大化问题

$$\min \quad \sum_{i=1}^{n} x_i \log x_i,$$
$$\text{s.t.} \quad Ax \leqslant b,$$
$$\mathbf{1}^{\mathrm{T}}x = 1,$$

其定义域为 $\mathcal{D} = \mathbf{R}_+^n$. 已知这个问题的 Lagrange 对偶函数; 对偶问题为

$$\max \quad -b^{\mathrm{T}}\lambda - \nu - e^{-\nu-1}\sum_{i=1}^{n}e^{-a_i^{\mathrm{T}}\lambda},$$
$$\text{s.t.} \quad \lambda \geqslant 0, \tag{4.26}$$

其中对偶变量 $\lambda \in \mathbf{R}^m, \nu \in \mathbf{R}$. 根据弱化的 Slater 条件, 知道如果存在一点 $x > 0$ 使得 $Ax \leqslant b$ 以及 $\mathbf{1}^{\mathrm{T}}x = 1$, 强对偶性成立. 对于任意固定的 λ, 当目标函数对 ν 的导数为零时, 即当

$$\nu = \log \sum_{i=1}^{n}e^{-a_i^{\mathrm{T}}\lambda} - 1$$

时, 目标函数取最大值. 将 ν 的最优值代入对偶问题可以得到

$$\max \quad -b^{\mathrm{T}} - \log \sum_{i=1}^{n}e^{-a_i^{\mathrm{T}}\lambda},$$
$$\text{s.t.} \quad \lambda \geqslant 0,$$

这是一个非负约束的几何规划问题.

5) 最小体积覆盖椭球

考虑问题 (4.12)

$$\min \quad \log \det X^{-1},$$
$$\text{s.t.} \quad a_i^{\mathrm{T}}X a_i \leqslant 1, \quad i = 1, \cdots, m,$$

其中定义域为 $\mathcal{D} = \mathbf{S}_{++}^n$. 式 (4.13) 给出了其 Lagrange 对偶函数, 所以对偶问题为

$$
\begin{aligned}
\max \quad & \log\det\left(\sum_{i=1}^m \lambda_i a_i a_i^{\mathrm{T}}\right) - \mathbf{1}^{\mathrm{T}}\lambda + n, \\
\text{s.t.} \quad & \lambda > 0.
\end{aligned}
\tag{4.27}
$$

弱化的 Slater 条件在这里总是满足的, 所以问题 (4.12) 和对偶问题之间的强对偶性成立.

6) 具有强对偶性的一个非凸二次规划问题

对于非凸优化问题, 强对偶性一般不成立, 但在个别情形, 强对偶性也成立. 考虑在单位球内极小化非凸二次函数的优化问题

$$
\begin{aligned}
\min \quad & x^{\mathrm{T}}Ax + 2b^{\mathrm{T}}x, \\
\text{s.t.} \quad & x^{\mathrm{T}}x \leqslant 1.
\end{aligned}
\tag{4.28}
$$

其中, $A \in \mathbf{S}^n, A \leqslant 0$, 且 $b \in \mathbf{R}^n$. 因为 $A \geqslant 0$, 所以这不是一个凸优化问题. 这个问题有时也称为信赖域问题, 当在单位球内极小化一个函数的二阶逼近函数时会遇到此问题, 此时的单位球即假设二阶逼近近似有效的区域.

该问题的 Lagrange 函数为

$$
L(x,\lambda) = x^{\mathrm{T}}Ax + 2b^{\mathrm{T}}x + \lambda(x^{\mathrm{T}}x - 1) = x^{\mathrm{T}}(A + \lambda I)x + 2b^{\mathrm{T}}x - \lambda,
$$

容易求出对偶函数为

$$
g(\lambda) = \begin{cases}
-b^{\mathrm{T}}(A + \lambda I)^{\dagger}b - \lambda, & (A + \lambda I) \succeq 0, \quad b \in \mathcal{R}(A + \lambda I), \\
-\infty, & \text{其他},
\end{cases}
$$

其中矩阵 $(A + \lambda I)^{\dagger}$ 是矩阵 $(A + \lambda I)$ 的广义逆. 因此 Lagrange 对偶问题为

$$
\begin{aligned}
\max \quad & -b^{\mathrm{T}}(A + \lambda I)^{\dagger}b - \lambda, \\
\text{s.t.} \quad & (A + \lambda I) \succeq 0, \quad b \in \mathcal{R}(A + \lambda I),
\end{aligned}
\tag{4.29}
$$

其中对偶变量 $\lambda \in \mathbf{R}$. 这个对偶问题可以很容易地求解, 可以将其写成

$$
\begin{aligned}
\max \quad & -\sum_{i=1}^n \left(q_i^{\mathrm{T}}b\right)^2 / (\lambda_i + \lambda) - \lambda, \\
\text{s.t.} \quad & \lambda \geqslant -\lambda_{\min}(A),
\end{aligned}
$$

其中 λ_i 和 q_i 分别是矩阵 A 的特征值和相应的标准正交特征向量.

尽管原问题 (4.29) 不是凸问题, 但此问题的最优对偶间隙始终是零; 问题 (4.29) 和问题 (4.30) 的最优解是相同的. 事实上, 存在一个更为一般的结论. 如果 Slater 条件成立, 对于具有二次目标函数和一个二次不等式约束的优化问题, 强对偶性成立.

7) 矩阵对策的混合策略

在本节中, 我们利用强对偶性得出零和矩阵对策的一个基本结论. 考虑二人对策. 局中人 1 做出选择 (或者移动)$k \in \{1, \cdots, n\}$, 局中人 2 在 $l \in \{1, \cdots, m\}$ 中做出选择. 然后, 局中人 1 支付给局中人 $2 P_{kl}$, 其中 $P \in \mathbf{R}^{n \times m}$ 是对策的支付矩阵. 局中人 1 的目标是支付额越少越好, 而局中人 2 的目标是极大化支付额. 局中人采用随机或者混合策略, 这意味着每个局中人根据某个概率分布随机做出选择, 和其他局中人的选择无关, 即

$$\mathbf{prob}(k = i) = u_i, \quad i = 1, \cdots, n. \quad \mathbf{prob}(l = i) = v_i, \quad i = 1, \cdots, m.$$

这里, u 和 v 是两个局中人的选择所服从的概率分布, 即他们的策略. 局中人 1 支付给局中人 2 的支付额的期望为

$$\sum_{k=1}^{n} \sum_{l=1}^{m} u_k v_l P_{kl} = u^{\mathrm{T}} P v.$$

局中人 1 希望通过选择 u 来极小化 $u^{\mathrm{T}} P v$, 而局中人 2 则希望通过选择 v 来极大化 $u^{\mathrm{T}} P v$.

我们先从局中人 1 的角度来分析这个对策, 假设其策略 u 已经被局中人 2 知晓 (这当然对局中人 2 是一个优势). 局中人 2 将会采取策略 v 来极大化 $u^{\mathrm{T}} P v$, 此时支付额的期望为

$$\sup\{u^{\mathrm{T}} P v | v \geqslant 0, \mathbf{1}^{\mathrm{T}} v = 1\} = \max_{i=1,\cdots,m} (P^{\mathrm{T}} u)_i.$$

局中人 1 所能尽的最大努力是选择极小化上述最大支付额, 即选择策略也求解下列问题

$$\begin{aligned} \min \quad & \max_{1 \leqslant i \leqslant m} (P^{\mathrm{T}} u)_i, \\ \text{s.t.} \quad & u \geqslant 0, \quad \mathbf{1}^{\mathrm{T}} u = 1, \end{aligned} \tag{4.30}$$

这是一个分片线性凸优化问题. 设这个问题的最优值为 p_1^*, 这是在局中人 2 知道局中人 1 的策略后, 给出了让自己利益最大化的选择时, 局中人 1 所能给出的最小支付额期望.

类似地, 可以考虑当局中人 2 的策略 v 被局中人 1 知晓时的情况. 在这种情况下, 局中人 1 选择策略 v 极大化 $u^{\mathrm{T}}Pv$, 得到如下期望支付额

$$\inf\left\{u^{\mathrm{T}}Pv\Big|u\geqslant 0,\ \mathbf{1}^{\mathrm{T}}u=1\right\}=\min_{1\leqslant i\leqslant n}\left(P^{\mathrm{T}}v\right)_i.$$

局中人 2 选择策略 v 来极大化上述期望支付额, 即选择策略 u 求解下列问题

$$\begin{aligned}
\max\quad & \min_{1\leqslant i\leqslant n}(P^{\mathrm{T}}v)_i,\\
\text{s.t.}\quad & u\geqslant 0,\ \mathbf{1}^{\mathrm{T}}v=1,
\end{aligned} \tag{4.31}$$

这也是一个凸优化问题, 目标函数是分片线性 (凹) 函数. 设此问题的最优值为 p_2^*. 这是当局中人 1 知道局中人 2 的策略时, 局中人 2 可以得到的最大支付额期望.

直观来看, 知道对手的策略是一个优势, 事实上, 很容易知道, 总是成立 $p_1^*\geqslant p_2^*$. 可以将非负差值 $p_1^*-p_2^*$ 看成是知道对手策略所带来的优势.

利用对偶性, 可以得出重要结论: $p_1^*=p_2^*$. 换言之, 在采取混合策略的矩阵对策中, 知道对手的策略没有优势. 事实上, 可以说明问题 (4.31) 和问题 (4.31) 互为 Lagrange 对偶问题, 利用强对偶性, 不难得到上述结论.

将问题 (4.31) 写成线性规划问题

$$\begin{aligned}
\min\quad & t,\\
\text{s.t.}\quad & u\geqslant 0,\quad \mathbf{1}^{\mathrm{T}}u=1,\\
& P^{\mathrm{T}}u\leqslant t\mathbf{1},
\end{aligned}$$

其中附加变量 $t\in\mathbf{R}$. 对约束 $P^{\mathrm{T}}u\leqslant t\mathbf{1}$ 引入 Lagrange 乘子 λ, 对约束 $u\geqslant 0$ 引入 μ, 对等式约束 $\mathbf{1}^{\mathrm{T}}u=1$ 引入乘子 ν, 则 Lagrange 函数为

$$t+\lambda^{\mathrm{T}}(P^{\mathrm{T}}u-t\mathbf{1})-\mu^{\mathrm{T}}u+\nu(1-\mathbf{1}^{\mathrm{T}}u)=\nu+(1-\mathbf{1}^{\mathrm{T}}\lambda)t+(P\lambda-\nu\mathbf{1}-\mu)^{\mathrm{T}}u,$$

因此对偶函数为

$$g(\lambda,\mu,\nu)=\begin{cases}\nu, & \mathbf{1}^{\mathrm{T}}\lambda=1,\quad P\lambda-\nu\mathbf{1}=\mu,\\ -\infty, & \text{其他},\end{cases}$$

可以写出对偶问题

$$\begin{aligned}
\max\quad & \nu,\\
\text{s.t.}\quad & \lambda\geqslant 0,\quad \mathbf{1}^{\mathrm{T}}\lambda=1,\quad \mu\geqslant 0,\\
& P^{\mathrm{T}}\lambda-\nu\mathbf{1}=\mu,
\end{aligned}$$

消去 μ 得到关于变量 λ 和 ν 的 Lagrange 对偶问题

$$\begin{aligned}
\max \quad & \nu, \\
\text{s.t.} \quad & \lambda \geqslant 0, \quad \mathbf{1}^{\mathrm{T}}\lambda = 1, \\
& P^{\mathrm{T}}\lambda \geqslant \nu \mathbf{1}.
\end{aligned}$$

上述问题显然与问题 (4.32) 是等价的. 因为线性规划问题可行, 所以强对偶性成立, 即优化问题 (4.31) 和 (4.32) 的最优值相等.

4.3　强对偶性的证明

本节证明 Slater 约束规格可以保证对凸优化问题强对偶性成立且对偶最优可以达到. 考虑问题

$$\begin{aligned}
\min \quad & f_0(x), \\
\text{s.t.} \quad & f_i(x) \leqslant 0, \quad i = 1, \cdots, m, \\
& Ax = b,
\end{aligned}$$

其中函数 $f_0, \cdots, f_m$ 均为凸函数, 假设 Slater 条件满足, 即存在一点 $\tilde{x} \in \mathbf{relint}\mathcal{D}$ 使得 $f_i(x) < 0, i = 1, \cdots, m$ 且 $A\tilde{x} = b$. 不失一般性, 可以假设, $\mathcal{D}$ 的内点集不空 (即 $\mathbf{relint}\mathcal{D} = \mathbf{int}\mathcal{D}$); $\mathbf{rank}A = p$. 假设最优值 p^* 有限.

定义集合 $\mathcal{A} \subseteq \mathbf{R}^m \times \mathbf{R}^p \times \mathbf{R}$ 为

$$\begin{aligned}
\mathcal{A} = \{(u, v, t) | & \exists x \in \mathcal{D}, f_i(x) \leqslant u_i, i = 1, \cdots, m, \\
& h_i(x) = v_i, i = 1, \cdots, p, f_0(x) \leqslant t\},
\end{aligned}$$

如果原问题是凸的, 容易验证上面定义的集合 $\mathcal{A}$ 是凸集. 定义另一个凸集 $\mathcal{B}$ 为

$$\mathcal{B} = \{(0, 0, s) \in \mathbf{R}^m \times \mathbf{R}^p \times \mathbf{R} | s < p^*\}.$$

显然 $\mathcal{A} \cap \mathcal{B} = \varnothing$. 如不然, 设 $(u, v, t) \in \mathcal{A} \cap \mathcal{B}$. 由 $(u, v, t) \in \mathcal{B}$, 得 $u = 0, v = 0, t < p^*$. 又因为 $(u, v, t) \in \mathcal{A}$, 所以存在 x 使得 $f_i(x) \leqslant 0, i = 1, \cdots, m, Ax - b = 0$, 以及 $f_0(x) \leqslant t < p^*$, 这与 p^* 是原问题的最优值矛盾.

于是, 由凸集的分离超平面定理知, 存在 $(\tilde{\lambda}, \tilde{\nu}, \mu) \neq 0$ 和 α 使得

$$\tilde{\lambda}^{\mathrm{T}}u + \tilde{\nu}^{\mathrm{T}}v + \mu t \geqslant \alpha \tag{4.32}$$

和

$$\tilde{\lambda}^{\mathrm{T}}u + \tilde{\nu}^{\mathrm{T}}v + \mu t \leqslant \alpha, \quad \forall (u, v, t) \in \mathcal{B}. \tag{4.33}$$

由 (4.33), 有 $\tilde{\lambda} \geqslant 0$ 和 $\mu \geqslant 0$. 否则有 $\tilde{\lambda}^{\mathrm{T}} u + \mu t$ 在 $\mathcal{A}$ 上无下界, 与式 (4.33) 矛盾. 条件 (4.34) 意味着对所有 $t < p^*$ 有 $\mu t \leqslant \alpha$, 因此 $\mu p^* \leqslant \alpha$. 结合式 (4.33), 则有 $x \in \mathcal{D}$, 下式成立

$$\sum_{i=1}^m \tilde{\lambda}_i f_i(x) + \tilde{\nu}^{\mathrm{T}}(Ax - b) + \mu f_0(x) \geqslant \alpha \geqslant \mu p^*. \tag{4.34}$$

若 $\mu > 0$, 在不等式 (4.35) 两端除以 μ, 可得对任意 $x \in \mathcal{D}$, 有

$$L\left(x, \tilde{\lambda}/\mu, \tilde{\nu}/\mu\right) \geqslant p^*.$$

记 $\lambda = \tilde{\lambda}/\mu$, $\nu = \tilde{\nu}/\mu$, 对 x 求极小, 得 $g(\lambda, \nu) \geqslant p^*$. 根据弱对偶性, 有 $g(\lambda, \nu) \leqslant p^*$. 因此, $g(\lambda, \nu) = p^*$. 这说明当 $\mu > 0$ 时强对偶性成立, 且对偶问题能达到最优值.

若 $\mu = 0$, 由式 (4.35), 对任意 $x \in \mathcal{D}$, 有

$$\sum_{i=1}^m \tilde{\lambda}_i f_i(x) + \tilde{\nu}^{\mathrm{T}}(Ax - b) \geqslant 0. \tag{4.35}$$

满足 Slater 条件的点 $\tilde{x}$ 同样满足式 (4.36), 因此有

$$\sum_{i=1}^m \tilde{\lambda}_i f_i(\tilde{x}) \geqslant 0.$$

因为 $f_i(\tilde{x}) < 0$ 且 $\tilde{\lambda}_i \geqslant 0$, 所以有 $\tilde{\lambda}_i = 0, i = 1, \cdots, m$. 因为 $(\tilde{\lambda}, \tilde{\nu}, \mu) \neq 0$, 而 $\tilde{\lambda} = 0, \mu = 0$, 所以 $\tilde{\nu} \neq 0$. 因此, 式 (4.35) 表明对任意 $x \in \mathcal{D}$, 有 $\tilde{\nu}^{\mathrm{T}}(Ax - b) \geqslant 0$. 又因为 $\tilde{x}$ 满足 $\tilde{\nu}^{\mathrm{T}}(A\tilde{x} - b) = 0$, 且 $\tilde{x} \in \mathbf{int}\mathcal{D}$, 那么若 $A^{\mathrm{T}}\tilde{\nu} \neq 0$, 则存在 $\mathcal{D}$ 中的点 x 使得 $\tilde{\nu}^{\mathrm{T}}(Ax - b) < 0$, 这与 (4.36) 矛盾. 所以 $A^{\mathrm{T}}\tilde{\nu} = 0$, 而这又与 A 行满秩矛盾.

这就说明了 $\mu > 0$, 从而证明了强对偶性成立, 且对偶问题可达到最优值.

4.4 鞍点解释

本节给出 Lagrange 对偶的其他解释.

4.4.1 强弱对偶性的极大极小描述

可以将原、对偶优化问题以一种更为对称的方式进行表述. 为简化讨论, 假设没有等式约束.

注意到

$$\sup_{\lambda \geqslant 0} L(x, \lambda) = \sup_{\lambda \geqslant 0} \left(f_0(x) + \sum_{i=1}^m \lambda_i f_i(x) \right)$$

$$= \begin{cases} f_0(x), & f_i(x) \leqslant 0, \quad i = 1, \cdots, m, \\ \infty, & \text{其他,} \end{cases}$$

这意味着可以将原问题的最优值写成如下形式

$$p^* = \inf_x \sup_{\lambda \geqslant 0} L(x, \lambda).$$

根据对偶函数的定义, 有

$$d^* = \sup_{\lambda \geqslant 0} \inf_x L(x, \lambda).$$

因此弱对偶性可以表示为下面不等式

$$\sup_{\lambda \geqslant 0} \inf_x L(x, \lambda) \leqslant \inf_x \sup_{\lambda \geqslant 0} L(x, \lambda), \tag{4.36}$$

而强对偶性可以表示为下面的不等式

$$\sup_{\lambda \geqslant 0} \inf_x L(x, \lambda) = \inf_x \sup_{\lambda \geqslant 0} L(x, \lambda).$$

强对偶性意味着对 x 求极小和对 $\lambda \geqslant 0$ 求极大可以互换而不影响结果.

事实上, 容易验证对任意 $f : \mathbf{R}^n \times \mathbf{R}^m \to \mathbf{R}$ (以及任意 $W \subseteq \mathbf{R}^n$ 和 $Z \subseteq \mathbf{R}^m$), 下式成立

$$\sup_{z \in Z} \inf_{w \in W} f(w, z) \leqslant \inf_{w \in W} \sup_{z \in Z} f(w, z), \tag{4.37}$$

这个一般性的等式称为极大极小不等式. 若等号成立, 即

$$\sup_{z \in Z} \inf_{w \in W} f(w, z) = \inf_{w \in W} \sup_{z \in Z} f(w, z), \tag{4.38}$$

称 f 满足强极大极小性质或者鞍点性质. 当然, 强极大极小性质只在特殊情形下成立, 比如, 函数 $f : \mathbf{R}^n \times \mathbf{R}^m \to \mathbf{R}$ 是满足强对偶性问题的 Lagrange 函数, $W = \mathbf{R}^n, Z = \mathbf{R}_+^m$, 这时鞍点性质成立.

4.4.2   鞍点解释

如果下式对任意 $w \in W$ 和 $z \in Z$ 成立

$$f(\tilde{w}, z) \leqslant f(\tilde{w}, \tilde{z}) \leqslant f(w, \tilde{z}).$$

称 $(\tilde{w}, \tilde{z}) : \tilde{w} \in W, \tilde{z} \in Z$ 是函数 f 的鞍点. 可见 $f(w, \tilde{z})$ 关于变量 $w \in W$ 在 $\tilde{w}$ 处取得最小值, $f(\tilde{w}, z)$ 关于变量 $z \in Z$ 在 $\tilde{z}$ 处取得最大值:

$$f(\tilde{w}, \tilde{z}) = \inf_{w \in W} f(w, \tilde{z}), \quad f(\tilde{w}, \tilde{z}) = \sup_{z \in Z} f(\tilde{w}, z).$$

上式意味着强极大极小性质 (4.39) 成立.

回到关于 Lagrange 对偶的讨论, 如果 x^* 和 λ^* 分别是原问题和对偶问题的最优点, 且强对偶性成立, 则 (x^*, λ^*) 是 Lagrange 函数 $L(x, \lambda)$ 的一个鞍点. 反过来同样成立: 如果 (x, λ) 是 Lagrange 函数 $L(x, \lambda)$ 的一个鞍点, 那么 x 是原问题的最优解, λ 是对偶问题的最优解, 且最优对偶间隙为零.

4.5 最优性条件

这一节讨论约束优化问题的最优性条件, 这里不假设问题 (4.1) 是凸优化问题.

4.5.1 次优解认证和终止准则

已经知道, 如果能够找到原问题的一个对偶可行解 (λ, ν), 就可为原问题的最优值提供一个下界, 即 $p^* \geqslant g(\lambda, \nu)$. 对偶可行点可以让我们在不知道 p^* 的确切值的情况下界定给定可行点的次优程度. 事实上, 如果 x 是原问题的可行解, (λ, ν) 对偶可行, 那么

$$f_0(x) - p^* \leqslant f_0(x) - g(\lambda, \nu).$$

记 $\epsilon = f_0(x) - g(\lambda, \nu)$, 则 x 是一个 ϵ-次优解.

定义原问题和对偶问题目标函数的差值

$$f_0(x) - g(\lambda, \nu)$$

为原问题可行解 x 和对偶可行解 (λ, ν) 之间的对偶间隙. 一对原对偶问题的可行点 $x, (\lambda, \nu)$ 将原问题 (对偶问题) 的最优值限制在一个区间里

$$p^* \in [g(\lambda, \nu), f_0(x)], \quad d^* \in [g(\lambda, \nu), f_0(x)],$$

区间的长度即上面定义的对偶间隙.

如果原对偶可行对 $x, (\lambda, \nu)$ 的对偶间隙为零, 即 $f_0(x) = g(\lambda, \nu)$, 那么 x 是原问题的最优解, (λ, ν) 是对偶问题的最优解.

上述结论可以用在优化算法中的停止准则中. 设某个算法给出一系列原问题可行解 $x^{(k)}$ 以及对偶问题可行解 $(\lambda^{(k)}, \nu^{(k)})$, $k = 1, 2, \cdots$, 给定要求的绝对精度 $\epsilon_{\text{abs}} > 0$, 则停止准则 (即算法终止的条件)

$$f_0\left(x^{(k)}\right) - g\left(\lambda^{(k)}, \nu^{(k)}\right) \leqslant \epsilon_{\text{abs}}$$

能保证当算法终止的时候, $x^{(k)}$ 是 ϵ_{abs}-次优解.

给定相对精度 $\epsilon_{\text{rel}} > 0$, 可以推导类似的条件保证 ϵ-次优. 如果

$$g\left(\lambda^{(k)}, \nu^{(k)}\right) > 0, \quad \frac{f_0\left(x^{(k)}\right) - g\left(\lambda^{(k)}, \nu^{(k)}\right)}{g\left(\lambda^{(k)}, \nu^{(k)}\right)} \leqslant \epsilon_{\text{rel}}$$

成立, 或者

$$f_0\left(x^{(k)}\right) < 0, \quad \frac{f_0\left(x^{(k)}\right) - g\left(\lambda^{(k)}, \nu^{(k)}\right)}{-f_0\left(x^{(k)}\right)} \leqslant \epsilon_{\text{rel}}$$

成立, 则 $p^* \neq 0$, 且可以保证相对误差

$$\frac{f_0\left(x^{(k)}\right) - p^*}{|p^*|} \leqslant \epsilon_{\text{rel}}.$$

4.5.2   互补松弛性

设原问题和对偶问题的最优值都可以达到且相等, 令 x^* 是原问题的最优解, (λ^*, ν^*) 是对偶问题的最优解, 则有

$$
\begin{aligned}
f_0(x^*) &= g(\lambda^*, \nu^*) \\
&= \inf_x \left(f_0(x) + \sum_{i=1}^{m} \lambda_i^* f_i(x) + \sum_{i=1}^{p} \nu_i^* h_i(x) \right) \\
&\leqslant f_0(x^*) + \sum_{i=1}^{m} \lambda_i^* f_i(x^*) + \sum_{i=1}^{p} \nu_i^* h_i(x^*) \\
&\leqslant f_0(x^*).
\end{aligned}
$$

可以由此得出一些有意义的结论. 例如, 由于第三个不等式变为等式, 我们知道 $L(x, \lambda^*, \nu^*)$ 关于 x 求极小时在 x^* 处取得最小值.

另外一个重要的结论是

$$\sum_{i=1}^{m} \lambda_i^* f_i(x^*) = 0.$$

事实上, 求和项的每一项都非正, 因此有

$$\lambda_i^* f_i(x^*) = 0, \quad i = 1, \cdots, m. \tag{4.39}$$

这个条件称为**互补松弛性**; 它对任意原问题最优解 x^* 以及对偶问题最优解 (λ^*, ν^*) 都成立. 可以将互补松弛条件写成

$$\lambda_i^* > 0 \Longrightarrow f_i(x^*) = 0,$$

或者

$$f_i(x^*) < 0 \Longrightarrow \lambda_i^* = 0.$$

4.5.3 KKT 最优性条件

现在假设函数 $f_0, \cdots, f_m, h_1, \cdots, h_p$ 可微, 这里不假设这些函数是凸函数.

和前面一样, 令 x^* 和 (λ^*, ν^*) 分别是原问题和对偶问题的某对最优解, 对偶间隙为零. 因为 $L(x, \lambda^*, \nu^*)$ 关于 x 求极小在 x^* 处取得最小值, 所以函数在 x^* 处的梯度为零, 即

$$\nabla f_0(x^*) + \sum_{i=1}^m \lambda_i^* \nabla f_i(x^*) + \sum_{i=1}^p \nu_i^* \nabla h_i(x^*) = 0.$$

因此有

$$
\begin{aligned}
&f_i(x^*) \leqslant 0, \quad i = 1, \cdots, m, \\
&h_i(x^*) = 0, \quad i = 1, \cdots, p, \\
&\lambda_i^* \geqslant 0, \quad i = 1, \cdots, m, \\
&\lambda_i^* f_i(x^*) = 0, \quad i = 1, \cdots, m, \\
&\nabla f_0(x^*) + \sum_{i=1}^m \lambda_i^* \nabla f_i(x^*) + \sum_{i=1}^p \nu_i^* \nabla h_i(x^*) = 0,
\end{aligned}
\tag{4.40}
$$

称上式为 Karush-Kuhn-Tucker(KKT) 条件.

总之, 对于目标函数和约束函数可微的优化问题, 如果强对偶性成立, 则任何一对原问题最优解和对偶问题最优解一定满足 KKT 条件 (4.41). 对凸优化问题, 满足 KKT 条件的点也是原问题和对偶问题的解, 具体可表述如下.

设原问题是凸优化问题, 如果函数 f_i 是凸函数, h_i 是仿射函数, $\tilde{x}, \tilde{\lambda}, \tilde{\nu}$ 是满足 KKT 条件的点, 即

$$
\begin{aligned}
&f_i(\tilde{x}) \leqslant 0, \quad i = 1, \cdots, m, \\
&h_i(\tilde{x}) = 0, \quad i = 1, \cdots, p, \\
&\tilde{\lambda}_i \geqslant 0, \quad i = 1, \cdots, m, \\
&\tilde{\lambda}_i f_i(\tilde{x}) = 0, \quad i = 1, \cdots, m, \\
&\nabla f_0(\tilde{x}) + \sum_{i=1}^m \tilde{\lambda}_i \nabla f_i(\tilde{x}) + \sum_{i=1}^p \tilde{\nu}_i \nabla h_i(\tilde{x}) = 0,
\end{aligned}
$$

则 $\tilde{x}$ 和 $(\tilde{\lambda}, \tilde{\nu})$ 分别是原问题和对偶问题的最优解, 对偶间隙为零.

下面证明这个结论.

注意到前两个条件说明了 $\tilde{x}$ 是原问题的可行解. 因为 $\tilde{\lambda}_i \geqslant 0$, 所以 $L(x, \tilde{\lambda}, \tilde{\nu})$ 是 x 的凸函数; 最后一个 KKT 条件说明在 $x = \tilde{x}$ 处, Lagrange 函数的梯度为零.

因此, $L(x, \tilde{\lambda}, \tilde{\nu})$ 关于 x 在 $\tilde{x}$ 处取得最小值. 于是有

$$
\begin{aligned}
g(\tilde{\lambda}, \tilde{\nu}) &= L(\tilde{x}, \tilde{\lambda}, \tilde{\nu}) \\
&= f_0(\tilde{x}) + \sum_{i=1}^{m} \tilde{\lambda}_i f_i(\tilde{x}) + \sum_{i=1}^{p} \tilde{\nu}_i h_i(\tilde{x}) \\
&= f_0(\tilde{x}),
\end{aligned}
$$

最后一行成立是因为 $h_i(\tilde{x}) = 0$ 以及 $\tilde{\lambda}_i f_i(\tilde{x}) = 0$. 这就表明 $\tilde{x}$ 和 $(\tilde{\lambda}, \tilde{\nu})$ 分别是原问题和对偶问题的最优解.

　　若某个凸优化问题具有可微的目标函数和约束函数, 且其满足 Slater 条件, 那么 KKT 条件是最优性的充要条件: Slater 条件意味着最优对偶间隙为零且对偶最优解可以达到, 因此 x 是原问题最优解, 当且仅当存在 (λ, ν), 二者满足 KKT 条件.

　　KKT 条件在优化领域起着重要的作用. 在一些特殊的情形下, 可以解析地求解 KKT 条件, 也可以由此求解优化问题. 更一般地, 很多求解凸优化问题的方法可以认为或者理解为求解 KKT 条件的方法.

　　例 4.1　考虑问题

$$
\begin{aligned}
\min \quad & (1/2)x^{\mathrm{T}}Px + q^{\mathrm{T}}x + r, \\
\text{s.t.} \quad & Ax = b,
\end{aligned}
\tag{4.41}
$$

其中 $P \in \mathbf{S}_+^n$. 此问题的 KKT 条件为

$$
Ax^* = b, \quad Px^* + q + A^{\mathrm{T}}\nu^* = 0,
$$

可以将其写成

$$
\begin{bmatrix} P & A^{\mathrm{T}} \\ A & 0 \end{bmatrix} \begin{bmatrix} x^* \\ v^* \end{bmatrix} = \begin{bmatrix} -q \\ b \end{bmatrix},
$$

求解变量 x^*, v^* 的 $m + n$ 个方程, 可以得到优化问题 (4.42) 的最优原变量和对偶变量.

　　例 4.2　考虑如下凸优化问题

$$
\begin{aligned}
\min \quad & -\sum_{i=1}^{n} \log(\alpha_i + x_i), \\
\text{s.t.} \quad & x \geqslant 0, \quad \mathbf{1}^{\mathrm{T}}x = 1,
\end{aligned}
$$

其中 $\alpha_i > 0$. 这个问题源自信息论中如何更好地分配功率给 n 个信道. 变量 x_i 表示分配给第 i 个信道的发射功率, $\log(\alpha_i + x_i)$ 表示信道的通信能力或者通信速率,

因此这个问题是将一单位的总功率分配给不同的信道, 使得总的通信速率最大的问题. 如图 4.1 所示.

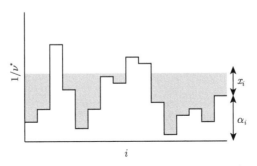

图 4.1   注水算法的图示. 每片区域的高度为 α_i, 总水量为 1, 对整个区域注水使其高度达到
$1/\nu^*$. 每片区域上水的高度 (阴影部分所示) 即最优值 x_i^*

对不等式约束 $x^* \geqslant 0$, 引入 Lagrange 乘子 $\lambda^* \in \mathbf{R}^n$, 对等式约束 $\mathbf{1}^\mathrm{T} x = 1$ 引入一个乘子 $\mu^* \in \mathbf{R}$, 得到如下 KKT 条件

$$x^* \geqslant 0, \quad \mathbf{1}^\mathrm{T} x^* = 1, \quad \lambda^* \geqslant 0, \quad \lambda^* x^* = 0, \quad i = 1, \cdots, n,$$

$$-1/(\alpha_i + x_i^*) - \lambda^* + \nu^* = 0, \quad i = 1, \cdots, n.$$

可以直接求解这些方程得到 x^*, λ^* 以及 ν^*. 注意到 λ^* 在最后一个方程里是一个松弛变量, 可以消去, 于是得到

$$x^* \geqslant 0, \quad \mathbf{1}^\mathrm{T} x^* = 1, \quad x_i^*(\nu^* - 1/(\alpha_i + x_i^*)) = 0, \quad i = 1, \cdots, n,$$

$$\nu^* \geqslant 1/(\alpha_i + x_i^*), \quad i = 1, \cdots, n.$$

如果 $\nu^* < 1/\alpha_i$, 只有当 $x^* > 0$ 时最后一个条件才成立, 而由第三个条件可知, $\nu^* = 1/(\alpha_i + x_i^*)$, 所以 $x_i^* = 1/(\nu^* - \alpha_i)$. 则有 $x_i^* = 0$. 所以得到

$$x_i^* = \begin{cases} 1/(\nu^* - \alpha_i), & \nu^* < 1/\alpha_i, \\ 0, & \nu^* \geqslant 1/\alpha_i, \end{cases}$$

也即 $x_i^* = \max\{0, 1/\nu^* - \alpha_i\}$. 代入条件 $\mathbf{1}^\mathrm{T} x^* = 1$ 得到

$$\sum_{i=1}^n \max\{0, 1/(\nu^* - \alpha_i)\} = 1.$$

方程左端是 $1/\nu^*$ 的分段线性增函数, 分割点为 α_i, 因此上述方程有唯一解.

4.5.4　通过解对偶问题求解原问题

由前面知道, 如果强对偶性成立且存在一个对偶最优解 (λ^*, ν^*), 那么任意原问题最优点也是 $L(x, \lambda^*, \nu^*)$ 的最优解. 这个性质可以让我们从对偶最优方程中去求解原问题最优解.

更精确地, 假设强对偶性成立, 对偶最优解 (λ^*, ν^*) 已知. 设 $L(x, \lambda^*, \nu^*)$ 的最小点, 即下列问题的解

$$\min \quad f_0(x) + \sum_{i=1}^m \lambda_i^* f_i(x) + \sum_{i=1}^p \nu_i^* h_i(x) \tag{4.42}$$

时唯一的. 如果问题 (4.42) 的解是原问题的可行解, 则它就是原问题的最优解; 如果它不是原问题的可行解, 则原问题不存在最优点. 当对偶问题比原问题更易求解时, 比如说对偶问题可以解析求解或者有某些特殊的结构更易分析, 上述方法就很有意义.

例 4.3　熵的最大化. 考虑熵的最大化问题

$$\min \quad f_0(x) = \sum_{i=1}^n x_i \log x_i,$$
$$\text{s.t.} \quad Ax \leqslant b,$$
$$\mathbf{1}^{\mathrm{T}} x = 1,$$

其中定义域为 $\mathbf{R}_{++}^n$, 其对偶问题为

$$\max \quad -b^{\mathrm{T}}\lambda - \nu - e^{-\nu-1} \sum_{i=1}^n e^{-a_i^{\mathrm{T}}\lambda},$$
$$\text{s.t.} \quad \lambda \geqslant 0.$$

假设 Slater 条件的弱化形式成立, 即存在 $x > 0$ 使得 $Ax \leqslant b$ 以及 $\mathbf{1}^{\mathrm{T}}x = 1$, 因此强对偶性成立, 存在一个对偶最优解 (λ^*, ν^*).

设对偶问题已经解出, (λ^*, ν^*) 处的 Lagrange 函数为

$$L(x, \lambda^*, \nu^*) = \sum_{i=1}^n x_i \log x_i + \lambda^*(Ax - b) + \nu^*\left(\mathbf{1}^{\mathrm{T}}x - 1\right),$$

它在 $\mathbf{R}_{++}^n$ 上严格凸. 令 $\nabla_x L(x, \lambda^*, \nu^*) = 0$, 得 $L(x, \lambda^*, \nu^*)$ 的唯一最小解 x^*,

$$x_i^* = 1/\exp(-a_i^{\mathrm{T}}\lambda^* + \nu^* + 1), \quad i = 1, \cdots, n,$$

其中 a_i 是矩阵 A 的列向量. 如果 x^* 是原问题可行解, 则其必是原问题 (??) 的最优解. 如果 x^* 不是原问题的可行解, 则原问题没有最优解.

例 4.4 **在等式约束下极小化可分函数.** 考虑问题

$$\min \quad f_0(x) = \sum_{i=1}^{n} f_i(x_i),$$

$$\text{s.t.} \quad a^\mathrm{T} x = b,$$

其中 $a \in \mathbf{R}^n, b \in \mathbf{R}$, 函数 $f_i : \mathbf{R} \to \mathbf{R}$ 是可微函数, 严格凸. 目标函数是可分的, 因为它可以表示为一系列单变量 $x_1, \cdots, x_n$ 的函数和的形式. 假设函数 f_0 的定义域与约束集有交集, 即存在一点 $x_0 \in \mathbf{dom} f_0$, 使得 $a^\mathrm{T} x_0 = b$. 根据这样的假设, 可知此问题有唯一的最优解 x^*.

其 Lagrange 函数为

$$L(x, \nu) = \sum_{i=1}^{n} f_i(x_i) + \nu(a^\mathrm{T} x - b) = -b\nu + \sum_{i=1}^{n} f_i(x_i + \nu a_i x_i),$$

它同样是可分函数, 因此对偶函数为

$$g(\nu) = -b\nu + \inf_x \left(\sum_{i=1}^{n} (f_i(x_i + \nu a_i x_i)) \right)$$

$$= -b\nu + \sum_{i=1}^{n} \inf_x f_i(x_i + \nu a_i x_i)$$

$$= -b\nu - \sum_{i=1}^{n} f_i^*(-\nu a_i),$$

对偶问题为

$$\max \quad -b\nu - \sum_{i=1}^{n} f_i^*(-\nu a_i).$$

假设求得了一个对偶最优解 ν^*. 因为每个函数 f_i 都是严格凸的, 所以函数 $L(x, \nu^*)$ 关于 x 是严格凸的, 因此具有唯一的最小点 $\tilde{x}$. 又因为 x^* 是 $L(x, \nu^*)$ 的最小点, 所以我们有 $\tilde{x} = x^*$, 可以通过求解 $\nabla_x L(x, \nu^*) = 0$ 得到 x^*, 即求解方程组 $f_i'(x^*) = -\nu^* a_i$.

4.6 扰动及灵敏度分析

当强对偶性成立时, 对原问题的约束进行扰动, 对偶问题最优变量为原问题最优值的灵敏度分析提供了很多有用的信息.

4.6.1　扰动的问题

考虑对原优化问题 (4.1) 进行扰动之后的问题

$$
\begin{aligned}
\min \quad & f_0(x), \\
\text{s.t.} \quad & f_i(x) \leqslant u_i, \quad i = 1, \cdots, m, \\
& h_i(x) = v_i, \quad i = 1, \cdots, p.
\end{aligned}
\tag{4.43}
$$

其中变量 $x \in \mathbf{R}^n$. 当 $u = 0$ 以及 $v = 0$ 时, 上述问题即原问题 (4.1). 若 u_i 大于零, 则第 i 个不等式约束被放松了; 当 u_i 小于零时, 则意味着加强了此约束. 因此扰动的问题 (4.43) 是在原问题 (4.1) 的基础上通过将不等式约束加强或放松 u_i, 并将等式约束的右端变为 v_i 得到的.

定义 $p^*(u, v)$ 为扰动的问题 (4.43) 的最优值:

$$
p^*(u, v) = \inf\{f_0(x) | \exists x \in \mathcal{D}, f_i(x) \leqslant u_i, i = 1, \cdots, m,
$$

$$
h_i(x) = v_i, i = 1, \cdots, p\}.
$$

有可能 $p^*(u, v) = \infty$, 这时对约束的扰动使得扰动后的问题不可行. 注意到 $p^*(0, 0) = p^*$, 而 p^* 是没有被扰动的问题 (4.1) 的最优解. 粗略地讲, 函数 $p^* : \mathbf{R}^m \times \mathbf{R}^p \to \mathbf{R}$ 给出了约束右端有扰动情况下的最优值.

当原问题是凸问题时, 函数 p^* 是 u 和 v 的凸函数;

4.6.2　一个全局不等式

假设强对偶性成立且对偶问题最优值可以达到. 设 (λ^*, ν^*) 是未被扰动的问题的对偶问题 (4.13) 的最优解, 则对所有的 u 和 v, 有

$$
p^*(u, v) \geqslant p^*(0, 0) - \lambda^{*\mathrm{T}} u - \nu^{*\mathrm{T}} v.
\tag{4.44}
$$

为了建立此不等式, 假设 x 是扰动问题的任意可行解, 即对 $i = 1, \cdots, m$, 有 $f_i(x) \leqslant u_i$, 且对 $i = 1, \cdots, p$, 有 $h_i(x) = v_i$. 根据强对偶性, 有

$$
\begin{aligned}
p^*(0, 0) = g(\lambda^*, \nu^*) &\leqslant f_0(x) + \sum_{i=1}^{m} \lambda_i^* f_i(x) + \sum_{i=1}^{p} \nu_i^* h_i(x) \\
&\leqslant f_0(x) + \lambda^{*\mathrm{T}} u + \nu^{*\mathrm{T}} v.
\end{aligned}
$$

所以, 对扰动问题的任意可行解 x, 有

$$
f_0(x) \geqslant p^*(0, 0) - \lambda^{*\mathrm{T}} u - \nu^{*\mathrm{T}} v,
$$

上式两边对 x 求最小, 便得到 (4.44).

由 (4.44) 可直接得到最优 Lagrange 变量的一些重要结论, 如:

(1) 如果 λ_i^* 比较大, 我们加强第 i 个约束 (即选择 $u_i < 0$), 则最优值 $p^*(u,v)$ 会大幅增加.

(2) 如果 ν_i^* 较大且大于零, 我们选择 $v_i < 0$, 或者如果 ν^* 较大且小于零, 我们选择 $v_i > 0$, 在这两种情况下最优值 $p^*(u,v)$ 会大幅度增加.

(3) 如果 λ_i^* 较小, 我们放松第 i 个约束 $u_i > 0$, 那么最优值 $p^*(u,v)$ 不会减小太多.

(4) 如果 ν_i^* 较小且大于零, $v_i > 0$ 或者如果可较小且小于零, $v_i < 0$, 那么最优值 $p^*(u,v)$ 不会减小太多.

不等式 (4.44) 给出了扰动之后最优值的一个下界, 但是没有给出上界. 因此, 关于放松或者加强一个约束, 上述结论不对称. 例如, 假设 λ_i^* 较大, 我们稍稍放松第 i 个约束 (即选择 u_i 较小且为正数). 在这种情况下, 不等式 (4.44) 发挥不了作用; 无法根据不等式 (4.44) 判断最优值是否会大幅度减小.

不等式 (4.44) 的几何意义: 这是一个具有一个不等式约束的凸问题. 根据不等式 (4.44), 仿射函数 $p^*(0) - \lambda^* u$ 给出了凸函数 p^* 的一个下界.

4.6.3 局部灵敏度分析

假设 $p^*(u,v)$ 在 $u = 0$ 和 $v = 0$ 处可微, 且强对偶性成立, 那么最优对偶变量就是最优值关于约束扰动的局部灵敏度, 而且 λ^*, ν^* 为 p^* 在 $u = 0, v = 0$ 处的梯度:

$$\lambda^* = -\frac{\partial p^*(0,0)}{\partial u_i}, \quad \nu^* = -\frac{\partial p^*(0,0)}{\partial v_i}, \tag{4.45}$$

下面证明这个结论.

假设 $p^*(u,v)$ 可微且强对偶性成立. 对于扰动 $u = te_i, v = 0$, 其中 e_i 是单位向量, 它的第 i 个分量为 1, 有

$$\lim_{t\to 0} \frac{p^*(te_i,0) - p^*}{t} = \frac{\partial p^*(0,0)}{\partial u_i}.$$

根据不等式 (4.44), 当 $t > 0$ 时, 下式成立

$$\frac{p^*(te_i,0) - p^*}{t} \geqslant -\lambda^*,$$

取极限 $t \to 0$, 有

$$\frac{\partial p^*(0,0)}{\partial u_i} \geqslant -\lambda^*,$$

当 $t < 0$ 时有相反的不等式, 因此得出结论

$$\frac{\partial p^*(0,0)}{\partial u_i} = -\lambda^*.$$

利用同样的方法, 可以得到

$$\frac{\partial p^*(0,0)}{\partial v_i} = -\nu^*.$$

因此, 若 $p^*(u,v)$ 在 $u = 0, v = 0$ 处可微, 且强对偶性成立, 那么最优 Lagrange 乘子就是最优值关于约束扰动的局部灵敏度.

　　注释　和不可微的情况不同, 这种解释是对称的: 稍稍加强第 i 个不等式约束 (即选择一数值较小且小于零的 u_i) 会使得 p^* 增加大约 $-\lambda^* u_i$; 稍稍放松第 i 个约束 (即选择一数值较小且大于零的 u_i) 会使得 p^* 减小大约 $-\lambda^* u_i$.

　　局部灵敏度结论 (4.45) 给出了最优解 x^* 附近的约束起作用的一种定量描述. 如果 $f_i(x^*) < 0$, 那么此约束不起作用, 因此可以稍稍加强约束或者放松约束而不影响最优值. 根据互补松弛性, 相应的最优 Lagrange 乘子必然为零. 考虑 $f_i(x^*) = 0$ 的情况, 即第 i 个约束在最优解处起作用. 通过最优 Lagrange 乘子的第 i 个分量可以知道此约束起作用的程度: 如果 λ_i 较小, 则可以稍稍放松或者加强此约束而对最优值没有大的影响; 如果 λ_i^* 较大, 即使稍微放松或者加强此约束, 最优值都会受到很大的影响.

　　影子价格解释　也可以从经济学的角度对式 (4.45) 中的结论给出一个简单的几何解释. 为简单起见, 考虑一个没有等式约束的凸优化问题, 其满足 Slater 条件. 变量 $x \in \mathbf{R}^n$ 描述了公司运营的策略, 目标函数 f_0 是成本, 即 $-f_0$ 是盈利. 每个约束 $f_i(x^*) \leqslant 0$ 描述了一些资源的限制, 如劳动力、钢铁, 或者仓库存储空间. 经过扰动的最优 (负) 成本函数 $p^*(u)$ 可以给出当公司获得的每种资源增加或减少时, 利润将会增加或减少的程度. 如果函数 $-p^*(u)$ 在 $u = 0$ 附近可微, 有

$$\lambda^* = -\frac{\partial p^*(0)}{\partial u_i}.$$

　　所以, λ_i^* 反映了若资源 i 的使用量稍稍增加时, 公司大致可以多获得的利润.

　　从上面的分析可以得知, 在公司可以买卖资源 i 的情况下, λ_i^* 是资源 i 的自然或者平衡价格. 假设公司可以以少于 λ_i^* 的价格买卖资源 i. 在这种情况下, 公司肯定会购买一些资源, 这样增加的利润将会大于购买资源所付出的成本. 反之, 如果资源的价格大于 λ_i^*, 公司将会卖出配给资源 i 的一部分, 这样就会净获利, 因为卖出资源获得的收益将大于因减少资源而减少的利润.

4.7 例　　子

本节通过一些例子说明, 对一个问题进行不同的等价变换会得到很不一样的对偶问题.

1) 引入新的变量以及相应的等式约束

考虑如下无约束问题

$$\min \quad f_0(Ax + b). \tag{4.46}$$

记 $y = Ax + b$, 则 (4.46) 变为如下形式

$$\begin{aligned} \min \quad & f_0(y), \\ \text{s.t.} \quad & Ax + b = y. \end{aligned} \tag{4.47}$$

则 (4.46) 的 Lagrange 函数为

$$L(x, y, \nu) = f_0(y) + \nu^{\mathrm{T}}(Ax + b - y).$$

关于 x 和 y 极小化 L, 得到问题的对偶函数:

$$g(\nu) = b^{\mathrm{T}}\nu + \inf_y \left(f_0(y) - \nu^{\mathrm{T}}y \right) = b^{\mathrm{T}}\nu - f_0^*(\nu),$$

其中 f_0^* 是 f_0 的共轭函数. 所以问题 (4.46) 的对偶问题为

$$\begin{aligned} \max \quad & b^{\mathrm{T}}\nu - f_0^*(\nu), \\ \text{s.t.} \quad & A^{\mathrm{T}}\nu = 0. \end{aligned} \tag{4.48}$$

而因为原问题 (4.46) 是无约束优化问题, 所以没有对偶问题.

例 4.5　无约束几何规划

考虑无约束几何规划问题

$$\min \quad \log\left(\sum_{i=1}^{m} \exp\left(a_i^{\mathrm{T}}x + b_i \right) \right).$$

同上一个例子一样, 通过引入新的变量和等式约束, 得到等价的问题:

$$\begin{aligned} \min \quad & f_0(y) = \log\left(\sum_{i=1}^{m} \exp y_i \right), \\ \text{s.t.} \quad & Ax + b = y, \end{aligned}$$

其中 a_i^{T} 是矩阵 A 的行向量.

已知指数和的对数函数 $f_0(y)$ 的共轭函数为

$$f_0^*(\nu) = \begin{cases} \sum_{i=1}^m \nu_i \log \nu_i, & \nu \geqslant 0, \mathbf{1}^{\mathrm{T}}\nu = 1, \\ \infty, & \text{其他}, \end{cases}$$

因此, 变换后问题的对偶问题为

$$\begin{aligned} \max \quad & b^{\mathrm{T}}\nu - \sum_{i=1}^m \nu_i \log \nu_i, \\ \text{s.t.} \quad & \mathbf{1}^{\mathrm{T}}\nu = 1, \\ & A^{\mathrm{T}}\nu = 0, \\ & \nu \geqslant 0. \end{aligned} \tag{4.49}$$

例 4.6 范数逼近问题

考虑如下无约束范数逼近问题

$$\min \quad \|Ax - b\|, \tag{4.50}$$

其中 $\|\cdot\|$ 是任意范数.

同前面例子一样, 引入变量 y, 问题变为

$$\begin{aligned} \min \quad & \|y\|, \\ \text{s.t.} \quad & Ax - b = y. \end{aligned}$$

由 (4.48), 变换后问题的 Lagrange 对偶问题为

$$\begin{aligned} \max \quad & b^{\mathrm{T}}\nu - \sum_{i=1}^m \nu_i \log \nu_i, \\ \text{s.t.} \quad & \|\nu\|_* \leqslant 1, \\ & A^{\mathrm{T}}\nu = 0, \end{aligned} \tag{4.51}$$

这里用到了范数的共轭函数是对偶范数单位球的示性函数的结论.

例 4.7 考虑问题

$$\begin{aligned} \min \quad & f_0(A_0 x + b_0), \\ \text{s.t.} \quad & f_i(A_i x + b_i) \leqslant 0, \quad i = 1, \cdots, m, \end{aligned} \tag{4.52}$$

其中 $A_i \in \mathbf{R}^{k_i \times n}$, 函数 $f_i : \mathbf{R}^{k_i} \to \mathbf{R}^n$ 是凸函数. 对 $i = 1, \cdots, m$, 引入新的变量 $y_i \in \mathbf{R}^{k_i}$, 将原问题重新写为

$$
\begin{aligned}
&\min \quad f_0(y_0), \\
&\text{s.t.} \quad f_i(y_i) \leqslant 0, \quad i = 1, \cdots, m, \\
&\qquad A_i x + b_i = y_i, \quad i = 1, \cdots, m,
\end{aligned}
\tag{4.53}
$$

此问题的 Lagrange 函数为

$$
L(x, y_0, \cdots, y_m, \lambda, \nu_0, \cdots, \nu_m) = f_0(y_0) + \sum_{i=0}^{m} \lambda_i f_i(y_i) + \sum_{i=0}^{m} \nu_i^{\mathrm{T}} (A_i x + b_i - y_i).
$$

当 $\lambda > 0$, L 关于 x 和 y_i 求极小, 有

$$
\begin{aligned}
g(\lambda, \nu_0, \cdots, \nu_m) &= \sum_{i=0}^{m} \nu_i b_i + \inf_{y_0, \cdots, y_m} \left(f_0(y_0) + \sum_{i=1}^{m} \lambda_i f_i(y_i) - \sum_{i=0}^{m} \nu_i^{\mathrm{T}} y_i \right) \\
&= \sum_{i=0}^{m} \nu_i b_i + \inf_{y_0} (f_0(y_0) - \nu_0^{\mathrm{T}} y_0) + \sum_{i=1}^{m} \lambda_i \inf_{y_i} \left(f_i(y_i) - (\nu_i / \lambda_i)^{\mathrm{T}} y_i \right) \\
&= \sum_{i=0}^{m} \nu_i b_i - f_0^*(\nu_0) - \sum_{i=1}^{m} \lambda_i f_i^*(\nu_i / \lambda_i).
\end{aligned}
$$

最后一个表达式包含了共轭函数的透视函数, 因此关于对偶变量是凹函数. 最后, 考虑当 $\lambda \geqslant 0$, 但一些 λ_i 为零时的情况. 如果 $\lambda_i = 0$ 且 $\nu_i \neq 0$, 那么对偶函数为 $-\infty$. 如果 $\lambda_i = 0$ 且 $\nu_i = 0$, 则包含 y_i, ν_i 以及 λ_i 的项都为零. 因此, 如果当 $\lambda_i = 0$ 以及 $\nu_i = 0$ 时, 取 $\lambda_i f_i^*(\nu_i / \lambda_i) = 0$; 而当 $\lambda_i = 0$ 及 $\nu_i \neq 0$ 时, 取 $\lambda_i f_i^*(\nu_i / \lambda_i) = \infty$, 则 g 的表达式对所有 $\lambda \geqslant 0$ 都是有意义的. 因此, 问题 (4.53) 的对偶问题为

$$
\begin{aligned}
&\max \quad \sum_{i=0}^{m} \nu_i b_i - f_0^*(\nu_0) - \sum_{i=1}^{m} \lambda_i f_i^*(\nu_i / \lambda_i), \\
&\text{s.t.} \quad \lambda \geqslant 0, \\
&\qquad \sum_{i=0}^{m} A_i^{\mathrm{T}} \nu_i = 0.
\end{aligned}
\tag{4.54}
$$

2) 变换目标函数

例 4.8　再次考虑最小范数问题

$$
\min \quad \|Ax - b\|,
$$

如将问题重新写为

$$
\begin{aligned}
&\min \quad (1/2)\|y\|^2, \\
&\text{s.t.} \quad Ax - b = y.
\end{aligned}
$$

显然这个问题和原问题等价.

新问题的对偶问题为

$$
\begin{aligned}
\max \quad & -(1/2)\|\nu\|_*^2 + b^\mathrm{T}\nu,\\
\text{s.t.} \quad & A^\mathrm{T}\nu = 0.
\end{aligned}
$$

这里用到了 $(1/2)\|\cdot\|^2$ 的共轭函数是 $(1/2)\|\cdot\|_*^2$ 的结论. 这里的对偶问题和之前得到的对偶问题形式上不同.

3) 隐式约束

接下来考虑一个简单的重新描述问题的方式, 通过修改目标函数将约束包含到目标函数中.

例 4.9   具有框约束的线性规划问题. 考虑如下线性规划问题

$$
\begin{aligned}
\min \quad & c^\mathrm{T}x,\\
\text{s.t.} \quad & Ax = b,\\
& l \leqslant x \leqslant u,
\end{aligned}
\tag{4.55}
$$

其中 $A \in \mathbf{R}^{p\times n}$ 且 $l < u$. 约束 $l \leqslant x \leqslant u$ 称为框约束或者变量的界.

很容易得到此线性规划问题的对偶问题. 对偶问题中, Lagrange 乘子 ν 对应等式约束, λ_1 对应不等式约束 $x \leqslant u$, 而 λ_2 对应不等式约束 $l \leqslant x$. 对偶问题为

$$
\begin{aligned}
\max \quad & -b^\mathrm{T}\nu - \lambda_1^\mathrm{T}u + \lambda_2^\mathrm{T}l,\\
\text{s.t.} \quad & A^\mathrm{T}\nu + \lambda_1 - \lambda_2 + c = 0,\\
& \lambda_1 \geqslant 0, \quad \lambda_2 \geqslant 0.
\end{aligned}
\tag{4.56}
$$

也可将原问题 (4.55) 等价地写为

$$
\begin{aligned}
\min \quad & f_0(x),\\
\text{s.t.} \quad & Ax = b.
\end{aligned}
\tag{4.57}
$$

其中 $f_0(x)$ 定义为

$$
f_0(x) = \begin{cases} c^\mathrm{T}x, & l \leqslant x \leqslant u,\\ \infty, & \text{其他.} \end{cases}
$$

这里显式描述的框约束以隐式描述的方式放到目标函数中. 问题 (4.57) 的对偶函数为

$$
\begin{aligned}
g(\nu) &= \inf_{l\leqslant x\leqslant u}\left(c^\mathrm{T}x + \nu^\mathrm{T}(Ax-b)\right)\\
&= -b^\mathrm{T}\nu - u^\mathrm{T}\left(A^\mathrm{T}\nu+c\right)^- + l^\mathrm{T}\left(A^\mathrm{T}\nu+c\right)^+,
\end{aligned}
$$

其中 $y_i^+ = \max\{y_i, 0\}, y_i^- = \max\{-y_i, 0\}$. 显然它是一个凹的分片线性函数.

新问题的对偶问题是一个无约束优化问题

$$\max \quad -b^{\mathrm{T}}\nu - u^{\mathrm{T}}(A^{\mathrm{T}}\nu + c)^- + l^{\mathrm{T}}(A^{\mathrm{T}}\nu + c)^+. \tag{4.58}$$

关于本章内容的注释 对偶问题的提出和研究有很长的历史, 可以追溯到 18 世纪末 Lagrange 关于等式约束优化的工作. 线性规划的强对偶性是由 Von Neumann 等首先给出的, Rockafellar 在 [4] 中, 提出了更一般的强对偶性证明. 约束优化问题的一阶最优性条件, 即 KKT 条件, 最早是由 Karush 给出的, Kuhn 和 Tucker 独立得出并首先发表了这一结果. 本章更详细的历史发展介绍, 可参看 [1] 对偶理论一章后的注释, 也可参考 [3].

<h2 style="text-align:center">习 题 4</h2>

4.1 考虑优化问题

$$\min \quad x^2 + 1,$$
$$\text{s.t.} \quad (x-2)(x-4) \leqslant 0.$$

(a) 求出问题的可行集、最优值以及最优解.

(b) 求出问题的 Lagrange 函数和对偶函数.

(c) 写出对偶问题, 证明它是一个凹极大化问题. 求解对偶问题, 此时强对偶性是否成立?

(d) 令 $p^*(u)$ 为如下参数优化问题的最优值

$$\min \quad x^2 + 1,$$
$$\text{s.t.} \quad (x-2)(x-4) \leqslant u,$$

这里 u 是参数. 画出 $p^*(u)$ 的曲线. 证明 $dp^*(0)/du = -\lambda^*$.

4.2 考虑问题

$$\min \quad c^{\mathrm{T}}x,$$
$$\text{s.t.} \quad f(x) \leqslant 0,$$

其中 $c \neq 0$. 利用共轭 f^* 表述对偶问题. 证明对偶问题是凸的.

4.3 考虑不等式形式的线性规划

$$\min \quad c^{\mathrm{T}}x,$$
$$\text{s.t.} \quad Ax \leqslant b,$$

令 $u \in \mathbf{R}_+^m$. 如果 x 是线性规划的可行点, 即 $Ax \leqslant b$, 那么 x 也满足如下不等式

$$w^{\mathrm{T}}Ax \leqslant w^{\mathrm{T}}b.$$

几何上来讲, 对于任意 $w \geqslant 0$, 半空间 $H_w = \{x | w^{\mathrm{T}} Ax \leqslant w^{\mathrm{T}} b\}$ 包含线性规划问题的可行域. 因此, 如果在半空间 H_w 内极小化目标函数 $c^{\mathrm{T}} x$, 会得到 p^* 的一个下界.

(a) 推导在半空间 H_w 内极小化 $c^{\mathrm{T}} x$ 所得到的最小值的表达式.

(b) 在所有 $w \geqslant 0$ 中, 寻找给出最好下界的那个 w, 即对所有的 $w \geqslant 0$ 极大化所给出的下界.

(c) (a) 和 (b) 得到的结果与线性规划的 Lagrange 对偶问题有什么关系?

4.4 求解线性规划问题

$$
\begin{aligned}
\min \quad & c^{\mathrm{T}} x \\
\text{s.t.} \quad & Gx \leqslant h, \\
& Ax = b
\end{aligned}
$$

的对偶函数. 给出对偶问题, 并将隐式等式约束显式表达出来.

4.5 Chebyshev 逼近问题

$$
\min \ ||Ax - b||_\infty, \tag{4.59}
$$

其中 $A \in \mathbf{R}^{m \times n}$ 且 $\mathbf{rank} A = n$. 令 x_{ch} 表示某个最优解.

Chebyshev 问题没有显式解. 记

$$
x_{\mathrm{ls}} = \mathrm{argmin} ||Ax - b||_2 = (A^{\mathrm{T}} A)^{-1} A^{\mathrm{T}} b.
$$

那么解 x_{ch} 对于 Chebyshev 问题的次优程度如何? 讨论 $||Ax_{\mathrm{ls}} - b||_\infty$ 比 $||Ax_{\mathrm{ch}} - b||_\infty$ 大多少?

(a) 证明不等式

$$
||Ax_{\mathrm{ls}} - b||_\infty \leqslant \sqrt{m} ||Ax_{\mathrm{ch}} - b||_\infty.
$$

(b) 推导 Chebyshev 逼近问题的对偶问题

$$
\begin{aligned}
\max \quad & b^{\mathrm{T}} \nu, \\
\text{s.t.} \quad & ||\nu||_1 \leqslant 1, \\
& A^{\mathrm{T}} \nu = 0.
\end{aligned} \tag{4.60}
$$

定义最小二乘的残差为 $r_{\mathrm{ls}} = b - Ax_{\mathrm{ls}}$. 假设 $r_{\mathrm{ls}} \neq 0$, 证明

$$
\hat{\nu} = -r_{\mathrm{ls}} / ||r_{\mathrm{ls}}||_1, \quad \tilde{\nu} = r_{\mathrm{ls}} / ||r_{\mathrm{ls}}||_1
$$

都是问题 (4.60) 的可行解. 根据对偶性, $b^{\mathrm{T}} \hat{\nu}$ 和 $b^{\mathrm{T}} \tilde{\nu}$ 都是 $||Ax_{\mathrm{ch}} - b||_\infty$ 的下界. 哪个解给出的下界更好? 和 (a) 中给出的下界相比呢?

4.6 考虑凸的分片线性极小化问题

$$
\min \ \max_{i=1,\cdots,m} \left(a_i^{\mathrm{T}} x + b_i \right), \tag{4.61}
$$

其中变量 $x \in \mathbf{R}^n$.

(a) 考虑如下等价问题

$$
\begin{aligned}
\min \quad & \max_{i=1,\cdots,m} y_i, \\
\text{s.t.} \quad & a_i^{\mathrm{T}} x + b_i = y_i, \quad i = 1, \cdots, m,
\end{aligned}
$$

基于等价问题的对偶问题, 给出问题 (4.61) 的 Lagrange 对偶问题.

(b) 将分片线性极小化问题 (4.61) 表述为一个线性规划, 推导此线性规划的对偶问题. 讨论这个线性规划对偶问题和 (a) 中得到的对偶问题之间的联系.

(c) 假设采用光滑函数

$$
f_0 = \log\left(\sum_{i=1}^m \exp(a_i^{\mathrm{T}} x + b_i) \right)
$$

逼近式 (4.61) 中的目标函数, 求解无约束几何规划

$$
\min\ \log\left(\sum_{i=1}^m \exp(a_i^{\mathrm{T}} x + b_i) \right). \tag{4.62}
$$

式 (4.50) 给出了上述问题的一个对偶问题. 令 p_{gp}^* 和 p_{gp}^* 分别表示式 (4.61) 和式 (4.62) 的最优解. 证明如下不等式

$$
0 \leqslant p_{\mathrm{gp}}^* - p_{\mathrm{pwl}}^* \leqslant \log m.
$$

(d) 推导 p_{pwl}^* 和优化问题

$$
\min\ (1/\gamma) \log\left(\sum_{i=1}^m \exp(\gamma(a_i^{\mathrm{T}} x + b_i)) \right)
$$

最优值之间差的界, 其中 $\gamma > 0$ 是参数. 如果增大 γ, 将会怎样?

4.7　考虑椭球最小体积的问题, 设椭球的中心在原点, 要求包含点 $a_1, \cdots, a_m \in \mathbf{R}^n$:

$$
\begin{aligned}
\min \quad & f_0(X) = \log\det(X^{-1}), \\
\text{s.t.} \quad & a_i^{\mathrm{T}} X a_i \leqslant 1, \quad i = 1, \cdots, m,
\end{aligned}
$$

其中 $\mathbf{dom} f_0 = \mathbf{S}_{++}^n$. 假设向量 $a_1, \cdots, a_m$ 张成了空间 $\mathbf{R}^n$.

(a) 证明矩阵

$$
X_{\mathrm{sim}} = \left(\sum_{k=1}^m a_k a_k^{\mathrm{T}} \right)^{-1}
$$

可行.

(提示: 先证明

$$
\begin{bmatrix} \sum_{k=1}^m a_k a_k^{\mathrm{T}} & a_i \\ a_i^{\mathrm{T}} & 1 \end{bmatrix} \succeq 0,
$$

然后利用 Schur 补证明, 对任意 $i = 1, \cdots, m$ 有 $a_i^{\mathrm{T}} X a_i \leqslant 1$.)

(b) 通过求解对偶问题

$$\max \quad \log\det\left(\sum_{i=1}^{m}\lambda_i a_i a_i^{\mathrm{T}}\right) - \mathbf{1}^{\mathrm{T}}\lambda + n,$$

$$\text{s.t.} \quad \lambda \geqslant 0$$

给出可行解 X_{sim} 的次优程度的一个界. 对偶问题隐含了约束 $\sum\limits_{i=1}^{m}\lambda_i a_i a_i^{\mathrm{T}} \succ 0$.

为了推导界, 选择形如 $\lambda = t\mathbf{1}$ 的对偶变量, 其中 $t > 0$. 求解 t 的最优值并给出 λ 取相应值时的对偶目标函数值. 在此基础上, 证明椭球 $\{u\,|\,u^{\mathrm{T}}X_{\mathrm{sim}}u \leqslant 1\}$ 的体积不大于最小体积椭球的体积的 $(m/n)^{n/2}$ 倍.

4.8 推导下面优化问题的对偶问题:

(a) $\min \sum\limits_{i=1}^{N}||A_i x + b_i||_2 + (1/2)||x - x_0||_2^2$.

(b) $\min \, -\sum\limits_{i=1}^{m}\log(b_i - a_i^{\mathrm{T}}x)$.

4.9 Bool 线性规划是如下形式的优化问题

$$\min \quad c^{\mathrm{T}}x,$$

$$\text{s.t.} \quad Ax \leqslant b,$$

$$x_i \in \{0,1\}, \quad i = 1, \cdots, n,$$

这是一个 0-1 整数规划问题. 一般来说, 求解十分困难. 考虑这个问题的线性规划松弛

$$\min \quad c^{\mathrm{T}}x,$$

$$\text{s.t.} \quad Ax \leqslant b, \qquad\qquad\qquad\qquad\qquad (4.63)$$

$$0 \leqslant x_i \leqslant 1, \quad i = 1, \cdots, n,$$

而松弛问题容易求解. 显然, 松弛问题的最优值给原 Bool 线性规划的最优值提供了一个下界. 在本题中, 可以推导 Bool 线性规划的另一个下界, 并给出与之前的下界的联系.

(a) Boolean 线性规划可以重新写为如下问题

$$\min \quad c^{\mathrm{T}}x,$$

$$\text{s.t.} \quad Ax \leqslant b,$$

$$x_i(1 - x_i) = 0, \quad i = 1, \cdots, n,$$

求解此问题的 Lagrange 对偶问题. 已经知道, 对偶问题的最优值给出了原 Boolean 线性规划最优值的一个下界. 通过这样的方式求解原问题的最优值的下界称为 Lagrange 松弛.

(b) 证明通过 Lagrange 松弛得到的下界和线性规划松弛 (4.63) 得到的下界是相同的.

4.10 考虑问题

$$\min \quad f_0(x),$$

$$\text{s.t.} \quad Ax = b, \qquad\qquad\qquad\qquad\qquad (4.64)$$

其中 $f_0 : \mathbf{R}^n \to \mathbf{R}$ 是可微凸函数, $A \in \mathbf{R}^{m \times n}$, $\mathrm{rank} A = m$.

在二次罚函数方法中, 引入一个辅助函数

$$\phi(x) = f_0(x) + \alpha \|Ax - b\|_2^2,$$

其中 $\alpha > 0$ 是参数. 罚函数法的思想是: 辅助函数的极小点 $\tilde{x}$ 是原问题的一个近似解. 罚的权值 α 越大, 近似解 $\tilde{x}$ 与原问题的解越接近.

设 $\tilde{x}$ 是 ϕ 的一个最小点. 如何基于 $\tilde{x}$ 找到问题 (4.64) 的一个对偶可行点? 求出由此对偶可行点给出的原问题 (4.64) 最优值的下界.

4.11　考虑问题

$$\begin{aligned}
\min \quad & f_0(x), \\
\mathrm{s.t.} \quad & f_i(x) \leqslant 0, \quad i = 1, \cdots, m,
\end{aligned} \tag{4.65}$$

其中函数 $f_i : \mathbf{R}^n \to \mathbf{R}$ 是可微凸函数. 令 $h_1, \cdots, h_m : \mathbf{R} \to \mathbf{R}$ 为可微增函数, 且是凸的. 证明如下函数

$$\phi(x) = f_0(x) + \sum_{i=1}^m h_i(f_i(x))$$

是凸函数. 设 ϕ 在 $\tilde{x}$ 处取极小值. 如何基于 $\tilde{x}$ 找到问题 (4.65) 的对偶问题的一个可行点? 求出由对偶可行点给出的原问题 (4.65) 最优值的下界.

4.12　考虑鲁棒线性规划

$$\begin{aligned}
\min \quad & c^{\mathrm{T}} x, \\
\mathrm{s.t.} \quad & \sup_{a \in \mathcal{P}_i} a^{\mathrm{T}} x \leqslant b_i, \quad i = 1, \cdots, m,
\end{aligned}$$

$\mathcal{P}_i = \{a | C_i a \leqslant d_i\}$. 此问题的参数为 $c \in \mathbf{R}^n$, $C_i \in \mathbf{R}^{m_i \times n}$, $d_i \in \mathbf{R}^{m_i}$, 以及 $b \in \mathbf{R}^m$. 假设凸多面体 $\mathcal{P}_i$ 非空. 证明此问题和如下线性规划问题等价

$$\begin{aligned}
\min \quad & c^{\mathrm{T}} x, \\
\mathrm{s.t.} \quad & d_i^{\mathrm{T}} z_i \leqslant b_i, \quad i = 1, \cdots, m, \\
& C_i^{\mathrm{T}} z_i = x, \quad i = 1, \cdots, m, \\
& z_i \geqslant 0, \quad i = 1, \cdots, m.
\end{aligned}$$

4.13　设有两个多面体为

$$\mathcal{P}_1 = \{x | Ax \leqslant b\}, \quad \mathcal{P}_2 = \{x | Cx \leqslant d\},$$

寻找向量 $a \in \mathbf{R}^n$ 以及实数 γ 使得下式成立

$$\begin{cases}
a^{\mathrm{T}} x > \gamma, \quad \forall x \in \mathcal{P}_1, \\
a^{\mathrm{T}} x < \gamma, \quad \forall x \in \mathcal{P}_2.
\end{cases}$$

可以假设 $\mathcal{P}_1$ 和 $\mathcal{P}_2$ 不相交. 将这个问题表述成一个线性规划或者线性规划的可行性问题.

(提示: 向量 a 和实数 γ 必须满足

$$\inf_{x\in\mathcal{P}_1} a^{\mathrm{T}}x > \gamma > \sup_{x\in\mathcal{P}_2} a^{\mathrm{T}}x.$$

利用线性规划对偶简化上述条件中的下确界和上确界.)

4.14　定义函数 $f:\mathbf{R}^n\to\mathbf{R}$ 为

$$f(x)=\sum_{i=1}^{r} x_{[i]},$$

其中 r 是 1 到 n 之间的正数, 且 $x_{[1]}\geqslant x_{[2]}\geqslant\cdots\geqslant x_{[r]}$ 是 x 中的元素按降序排列.

这道习题的目的是找到一个更为紧凑的表示.

(a) 给定向量 $x\in\mathbf{R}^n$, 证明函数 $f(x)$ 等于如下线性规划的最优值

$$\begin{aligned}
\min \quad & x^{\mathrm{T}}y,\\
\text{s.t.} \quad & 0\leqslant y\leqslant 1,\\
& \mathbf{1}^{\mathrm{T}}y=r.
\end{aligned}$$

(b) 推导 (a) 中线性规划的对偶问题. 证明其可以表述为

$$\begin{aligned}
\min \quad & rt+\mathbf{1}^{\mathrm{T}}u,\\
\text{s.t.} \quad & t\mathbf{1}+\geqslant x,\\
& u\geqslant 0,
\end{aligned}$$

根据对偶理论, 这个线性规划和 (a) 中的线性规划具有相同的最优值, 即 $f(x)$. 对于给定的 α, 可以得出如下结论: x 满足 $f(x)\leqslant\alpha$, 当且仅当存在 $t\in\mathbf{R}$, $u\in\mathbf{R}^n$ 使得下式成立

$$rt+\mathbf{1}^{\mathrm{T}}u\leqslant\alpha, \quad t\mathbf{1}+u\geqslant x, \quad u\geqslant 0.$$

这些条件构成了 $2n+1$ 个线性不等式, 变量为 x, u, t, 变量个数为 $2n+1$.

(c) 作为一个应用, 考虑对经典的 Markowitz 投资组合优化问题

$$\begin{aligned}
\min \quad & x^{\mathrm{T}}\Sigma x,\\
\text{s.t.} \quad & \bar{p}^{\mathrm{T}}x\geqslant r_{\min},\\
& \mathbf{1}^{\mathrm{T}}x=1, \quad x\geqslant 0
\end{aligned}$$

进行扩展. 变量为投资组合 $x\in\mathbf{R}^n$; $\bar{p}$ 和 Σ 分别是价格变化向量 p 的期望矩阵和协方差矩阵.

假设增加一个多样化约束, 要求投资在任意 10% 的资产上的投资额至多占总投资额的 80%. 此约束可以描述为

$$\sum_{i=1}^{\lfloor 0.1n\rfloor} x_{[i]}\leqslant 0.8.$$

将上述添加了多样化约束的投资组合优化问题表示为一个二次规划问题.

4.15 考虑问题

$$\min \quad -c^{\mathrm{T}}x + \sum_{i=1}^{m} y_i \log y_i,$$

$$\text{s.t.} \quad Px = y,$$

$$x \geqslant 0, \quad \mathbf{1}^{\mathrm{T}}x = 1,$$

其中 $P \in \mathbf{R}^{m \times n}$ 为非负矩阵, 且每列向量元素之和为 1(即 $P^{\mathrm{T}}\mathbf{1} = \mathbf{1}$). 这是信道容量中的一个优化问题. 推导这个问题的对偶问题.

4.16 考虑优化问题

$$\min \quad e^{-x},$$

$$\text{s.t.} \quad x^2/y \leqslant 0,$$

定义域为 $\mathcal{D} = \{(x,y)|y > 0\}$.

(a) 证明这是一个凸优化问题, 并求解其最优值.

(b) 给出 Lagrange 对偶问题, 求解对偶问题的最优解 λ^* 和最优值 d^*. 给出最优对偶间隙.

(c) Slater 条件对此问题是否成立?

(d) 将如下扰动问题的最优值

$$\min \quad e^{-x},$$

$$\text{s.t.} \quad x^2/y \leqslant u$$

表示为 u 的函数 $p^*(u)$. 证明全局灵敏度不等式

$$p^*(u) \geqslant p^*(0) - \lambda^* u$$

不成立.

4.17 证明弱极大极小不等式

$$\sup_{z \in Z} \inf_{w \in W} f(w,z) \leqslant \inf_{w \in W} \sup_{z \in Z} f(w,z)$$

总是成立的. 这里 $f(w,z)$, $W \subseteq \mathbf{R}^n$, $Z \subseteq \mathbf{R}^m$ 是任意的.

4.18 考虑下列二次约束二次规划

$$\min \quad x_1^2 + x_2^2,$$

$$\text{s.t.} \quad (x_1 - 1)^2 + (x_2 - 1)^2 \leqslant 1,$$

$$(x_1 - 1)^2 + (x_2 + 1)^2 \leqslant 1.$$

(a) 画出可行集以及目标函数的水平集. 标出最优点 x^* 以及最优值 p^*.

(b) 给出 KKT 条件. 是否存在 Lagrange 乘子 λ_1^* 和 λ_2^*, 使得 x^* 最优?

(c) 给出并求解 Lagrange 对偶问题. 此时强对偶性是否成立?

4.19　考虑等式约束的最小二乘问题

$$
\begin{aligned}
\min \quad & \|Ax - b\|_2^2, \\
\text{s.t.} \quad & Gx = h,
\end{aligned}
$$

其中 $A \in \mathbf{R}^{m \times n}, \operatorname{rank} A = n, G \in \mathbf{R}^{p \times n}, \operatorname{rank} G = p$.

给出 KKT 条件, 推导原问题最优解 x^* 以及对偶问题最优解 ν^* 的表达式.

4.20　问题

$$
\begin{aligned}
\min \quad & -3x_1^2 + x_2^2 + 2x_3^2 + 2(x_1 + x_2 + x_3), \\
\text{s.t.} \quad & x_1^2 + x_2^2 + x_3^2 = 1
\end{aligned}
$$

不是凸的. 写出问题的 KKT 条件, 找出满足 KKT 条件的所有 x, ν, 并给出最优解.

4.21　考虑优化问题

$$
\begin{aligned}
\min \quad & \operatorname{tr} X - \log \det X, \\
\text{s.t.} \quad & Xs = y,
\end{aligned}
$$

其中变量 $X \in \mathbf{S}^n$, 定义域为 $\mathbf{S}_{++}^n$. y 和 s 是给定的, 且满足 $s^{\mathrm{T}} y = 1$. 推导问题的 KKT 条件, 并证明最优解可以写成下述形式

$$
X^* = I + yy^{\mathrm{T}} - \frac{1}{s^{\mathrm{T}} s} ss^{\mathrm{T}}.
$$

4.22　考虑不等式约束的凸优化问题

$$
\begin{aligned}
\min \quad & f_0(x), \\
\text{s.t.} \quad & f_i(x) \leqslant 0, \quad i = 1, \cdots, m.
\end{aligned}
$$

设 $x^* \in \mathbf{R}^n$ 和 $\lambda^* \in \mathbf{R}^m$ 满足 KKT 条件

$$
\begin{aligned}
& f_i(x^*) \leqslant 0, \quad i = 1, \cdots, m, \\
& \lambda_i^* \geqslant 0, \quad i = 1, \cdots, m, \\
& \lambda_i^* f_i(x^*) = 0, \quad i = 1, \cdots, m, \\
& \nabla f_0(x^*) + \sum_{i=1}^m \lambda_i^* \nabla f_i(x^*) = 0.
\end{aligned}
$$

由此证明, 对任意可行点 x, 有

$$
\nabla f_0(x^*)^{\mathrm{T}}(x - x^*) \geqslant 0.
$$

4.23　令函数 $f_0, f_1, \cdots, f_m : \mathbf{R}^n \to \mathbf{R}$ 为凸函数. 证明函数

$$
p^*(u, v) = \inf\{f_0(x) | \exists x \in \mathcal{D}, \ f_i(x) \leqslant u_i, \ i = 1, \cdots, m, \ Ax - b = v\}
$$

是凸函数. 上述函数是扰动问题的最优值, 是扰动值 u 和 v 的函数.

4.24 考虑原问题

$$
\begin{aligned}
\min \quad & (c+\epsilon d)^{\mathrm{T}} x, \\
\text{s.t.} \quad & Ax \leqslant b+\epsilon f
\end{aligned}
$$

和相应的对偶问题

$$
\begin{aligned}
\max \quad & -(b+\epsilon f)^{\mathrm{T}} z, \\
\text{s.t.} \quad & A^{\mathrm{T}} z + c + \epsilon d = 0, \\
& z \geqslant 0,
\end{aligned}
$$

其中

$$
A = \begin{bmatrix} -4 & 12 & -2 & 1 \\ -17 & 12 & 7 & 11 \\ 1 & 0 & -6 & 1 \\ 3 & 3 & 22 & -1 \\ -11 & 2 & -1 & -8 \end{bmatrix}, \quad b = \begin{bmatrix} 8 \\ 13 \\ -4 \\ 27 \\ -18 \end{bmatrix}, \quad f = \begin{bmatrix} 6 \\ 15 \\ -13 \\ 48 \\ 8 \end{bmatrix},
$$

$c = (49, -34, -50, -5)^{\mathrm{T}}$, $d = (3, 8, 21, 25)^{\mathrm{T}}$, ϵ 是参数.

(a) 证明当 $\epsilon = 0$ 时点 $x^* = (1,1,1,1)$ 是最优解. 证明时构造对偶问题, 找出对偶最优点 z^*, 使其函数值和 x^* 处的函数值相等. 是否还有别的原对偶最优解?

(b) 以 ϵ 为自变量, 在包含 $\epsilon = 0$ 的区间上, 给出最优值 $p^*(\epsilon)$ 的显式表达式. 给出表达式成立的区间范围. 在此区间上, 以 ϵ 为自变量, 给出原问题最优解 $x^*(\epsilon)$ 以及对偶问题最优解 $z^*(\epsilon)$ 的显式表达式.

第 5 章　无约束优化

5.1　无约束优化问题

本章讨论下述无约束优化问题的求解方法

$$\min \quad f(x) \tag{5.1}$$

其中 $f : \mathbf{R}^n \to \mathbf{R}$ 是二次可微凸函数. 我们假定该问题有解, 即存在最优点 x^*. 用 p^* 表示最优值, 即 $p^* = \inf_x f(x) = f(x^*)$.

既然 f 是可微凸函数, 最优点 x^* 应满足下述充要条件

$$\nabla f(x^*) = 0, \tag{5.2}$$

因此, 求解无约束优化问题 (5.1) 等价于求解 n 个变量的 n 个方程 (5.2). 在一些特殊情况下, 可以通过解析求解 (5.2) 确定优化问题 (5.1) 的解, 但一般情况下, 必须采用迭代算法求解方程 (5.2), 即计算一个点列 $x^{(0)}, x^{(1)}, \cdots$, 使得 $k \longrightarrow \infty$ 时, $f(x^{(k)}) \longrightarrow p^*$. 这样的点列被称为优化问题 (5.1) 的极小化点列. 当 $f\left(x^{(k)}\right) - p^* \leqslant \epsilon$ 时算法将终止, 其中 $\epsilon > 0$ 是设定的允许误差值.

本章介绍的方法需要一个适当的**初始点**, 该初始点必须属于 $\mathbf{dom} f$, 并且**下水平集**

$$S = \{x \in \mathbf{dom} f | f(x) \leqslant f(x^{(0)})\} \tag{5.3}$$

必须是闭集. 如果 f 是闭函数, 即它的所有下水平集是闭集, 上述条件对所有的 $x^{(0)} \in \mathbf{dom} f$ 都能满足. 因为 $\mathbf{dom} f = \mathbf{R}^n$ 的连续函数是闭函数, 所以如果 $\mathbf{dom} f = \mathbf{R}^n$, 任何 $x^{(0)}$ 均能满足初始下水平集条件. 另一类重要的闭函数是其定义域为开集的连续函数, 这类 $f(x)$ 将随着 x 趋近 $\mathbf{bd} \, \mathbf{dom} f$ 而趋于无穷.

5.1.1　几个例子

1) 二次优化和最小二乘问题

一般无约束的二次凸优化问题具有下述形式

$$\min \quad \frac{1}{2} x^{\mathrm{T}} P x + q^{\mathrm{T}} x + r, \tag{5.4}$$

其中 $P \in \mathbf{S}_+^n, q \in \mathbf{R}^n, r \in \mathbf{R}$. 这个问题的最优性条件是 $Px^* + q = 0$. 当 $P \succ 0$ 时, 存在唯一解 $x^* = -P^{-1}q$. 若 P 不是正定矩阵, 此时如果 $Px^* = -q$ 有解, 任何解都是优化问题 (5.4) 的最优解; 如果 $Px^* = -q$ 无解, 优化问题 (5.4) 无下界.

二次优化问题的一个特例是最小二乘问题

$$\min \quad ||Ax - b||_2^2,$$

其最优性条件

$$A^{\mathrm{T}}Ax^* = A^{\mathrm{T}}b,$$

被称为最小二乘问题的**正规方程**.

2) 无约束几何规划

作为第二个例子, 考虑凸的无约束几何规划问题

$$\min \quad f(x) = \log \left(\sum_{i=1}^m \exp(a_i^{\mathrm{T}}x + b_i) \right),$$

其最优性条件为

$$\nabla f(x^*) = \frac{1}{\displaystyle\sum_{j=1}^m \exp(a_i^{\mathrm{T}}x^* + b_j)} \sum_{i=1}^m \exp(a_i^{\mathrm{T}}x^* + b_i)a_i = 0.$$

一般情况下该方程组没有解析解, 必须采用迭代算法求解. 由于 $\mathbf{dom}f = \mathbf{R}^n$, 任何点都可以用作初始点 $x^{(0)}$.

3) 线性不等式的解析中心

考虑优化问题

$$\min \quad f(x) = -\sum_{i=1}^m \left(\log(b_i - a_i^{\mathrm{T}}x) \right), \tag{5.5}$$

其中 f 的定义域是开集, 即

$$\mathbf{dom}f = \left\{ x \mid a_i^{\mathrm{T}}x < b_i, i = 1, \cdots, m \right\}.$$

该问题的目标函数 f 被称为不等式 $a_i^{\mathrm{T}}x \leqslant b_i$ 的**对数障碍**. 如果问题 (5.5) 的解存在, 它就称为相应不等式的**解析中心**.

4) 线性矩阵不等式的解析中心

和上述问题密切相关的一个问题是

$$\min \quad f(x) = \log \det F(x)^{-1}, \tag{5.6}$$

其中 $F: \mathbf{R}^n \to \mathbf{S}^p$ 是仿射的, 即

$$F(x) = F_0 + x_1 F_1 + \cdots + x_n + F_n,$$

并且 $F_i \in \mathbf{S}^p$. 这里 f 的定义域是

$$\mathbf{dom} f = \{x | F(x) \succ 0\}.$$

该问题的目标函数 f 被称为线性矩阵不等式 $F(x) \succeq 0$ 的**对数障碍**, 而不等式的解如果存在, 就称为线性矩阵不等式的解析中心.

5.1.2 强凸性及其性质

在本章大部分内容中, 我们都假设目标函数在 S 上是**强凸的**, 这里强凸性是指存在 $m > 0$, 使得

$$\nabla^2 f(x) \succeq mI, \tag{5.7}$$

对任意的 $x \in S$ 都成立.

对于 $x, y \in S$, 有

$$f(y) = f(x) + \nabla f(x)^{\mathrm{T}} (y - x) + \frac{1}{2} (y - x)^{\mathrm{T}} \nabla^2 f(z)(y - x),$$

其中 z 属于线段 $[x, y]$. 于是由强凸性假设 (5.7), 有不等式

$$f(y) \geqslant f(x) + \nabla f(x)^{\mathrm{T}} (y - x) + \frac{m}{2} \|y - x\|_2^2, \tag{5.8}$$

对 S 中任意的 x 和 y 都成立.

当 $m = 0$ 时, 上述定理即为描述凸性的基本不等式; 而当 $m > 0$ 时, 对 $f(y)$ 的下界可以得到比单独利用凸性更好的结果.

显然, 强凸一定凸. 利用强凸性可以得到 $f(x) - p^*$ 的一个界. 对任意固定的 x, 式 (5.8) 的右边是 y 的二次凸函数. 令其关于 y 的梯度等于零, 可以得到该二次函数的最优解 $\tilde{y} = x - (1/m)\nabla f(x)$. 于是有

$$\begin{aligned}
f(y) &\geqslant f(x) + \nabla f(x)^{\mathrm{T}} (y - x) + \frac{m}{2} \|y - x\|_2^2 \\
&\geqslant f(x) + \nabla f(x)^{\mathrm{T}} (\tilde{y} - x) + \frac{m}{2} \|\tilde{y} - x\|_2^2 \\
&= f(x) - \frac{1}{2m} \|\nabla f(x)_2\|.
\end{aligned}$$

既然上式对任意的 $y \in S$ 成立, 则可得到

$$p^* \geqslant f(x) - \frac{1}{2m} \|\nabla f(x)\|_2^2. \tag{5.9}$$

由此可见, 任何梯度足够小的点都是近似最优解. 不等式 (5.9) 是最优性条件 (5.2) 的推广. 由此可得到一个**次优性条件**

$$||\nabla f(x)||_2 \leqslant (2m\epsilon)^{1/2} \Rightarrow f(x) - p^* \leqslant \epsilon. \tag{5.10}$$

对于 x 和任意最优解 x^* 之间的距离 $||x - x^*||$, 也可以建立正比于 $||\nabla f(x)||$ 的上界

$$||x - x^*||_2 \leqslant \frac{2}{m} ||\nabla f(x)||_2. \tag{5.11}$$

将 $y = x^*$ 代入式 (5.8), 得

$$
\begin{aligned}
p^* = f(x^*) &\geqslant f(x) + \nabla f(x)^{\mathrm{T}}(x^* - x) + \frac{m}{2} ||x - x^*||_2^2 \\
&\geqslant f(x) - ||\nabla f(x)||_2 ||x - x^*||_2 + \frac{m}{2} ||x - x^*||_2^2,
\end{aligned}
$$

因为 $p^* \leqslant f(x)$, 所以有

$$-||\nabla f(x)||_2 ||x - x^*||_2 + \frac{m}{2} ||x - x^*||_2^2 \leqslant 0$$

由此直接得到式 (5.12). 从式 (5.12) 可以看出, 最优解 x^* 是唯一的.

关于 $\nabla^2 f(x)$ 的上界 从不等式 (5.8) 可以看出, S 所包含的所有下水平集都有界. 因此, S 本身作为一个下水平集也有界. 由于 $\nabla^2 f(x)$ 的最大特征值是 x 在 S 上的连续函数, 所以它在 S 上有界, 即存在常数 M 使得

$$\nabla^2 f(x) \preceq MI, \tag{5.12}$$

对所有 $x \in S$ 都成立. 由此知, 对任意的 $x, y \in S$,

$$f(y) \leqslant f(x) + \nabla f(x)^{\mathrm{T}}(y - x) + \frac{M}{2} ||y - x||_2^2, \tag{5.13}$$

该式和式 (5.8) 类似. 在上式两边关于 y 求极小, 又可得到

$$p^* \leqslant f(x) - \frac{1}{2M} ||\nabla f(x)||_2^2. \tag{5.14}$$

只有在很少情况下能知道常数 m 和 M 的值, 因此不等式 (5.10) 并不能用作算法停止准则. 我们只能把它视为一个概念上的停止准则; 它表明只要 f 在 x 处的梯度足够小, $f(x)$ 和 p^* 之间的偏差就会很小. 如果我们在 $||\nabla f(x^{(k)})||_2 \leqslant \eta$ 时终止算法, 其中 η 是选定的小于 $(m\epsilon)^{(1/2)}$ 的充分小的数, 那么就得到 $f(x^{(k)}) - p^* \leqslant \epsilon$.

以下几节中要给出几个算法及收敛性证明.

5.2　下　降　方　法

本节描述的算法将按下列方式产生一个点列 $\{x^{(k)}\}$.

$$x^{(k+1)} = x^{(k)} + t^{(k)}\Delta x^{(k)}, \quad k = 0, 1, \cdots,$$

此处 $\Delta x^{(k)}$ 表示 $\mathbf{R}^n$ 中的一个向量, 称为**搜索方向**, 标量 $t^{(k)} \geqslant 0$ 称为第 k 次迭代的**步长**, 而 $k = 0, 1, \cdots$ 表示迭代次数.

本节讨论的方法都是**下降方法**, 只要 $x^{(k)}$ 不是最优点就成立

$$f(x^{(k+1)}) < f(x^{(k)}),$$

由凸性可知, $\nabla f(x^{(k)})^{\mathrm{T}}(y - x^{(k)}) \geqslant 0$ 意味着 $f(y) \geqslant f(x^{(k)})$, 因此一个下降方法中的搜索方向一定满足

$$\nabla f(x^{(k)})^{\mathrm{T}}\Delta x^{(k)} < 0,$$

即它和负梯度方向的夹角是锐角. 我们称这样的方向为 f 在 $x^{(k)}$ 处的**下降方向**.

下降方法由交替进行的两个步骤构成: 确定下降方向 Δx, 选择步长 t. 其一般格式如下.

算法 5.1　一般下降方法

给定: 初始点 $x \in \mathbf{dom}f$.
重复进行下面步骤:
　1. 确定下降方向 Δx;
　2. **线性搜索**: 选择步长 $t > 0$;
　3. **修改**: $x := x + t\Delta x$.
直到满足停止准则.

实用的下降方法均有相同的结构, 但组织方式可能不同. 例如, 一般在计算下降方向 Δx 的同时或之后检验停止准则. 通常采用 $\|\nabla f(x)\|_2 \leqslant \eta$ 作为停止准则, 其中 η 是小正数.

在给定搜索方向后, 求解步长的步骤称为线性搜索. 这一节介绍两种线性搜索方法.

　1) 精确线性搜索
实践中有时采用被称为精确线性搜索的直线搜索方法, 其中 t 是通过沿着射线

$\{x + t\Delta x | t \geqslant 0\}$ 优化 f 而得到

$$t = \mathrm{argmin}_{s \geqslant 0} f(x + s\Delta x). \tag{5.15}$$

当求解式 (5.15) 中的单变量优化问题的花费同计算搜索方向的花费相比比较低时, 适合进行精确线性搜索. 只有在特殊情况下可以用解析方法确定 (5.15) 的最优解.

 2) 回溯线性搜索

 实践中主要采用非精确线性搜索方法: 沿着射线 $\{x + t\Delta x | t \geqslant 0\}$ 近似优化 f 以确定步长, 甚至只要 f 有足够的减少即可. 有多种非精确线性搜索方法, 其中**回溯线性搜索方法**简单且相当有效. 这里介绍两种方法.

算法 5.2 回溯线性搜索

给定 f 在 $x \in \mathbf{dom}f$ 处的下降方向 Δx, 参数 $\alpha \in (0, 0.5)$, $\beta \in (0, 1)$.

 $t := 1$.

如果 $f(x + t\Delta x) > f(x) + \alpha t \nabla f(x)^{\mathrm{T}} \Delta x$, 令 $t := \beta t$, 反复验证该不等式是否成立.

回溯线性搜索从单位步长开始, 按比例逐渐缩小, 直到满足停止条件

$$f(x + t\Delta x) \leqslant f(x) + \alpha t \nabla f(x)^{\mathrm{T}} \Delta x.$$

由于 Δx 是下降方向, $\nabla f(x)^{\mathrm{T}} \Delta x < 0$, 所以只要 t 足够小, 就会有

$$f(x + t \triangle x) < f(x) + \alpha t \nabla f(x)^{\mathrm{T}} \Delta x,$$

因此回溯线性搜索方法有限步后会停止. 常数 α 表示可以接受的 f 的减少量占基于线性外推预测的减少量的比值. 后面会讨论为什么要求 α 小于 0.5.

 图 5.1 对回溯条件进行了说明. 可以看出, 回溯终止不等式 $f(x + t\Delta x) \leqslant f(x) + \alpha t \nabla f(x)^{\mathrm{T}} \Delta x$ 将在区间 $[0, t_0]$ 中的某个 $t \geqslant 0$ 处被满足. 因此, 回溯线性搜索方法停止时步长 t 会满足

$$t = 1 \quad \text{或者} \quad t \in (\beta t_0, t_0].$$

当步长 $t = 1$ 满足回溯条件时, 第一种情况会发生. 特别是, 可以断定, 由回溯线性搜索方法确定的步长满足

$$t \geqslant \min\{1, \beta t_0\}.$$

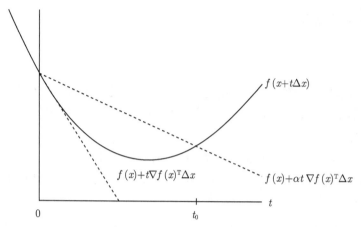

图 5.1   回溯线性搜索. 曲线代表 f 在待搜索直线上的图像. 下面的短划线表示 f 的线性外推, 上面短划线的斜率是下面短划线的 α 倍. 回溯条件是 f 落入上下短划线之间, 即

$$0 \leqslant t \leqslant t_0$$

如果 $\mathbf{dom}f$ 不等于 $\mathbf{R}^n$, 对于回溯线性搜索中的条件 $f(x + t\Delta x) \leqslant f(x) + \alpha t \nabla f(x)^{\mathrm{T}} \Delta x$ 需要进行仔细的解释. 按照约定, f 在其定义域之外等于无穷大, 所以上述不等式意味着 $x + t\Delta x \in \mathbf{dom}f$. 在实际计算中, 首先用 β 乘 t 直到 $x + t\Delta x \in \mathbf{dom}f$; 然后才开始检验不等式 $f(x + t\Delta x) \leqslant f(x) + \alpha t \nabla f(x)^{\mathrm{T}} \Delta x$ 是否成立.

参数 α 的正常取值在 0.01 和 0.3 之间, 表示可以接受的 f 的减少量在基于线性外推预测的减少量的 1% 和 30% 之间. 参数 β 的一般取值在 0.1 和 0.8 之间.

5.3   梯度下降方法

用负梯度作搜索方向, 是一种自然的选择. 这时相应的下降方法被称为**梯度方法**或**梯度下降方法**.

算法 5.3   梯度下降方法

给定 初始点 $x \in \mathbf{dom}f$.

重复进行下面步骤:

    1. $\Delta x := -\nabla f(x)$;

    2. **直线搜索**: 通过精确或回溯线性搜索方法确定步长 t;

    3. **修改**: $x := x + t\Delta x$.

直到满足停止准则.

大部分情况下, 步骤 1 完成后就检验停止条件, 而不是在修改后才检验.

5.3.1 收敛性分析

本节我们分析梯度方法的收敛性. 为书写方便, 用 $x^+ = x + t\Delta x$ 代替 $x^{(k+1)} = x^{(k)} + t^{(k)}\Delta x^{(k)}$, 其中 $\Delta x = -\nabla f(x)$. 假定 f 是 S 上的强凸函数, 于是存在正数 m 和 M 使得

$$mI \preceq \nabla^2 f(x) \preceq MI,$$

对所有 $x \in S$ 成立.

定义 $\tilde{f}: \mathbf{R} \to \mathbf{R}$ 为 $\tilde{f} = f(x - t\nabla f(x))$, 它是 f 在负梯度方向上以步长 t 为变量的函数. 在以下讨论中, 只考虑满足 $x - t\nabla f(x) \in S$ 的 t. 将 $y = x - t\nabla f(x)$ 代入不等式 (5.13), 得

$$\tilde{f}(t) \leqslant f(x) - t\|\nabla f(x)\|_2^2 + \frac{Mt^2}{2}\|\nabla f(x)\|_2^2. \tag{5.16}$$

下面分别讨论采用精确线性搜索和回溯线性搜索时算法的收敛性.

1) 采用精确线性搜索的分析

假定采用精确线性搜索, 在不等式 (5.16) 两边同时关于 t 求最小. 设 t_{exact} 是使 $\tilde{f}$ 最小的步长. 于是从 (5.16) 得

$$f(x^+) = \tilde{f}(t_{\text{exact}}) \leqslant f(x) - \frac{1}{2M}\|\nabla f(x)\|_2^2.$$

从上式两边同时减去 p^*, 得到

$$f(x^+) - p^* \leqslant f(x) - p^* - \frac{1}{2M}\|\nabla f(x)\|_2^2.$$

因为与 $\|\nabla f(x)\|_2^2 \geqslant 2m(f(x) - p^*)$ 所以有

$$f(x^+) - p^* \leqslant (1 - m/M)(f(x) - p^*).$$

重复应用这个不等式, 得

$$f(x^{(k)}) - p^* \leqslant c^k(f(x^{(0)}) - p^*), \tag{5.17}$$

其中 $c = 1 - m/M < 1$. 由此可知当 $k \to \infty$ 时, $f(x^{(k)})$ 收敛于 p^*. 特别是, 至多经过

$$\frac{\log((f(x^{(0)}) - p^*)/\epsilon)}{\log(1/c)} \tag{5.18}$$

次迭代, 可以得到 $f(x^{(k)}) - p^* \leqslant \epsilon$.

以上关于迭代次数的上界, 尽管比较粗糙, 仍然可以揭示梯度方法的一些本质特性. 其中

$$\log((f(x^{(0)}) - p^*)/\epsilon)$$

可以解释为初始误差和终止误差比值的对数. 它表明所需要的迭代次数依赖于初始点的质量和对最终解的精度要求.

上界 (5.18) 的分母 $\log(1/c)$ 是 M/m 的函数, 而后者已经说明是 $\nabla^2 f(x)$ 在 S 上的条件数的上界. 对于较大的条件数的上界 M/m, 有

$$\log(1/c) = -\log(1 - m/M) \approx m/M.$$

因此所需迭代次数的上界将随着 M/m 增大而近似线性地增长.

上界 (5.17) 表明, 误差 $f(x^{(k)}) - p^*$ 将至少像几何数列那样快地收敛于零.

2) 采用回溯线性搜索的分析

下面考虑在梯度下降方法中采用回溯线性搜索的情况. 我们先说明, 只要 $0 \leqslant t \leqslant 1/M$, 就能满足回溯停止条件

$$\tilde{f}(t) \leqslant f(x) - \alpha t \|\nabla f(x)\|_2^2.$$

因为

$$0 \leqslant t \leqslant \frac{1}{M},$$

所以

$$-t + \frac{Mt^2}{2} \leqslant \frac{-t}{2}.$$

由于 $\alpha < 1/2$, 利用上述结果和上界 (5.16), 可得

$$\begin{aligned}
\tilde{f}(t) &\leqslant f(x) - t\|\nabla f(x)\|_2^2 + \frac{Mt^2}{2}\|\nabla(f(x))\|_2^2 \\
&\leqslant f(x) - (t/2)\|\nabla f(x)\|_2^2 \\
&\leqslant f(x) - \alpha t\|\nabla f(x)\|_2^2.
\end{aligned}$$

因此, 回溯线性搜索将终止于 $t = 1$ 或者 $t \geqslant \beta/M$. 这为目标函数的减少提供了一个下界. 在第一种情况下, 有

$$f(x^+) \leqslant f(x) - \alpha\|\nabla f(x)\|_2^2.$$

而在第二种情况下可以得到

$$f(x^+) \leqslant f(x) - (\beta\alpha/M)\|\nabla f(x)\|_2^2.$$

由此得

$$f(x^+) \leqslant f(x) - \min\{\alpha, \beta\alpha/M\}\|\nabla f(x)\|_2^2.$$

对上式两边同时减去 p^*, 可得

$$f(x^+) - p^* \leqslant f(x) - p^* - \min\{\alpha, \beta\alpha/M\}\|\nabla f(x)\|_2^2.$$

又 $\|\nabla f(x)\|_2^2 \geqslant 2m(f(x) - p^*)$, 于是得

$$f(x^+) - p^* \leqslant (1 - \min\{2m\alpha, 2\beta\alpha m/M\})(f(x) - p^*).$$

由此可知

$$f(x^{(k)}) - p^* \leqslant c^k(f(x^{(0)}) - p^*), \quad k = 1, 2, \cdots,$$

其中

$$c = 1 - \min\{2m\alpha, 2\beta\alpha m/M\} < 1.$$

特别是, $f(x^{(k)})$ 将至少像几何数列那样快地收敛于 p^*, 其收敛指数依赖于条件数上界 M/m. 所以, 这种收敛至少是线性的.

5.3.2 几个例子

考虑 $\mathbf{R}^2$ 上的二次目标函数

$$f(x) = \frac{1}{2}(x_2^2 + \gamma x_2^2),$$

其中 $\gamma > 0$. 显然, 最优点是 $x^* = (0,0)^{\mathrm{T}}$, 最优值是 0. 由于 f 的 Hessian 矩阵是常数, 其特征值为 1 和 γ, 因此 f 的所有下水平集的条件数都等于

$$\frac{\max\{1, \gamma\}}{\min\{1, \gamma\}} = \max\{\gamma, 1/\gamma\}.$$

强凸性常数 m 和 M 取为

$$m = \min\{1, \gamma\}, \quad M = \max\{1, \gamma\}.$$

如采用精确线性搜索的梯度下降方法, 选取初始点 $x^{(0)} = (\gamma, 1)$. 容易得到

$$x_1^{(k)} = \gamma\left(\frac{\gamma - 1}{\gamma + 1}\right)^k, \quad x_2^{(k)} = \left(-\frac{\gamma - 1}{\gamma + 1}\right)^k$$

和

$$f(x^{(k)}) = \frac{\gamma(\gamma + 1)}{2}\left(\frac{\gamma - 1}{\gamma + 1}\right)^{2k} = \left(\frac{\gamma - 1}{\gamma + 1}\right)^{2k} f\left(x^{(0)}\right).$$

图 5.2 显示了 $\gamma = 10$ 的情况.

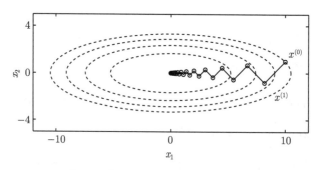

图 5.2 函数 $f(x) = (1/2)(x_1^2 + 10x_2^2)$ 的一些等值线. 所有下水平集均是椭球, 其条件数都等于 10. 图形显示了从 $x^{(0)} = (10, 1)^{\mathrm{T}}$ 开始, 采用精确线性搜索的梯度方法的迭代过程

对于这个简单的例子, 收敛性是精确线性的, 即误差是一个精确的几何数列. 每次迭代的收敛因子为 $|(\gamma - 1)/(\gamma + 1)|^2$. 对于 $\gamma = 1$, 一次迭代就可以得到精确解; 对于 γ 离 1 不远的情况 (比如在 1/3 和 3 之间), 收敛速度很快. 如果 $\gamma \gg 1$ 或 $\gamma \ll 1$, 收敛速度将会很慢.

我们可以将实际收敛情况和 5.3.1 节导出的上界进行比较. 如取 $m = \min\{1, \gamma\}$ 和 $M = \max\{1, \gamma\}$, 上界 (5.17) 保证每次迭代均能使误差收缩 $c = (1 - m/M)$ 倍. 而实际情况是每次迭代使误差收缩的倍数为

$$\left(\frac{1 - m/M}{1 + m/M} \right)^2.$$

对于小的 m/M, 对应于大的条件数, 上界 (5.18) 表明达到给定精度所需要的迭代次数至多如 M/m 一样增长. 对于这个例子, 准确的所需迭代次数大约如 $(M/m)/4$ 一样增长, 这仅相当于上界的四分之一. 这表明, 对这个例子, 通过简单分析导出的迭代次数的上界还是比较保守的, 即还有很大的改进空间.

下面讨论 $\mathbf{R}^2$ 中的一个非二次型求极小的例子, 其中

$$f(x_1, x_2) = e^{x_1 + 3x_2 - 0.1} + e^{x_1 - 3x_2 - 0.1} + e^{-x_1 - 0.1}. \tag{5.19}$$

采用回溯线性搜索的梯度方法, 选取 $\alpha = 0.1, \beta = 0.7$. 图 5.3 显示了 f 的一些等值曲线, 以及由梯度方法产生的迭代点 $x^{(k)}$(用小圆圈表示). 连续相邻点的线段表示步径

$$x^{(k+1)} - x^{(k)} = -t^{(k)} \nabla f(x^{(k)}).$$

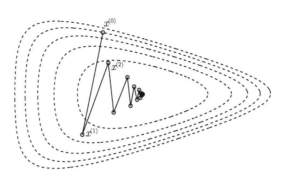

图 5.3 用回溯线性搜索的梯度方法优化 $\mathbf{R}^2$ 空间中式 (5.19) 给出的目标函数 f 的迭代过程. 短画曲线表示 f 的等值线, 小圆圈是梯度方法的迭代点. 连接相邻点的实线表示前后两点的差

   图 5.4 显示误差 $f(x^{(k)}) - p^*$ 和迭代次数 k 之间的关系. 图像显示误差类似于几何数列收敛于零, 即近似线性收敛. 本例中, 经过 20 次迭代误差大约从 10 减少到 10^{-7}, 因此每次迭代的收缩因子约为 $10^{-8/20} \approx 0.4$. 这种较快的收敛和收敛分析预测的结果相吻合, 由于 f 的下水平集条件数不太坏, 所以可选择不太大的 M/m.

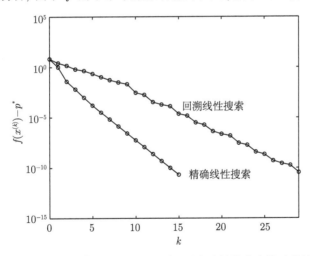

图 5.4 对于式 (6.19) 给出的 $\mathbf{R}^2$ 空间中的 f, 采用回溯线性搜索和精确线性搜索的梯度方法所产生的误差 $f(x^{(k)}) - p^*$ 和迭代次数 k 之间的关系. 图像显示收敛近似线性, 其中回溯线性搜索每次迭代缩因子约为 0.4, 而精确线性搜索相应因子约为 0.2

   为了和回溯线性搜索方法相比, 采用精确线性搜索的梯度方法从同样的初始点开始解决同样的问题. 相应结果在图 5.5 和图 5.4 中给出. 可以看出精确线性搜索方法也是近似线性收敛, 收敛速度大约是回溯线性搜索方法的 2 倍. 通过 15 次迭代误差减少到大约 10^{-11}, 每次迭代的收缩因子约为 $10^{-11/15} \approx 0.2$.

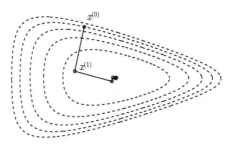

图 5.5   采用精确线性搜索的梯度方法优化 $\mathbf{R}^2$ 空间中式 (6.20) 给出的 f 的迭代过程

下面考虑一个较大规模的问题,

$$\min \quad f(x) = c^{\mathrm{T}}x - \sum_{i=1}^{m} \log(b_i - a_i^{\mathrm{T}}x), \tag{5.20}$$

其中项数 $m = 500$, 变量维数 $n = 100$.

采用回溯线性搜索的梯度方法, 选取参数 $\alpha = 0.1, \beta = 0.5$, 图 5.6 给出了收敛过程. 对这个例子可以看见, 最初的 20 次迭代以较快的近似线性速度收敛, 随后的收敛仍然近似线性, 但速度较慢. 总体上, 经过约 175 次迭代误差减少到大约 10^{-6}, 平均每次迭代的收缩因子约等于 $10^{-6/175} \approx 0.92$. 其中最初 20 次迭代平均每次收缩因子约为 0.8; 此后较慢的收敛过程平均每次迭代的收缩因子约为 0.94.

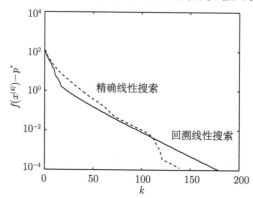

图 5.6   对 $\mathbf{R}^{100}$ 空间的一个目标函数, 分别采用回溯线性搜索和精确线性搜索的梯度优化方法所产生的误差 $f(x^{(k)}) - p^*$ 和迭代次数 k 之间的关系

图 5.6 也显示了用精确线性搜索的梯度方法的收敛过程. 收敛速度仍然近似线性, 总体上平均每次迭代的收缩因子约等于 $10^{-6/140} \approx 0.91$. 只比回溯线性搜索方法快一点.

最后, 改变回溯线性搜索的参数 α 和 β, 通过确定满足 $f(x^{(k)}) - p^* \leqslant 10^{-5}$ 所需要的迭代次数来考察这些参数对收敛速度的影响. 在第一个试验中, 固定 $\beta = 0.5$,

将 α 从 0.05 变到 0.5. 所需迭代次数从大约 80 (对应于 $0.2 \sim 0.5$ 内的 α 值) 变动到 170 左右 (对应于较小的 α 值). 这个试验表明, 选取较大的 $0.2 \sim 0.5$ 内的 α 值, 相应的梯度方法能够产生较好的结果.

5.3.3 结论

根据理论分析和数值例子, 我们可以得到以下结论.

(1) 梯度方法通常呈现近似线性收敛性质, 即误差 $f(x^{(k)}) - p^*$ 以类似于几何数列收敛的方式收敛于零.

(2) 回溯参数 α 和 β 的取值对收敛性有明显的影响.

(3) 收敛速度大大依赖于 Hessian 矩阵的条件数. 即使问题的条件数不是太坏 (比如条件数等于 100), 收敛速度也可能很慢. 如果条件数很大 (比如等于 1000 或更大), 梯度方法就失去了实用价值.

梯度方法的主要优势是比较简单, 主要缺陷是其收敛速度大大地依赖于 Hessian 矩阵的条件数.

注: 梯度法一般也称为最速下降方法, 可以对这时的下降方向从范数角度做进一步讨论。我们知道,

$$\min_{\|d\|_2=1} \nabla f(x)^\top d$$

的解是 $d^* = -\nabla f(x)/\|\nabla f(x)\|_2$.

所以梯度法中的下降方法与这个问题的解方向一致. 但如果从范数角度来考虑, 在这个问题中, 可以取其他范数, 比如 $\|\cdot\|_1, \|\cdot\|_\infty$ 代替 2- 范数 $\|\cdot\|_2$. 这时也容易求得相应的解, 把这个解作为下降方向, 就可得到不同于梯度法的下降方法. 类似于梯度法的收敛性分析, 可以得到相应算法的收敛性结果. 从理论上来看, 这时的下降方法与梯度法没多少区别, 但对不同的问题, 它们的收敛性态可能会有很大差别.

5.4 二块凸优化模型的梯度型算法

在之前的章节中, 都假设凸优化问题目标函数连续可微, 这一节讨论一类特殊的无约束凸优化问题, 它的目标函数由一个连续可微的凸函数和一个可能不连续或不是处处可微的凸函数构成. 记这类问题为 (M), 这一节讨论求解 (M) 的一类梯度型算法.

5.4.1 问题模型

首先给出**次梯度**(subgradient) 的定义, 设 $f(x)$ 是一个定义在实数轴上的开区

间内实变量凸函数. 这种函数不一定是处处可导的, 例如, 绝对值函数 $f(x) = |x|$. 对于定义域中的任何 x_0, 总可以作出一条直线, 它通过点 $(x_0, f(x_0))$, 并且要么接触 f 的图像, 要么在它的下方. 这条直线的斜率称为函数的次导数. 可以证明, 在点 x_0 的次导数的集合是一个非空闭区间, 所有次导数的集合 $[a,b]$ 称为函数 f 在 x_0 的次微分.

次微分有两条基本性质:

(1) 凸函数在 x_0 可导, 当且仅当次微分只由一个点组成, 这个点就是函数在 x_0 的导数.

(2) x_0 是凸函数 f 的最小值点, 当且仅当次微分中包含原点.

次导数和次微分的概念可以推广到多元函数. 设 $f(x)$ 是一个定义在 $\mathbf{R}^n$ 中凸集上的实变量凸函数, 若对所有定义域凸集 U 内的 x, 都有

$$f(x) - f(x_0) \geqslant v^{\mathrm{T}}(x - x_0),$$

则 v 称为函数在点 x_0 的次梯度. 和一元情况一样, 所有次梯度的集合称为次微分, 记为 $\partial f(x_0)$. 次微分是非空的凸紧集.

考虑如下的一般优化模型:

$$(M)\quad \min\{F(x) = f(x) + g(x) : x \in \mathbf{R}^n\},$$

其中

(1) $\mathbf{R}^n$ 是有限维 Euclid 空间, 定义了内积 $\langle\cdot,\cdot\rangle$ 和范数 $\|\cdot\| = \langle\cdot,\cdot\rangle^{1/2}$.

(2) $g : \mathbf{R}^n \to (-\infty, \infty)$ 是正闭凸函数 (proper closed and convex function), 并且假设它在 $\mathbf{dom}(g)$ 上次可微 (subdifferentiable).

(3) $f : \mathbf{R}^n \to (-\infty, \infty)$ 连续可微.

模型 (M) 已经足够表示一般的光滑或非光滑的凸或非凸最小化问题. 下面给出一些例子.

凸最小化问题

选择 $f \equiv 0$ 和 $g = h_0 + \delta_C$, 其中 $h_0 : \mathbf{R}^n \to (-\infty, \infty)$ 是一个凸函数 (可能不光滑), δ_C 是如下定义的示性函数:

$$\delta_C(x) = \begin{cases} 0, & x \in C, \\ \infty, & x \notin C, \end{cases}$$

其中 $C \subseteq \mathbf{R}^n$ 是一个闭凸集. 则 (M) 就化简为一般的凸优化问题

$$\min\{h_0(x) : x \in C\}.$$

特别地, 如果 C 是由凸不等式约束定义的, 即

$$C = \{x \in \mathbf{R}^n : h_i(x) \leqslant 0, i = 1, \cdots, m\},$$

其中 h_i 是 $\mathbf{R}^n$ 上的正闭凸函数, 则得到下面不等式约束优化问题:

$$\min\{h_0(x) : h_i(x) \leqslant 0\}.$$

光滑带约束最小化问题

令 $g = \delta_C, C \subseteq \mathbf{R}^n$ 是一个闭凸集. 则 (M) 化为光滑函数在 C 上的最小化问题, 即

$$\min\{f(x) : x \in C\}.$$

很多实际问题, 比如信号恢复问题常常可以建模成 (M) 的形式. 在这一节后面的讨论中, 如果没有特别说明, 都假设 f 和 g 是 $\mathbf{R}^n$ 上的凸函数.

5.4.2 临近梯度方法

在这一小节中, 我们分别从构造目标函数的适当逼近和对最优性条件应用不动点理论的角度, 来推导临近梯度 (proximal gradient) 算法.

(M) 的二次逼近模型

首先考虑最简单的无约束最小化问题, 假设 f 在 $\mathbf{R}^n$ 上连续可微, $g \equiv 0$:

$$(U) \quad \min\{f(x) : x \in \mathbf{R}^n\}.$$

前面我们已经知道基本的梯度方法通过如下迭代格式产生点列 $\{x_k\}$:

$$x_0 \in \mathbf{R}^n, \quad x_k = x_{k-1} - t_k \nabla f(x_{k-1}), \quad \forall k \geqslant 1, \tag{5.21}$$

其中 $t_k > 0$ 是一个适当的步长. 直观的解释是梯度方法每次迭代沿负梯度方向, 也即 "最速下降方向" 走一步. 但是这种解释不能直接推广到模型 (M) 上. 另一种简单的想法是, 用目标函数的一个合理的逼近代替 (U) 中的 f, 考虑如下二次模型,

$$q_t(x,y) := f(y) + \langle x - y, \nabla f(y) \rangle + \frac{1}{2t}\|x - y\|^2, \tag{5.22}$$

这个二次模型是 f 在点 y 的线性部分通过一个二次临近项 (quadratic proximal term) 正则化得到的, 这个正则项度量了逼近的 "局部误差". 由此得到了 (U) 的一个强凸逼近最小化问题:

$$(\hat{U}_t) \quad \min\{q_t(x,y) : x \in \mathbf{R}^n\}.$$

对一个给定的 $y := x_{k-1} \in \mathbf{R}^n$, $(\hat{U}_{t_k})$ 的唯一最小解 x_k 是

$$x_k = \operatorname{argmin}\{q_{t_k}(x, x_{k-1}) : x \in \mathbf{R}^n\},$$

产生了和 (5.21) 一样的迭代格式.

经过简单的代数计算, (5.22) 可以写成如下形式:

$$q_t(x, y) = \frac{1}{2t}\|x - (y - t\nabla f(y))\|^2 - \frac{t}{2}\|\nabla f(y)\|^2 + f(y) \tag{5.23}$$

由上面的等式, 可以从无约束最小化问题 (U) 过渡到如下带约束模型 (P) 的近似模型

$$(P) \quad \min\{f(x) : x \in C\},$$

其中 $C \subseteq \mathbf{R}^n$ 是一个闭凸集. 忽略 (5.23) 中的常数项, 得到如下求解 (P) 的迭代格式:

$$x_k = \operatorname*{argmin}_{x \in C} \frac{1}{2}\|x - (x_{k-1} - t_k\nabla f(x_{k-1}))\|^2, \tag{5.24}$$

即投影梯度法:

$$x_k = \Pi_C(x_{k-1} - t_k\nabla f(x_{k-1})),$$

这里 Π_C 表示正交投影算子, 定义为

$$\Pi_C(x) = \operatorname*{argmin}_{z \in C}\|z - x\|^2.$$

回到一般的模型 (M), 考虑用下面的近似来代替 $f(x) + g(x)$:

$$q(x, y) = f(y) + \langle x - y, \nabla f(y)\rangle + \frac{1}{2t}\|x - y\|^2 + g(x).$$

在上式中, 保持 $g(\cdot)$ 不动.

和之前的迭代框架保持一致, 相应地有

$$x_k = \operatorname*{argmin}_{x \in \mathbf{R}^n}\left\{g(x) + \frac{1}{2t_k}\|x - (x_{k-1} - t_k\nabla f(x_{k-1}))\|^2\right\}. \tag{5.25}$$

事实上, 由此导出了通过临近算子表示的方法. 对任意 $t > 0$, 关于 g 的临近映射定义为

$$\operatorname{prox}_t(g)(z) = \operatorname*{argmin}_{u \in \mathbf{R}^n}\left\{g(u) + \frac{1}{2t}\|u - z\|\right\}. \tag{5.26}$$

(5.25) 可以写成

$$x_k = \operatorname{prox}_{t_k}(g)(x_{k-1} - t_k\nabla f(x_{k-1})). \tag{5.27}$$

称为临近梯度算法.

不动点方法

考虑非凸非光滑模型 (M). 如果 $x^* \in \mathbf{R}^n$ 是 (M) 的一个局部极小解, 则它是 (M) 的一个驻点, 即满足

$$0 \in \nabla f(x^*) + \partial g(x^*), \tag{5.28}$$

其中 $\partial g(\cdot)$ 是 g 的次梯度. 如果 f 也是凸的, 则 (5.28) 是 x^* 为 (M) 的全局最小解的充分必要条件.

对任意 $t > 0$, (5.28) 成立当且仅当下列等价命题成立:

$$0 \in t\nabla f(x^*) + t\partial g(x^*),$$
$$0 \in t\nabla f(x^*) - x^* + x^* + t\partial g(x^*),$$
$$(I + t\partial g)(x^*) \in (I - t\nabla f)(x^*),$$
$$x^* = (I + t\partial g)^{-1}(I - t\nabla f)(x^*),$$

最后一个关系式是由临近映射的性质得到的 (参考引理 5.1 的说明). 由最后一个等式自然地得到产生点列 $\{x_k\}$ 的不动点方法:

$$x_0 \in \mathbf{R}^n, \quad x_k = (I + t_k\partial g)^{-1}(I - t_k\nabla f)(x_{k-1}) \quad (t_k > 0). \tag{5.29}$$

又 $(I + t_k\partial g)^{-1} = \text{prox}_{t_k}(g)$, 所以 (5.29) 就是临近梯度方法.

5.4.3 算法和收敛性

临近梯度算法

经过上面的讨论, 我们给出采用固定步长和回溯搜索步长的临近梯度算法. 这里假设 f 和 g 都是凸函数. 如果 ∇f 的 Lipschitz 常数 $L(f) > 0$ 已知, 可以定义采用固定步长的临近梯度算法.

算法 5.5　采用固定步长的临近梯度算法

输入: $L = L(f) - \nabla f$ 的 Lipschitz 常数.
给定: 初始点 $x \in \mathbf{R}^n$.
第 k 步$(k \geqslant 1)$: 计算

$$x_k = p_L(x_{k-1}).$$

上述算法的一个缺点是, $L(f)$ 一般是不知道的或者计算困难, 因此建议使用带回溯步长的临近梯度算法.

算法 5.6　采用回溯步长的临近梯度算法

给定 $L_0 \geqslant 0$, $\eta > 1$, 初始点 $x \in \mathbf{R}^n$.
第 k 步 $(k \geqslant 1)$ 找到最小的非负整数 i_k, 记 $\bar{L} = \eta^{i_k} L_{k-1}$, 使得

$$F(p_{\bar{L}}(x_{k-1})) \leqslant Q_{\bar{L}}(p_{\bar{L}}(x_{k-1}, x_{k-1})). \tag{5.30}$$

令 $L_k = \eta^{i_k} L_{k-1}$, 计算

$$x_k = p_{L_k}(x_{k-1}). \tag{5.31}$$

　　注 5.1　临近梯度算法不管是采用固定步长还是回溯步长, 所产生的函数值序列 $\{F(x_k)\}$ 都是非增的. 对任意 $k \geqslant 1$:

$$F(x_k) \leqslant Q_{L_k}(x_k, x_{k-1}) \leqslant Q_{L_k}(x_{k-1}, x_{k-1}) = F(x_{k-1}).$$

　　注 5.2　由于 (5.30) 对 $\bar{L} \geqslant L(f)$ 成立 (证明见下面引理 5.2), 则如果临近梯度算法采用回溯步长策略, 对任意 $k \geqslant 1$ 有 $L_k \leqslant \eta L(f)$. 因此下式成立:

$$\beta L(f) \leqslant L_k \leqslant \alpha L(f), \tag{5.32}$$

其中对固定步长, $\alpha = \beta = 1$; 对采用回溯步长的情况, $\alpha = \eta$, $\beta = \dfrac{L_0}{L(f)}$.

　　下面证明求解凸模型 (M) 的临近梯度算法具有 $O\left(\dfrac{1}{k}\right)$ 的收敛率. 假设 (M) 存在最优解 x^*, 且令 $F_* = F(x^*)$.
　　定义

$$Q_L(x, y) := f(y) + \langle x - y, \nabla f(y) \rangle + \frac{L}{2} \|x - y\|^2 + g(x)$$

和

$$p_L^{f,g}(y) := \operatorname{argmin}\{Q_L(x, y) : x \in \mathbf{R}^n\}.$$

和 (5.25) 一样有

$$\begin{aligned}
p_L^{f,g}(y) &= \operatorname*{argmin}_{x \in \mathbf{R}^n} \left\{ g(x) + \frac{L}{2} \left\| x - \left(y - \frac{1}{L} \nabla f(y) \right) \right\|^2 \right\} \\
&= \operatorname{prox}_{\frac{1}{L}}(g) \left(y - \frac{1}{L} \nabla f(y) \right).
\end{aligned} \tag{5.33}$$

称 $p_L^{f,g}(y)$ 为关于 f 和 g 的 **prox-grad 映射**, 简记为 p_L. 首先给出 Moreau 临近映射的一些基本性质.

引理 5.1 令 $g : \mathbf{R}^n \to (-\infty, \infty]$ 为一个正闭凸函数, 对任意 $t > 0$, 令

$$g_t(z) = \min_u \left\{ g(u) + \frac{1}{2t}\|u - z\|^2 \right\}. \tag{5.34}$$

则:

(1) (5.34) 的最小值在唯一临近点 $\mathrm{prox}_t(g)(z)$ 处达到. 因此, $(I + t\partial g)^{-1}$ 是从 $\mathbf{R}^n$ 到 $\mathbf{R}^n$ 的单值映射, 且有

$$\mathrm{prox}_t(g)(z) = (I + t\partial g)^{-1}(z), \quad \forall z \in \mathbf{R}^n.$$

(2) $g_t(\cdot)$ 是 $\mathbf{R}^n$ 上的连续可微函数, 并且具有 $\frac{1}{t}$-Lipschitz 梯度:

$$\nabla g_t(z) = \frac{1}{t}(I - \mathrm{prox}_t(g)(z)), \quad \forall z \in \mathbf{R}^n.$$

特别地, 如果 $g \equiv \delta_C$, $C \subseteq \mathbf{R}^n$ 是闭凸集, 则 $\mathrm{prox}_t(g) = (I + t\partial g)^{-1} = \Pi_C$,

$$g_t(z) = \frac{1}{2t}\|z - \Pi_C(z)\|^2.$$

一些基本不等式 为了分析临近梯度方法的收敛性和复杂度, 先给出一些关键的不等式. 在后面的分析中, 假设 ∇f 在 $\mathbf{R}^n$ 上是 Lipschitz 的, 即存在 $L(f) > 0$ 满足

$$\|\nabla f(x) - \nabla f(y)\| \leqslant L(f)\|x - y\|, \quad \forall x, y \in \mathbf{R}^n.$$

为方面起见, 记这样的 f 是 $C_{L(f)}^{1,1}$ 的.

引理 5.2 (Descent 引理) 令 $f : \mathbf{R}^n \to (-\infty, \infty)$ 是 $C_{L(f)}^{1,1}$ 的, 则对任意 $L \geqslant L(f)$,

$$f(x) \leqslant f(y) + \langle x - y, \nabla f(y) \rangle + \frac{L}{2}\|x - y\|^2, \quad \forall x, y \in \mathbf{R}^n.$$

下面引理给出了 prox-grad 映射的一个重要不等式, 它可以用来刻画 $p_L(\cdot)$. 对函数 f 定义

$$l_f(x, y) := f(x) - f(y) - \langle x - y, \nabla f(y) \rangle.$$

引理 5.3 令 $\xi = \mathrm{prox}_t(g)(z), z \in \mathbf{R}^n, t > 0$. 则

$$2t(g(\xi) - g(u)) \leqslant \|u - z\|^2 - \|u - \xi\|^2 - \|\xi - z\|^2, \quad \forall u \in \mathrm{dom}\, g.$$

证明 由 ξ 的定义有

$$\xi = \operatorname*{argmin}_u \left\{ g(u) + \frac{1}{2t}\|u - z\|^2 \right\}.$$

上述最小化问题的最优性条件为

$$\langle u - \xi, \xi - z + t\gamma \rangle \geqslant 0, \quad \forall u \in \mathrm{dom} g, \tag{5.35}$$

其中 $\gamma \in \partial g(\xi)$. 由 g 是凸的, 有

$$g(\xi) - g(u) \leqslant \langle \xi - u, \gamma \rangle,$$

又 $t > 0$, 所以可得

$$2t(g(\xi) - g(u)) \leqslant 2 \langle u - \xi, \xi - z \rangle,$$

又由下面的等式:

$$2 \langle u - \xi, \xi - z \rangle = \|u - z\|^2 - \|u - \xi\|^2 - \|\xi - z\|^2. \tag{5.36}$$

定理得证.

由于 $p_L(y) = \mathrm{prox}_{\frac{1}{L}}(g) \left(y - \dfrac{1}{L} \nabla f(y) \right)$, 现在得到了一个关于 p_L 的有用刻画. 对任意 $y \in \mathbf{R}^n$:

$$\xi_L(y) := y - \frac{1}{L} \nabla f(y). \tag{5.37}$$

引理 5.4   对任意 $x \in \mathbf{dom} g, y \in \mathbf{R}^n$, **prox-grad**映射 p_L 满足

$$\frac{2}{L} [g(p_L(y)) - g(x)] \leqslant \|x - \xi_L(y)\|^2 - \|x - p_L(y)\|^2 - \|p_L(y) - \xi_L(y)\|^2. \tag{5.38}$$

证明   在引理 5.3 中, 令 $t = \dfrac{1}{L}, \xi = p_L(y), z = \xi_L(y) = y - \dfrac{1}{L} \nabla f(y)$.

引理 5.5   令 $x \in \mathbf{dom} g, y \in \mathbf{R}^n$, 设 $L > 0$ 满足

$$F(p_L(y)) \leqslant Q(p_L(y), y). \tag{5.39}$$

则

$$\frac{2}{L} (F(x) - F(p_L(y))) \geqslant \frac{2}{L} l_f(x, y) + \|x - p_L(y)\|^2 - \|x - y\|^2.$$

如果 f 是凸函数, 则 $\dfrac{2}{L} (F(x) - F(p_L(y))) \geqslant \|x - p_L(y)\|^2 - \|x - y\|^2$.

证明   由

$$p_L(y) = \underset{x}{\mathrm{argmin}} Q_L(x, y)$$

和 $Q_L(\cdot, \cdot)$ 的定义, 有

$$Q(p_L(y), y) = f(y) + \langle p_L(y) - y, \nabla f(y) \rangle + \frac{L}{2} \|p_L(y) - y\|^2 + g(p_L(y)).$$

因此由 (5.39) 可得

$$
\begin{aligned}
F(x) - F(p_L(y)) \geqslant & F(x) - Q_L(p_L(y), y) \\
= & f(x) - f(y) - \langle p_L(y) - y, \nabla f(y) \rangle \\
& - \frac{L}{2} \| p_L(y) - y \|^2 + g(x) - g(p_L(y)) \\
= & l_f(x, y) + \langle x - p_{(y)}, \nabla f(y) \rangle \\
& - \frac{L}{2} \| p_L(y) - y \|^2 + g(x) - g(p_L(y)).
\end{aligned}
$$

又由引理 5.4 和 (5.36) 有

$$
\frac{2}{L}(g(x) - g(p_L(y))) \geqslant 2 \langle x - p_L(y), \xi_L(y) - p_L(y) \rangle,
$$

代入上述不等式得到

$$
\begin{aligned}
\frac{2}{L}(F(x) - F(p_L(y))) & \geqslant \frac{2}{L} l_f(x, y) + 2 \langle x - p_L(y), y - p_L(y) \rangle - \| p_L(y) - y \|^2 \\
& = \frac{2}{L} l_f(x, y) + \| p_L(y) - y \|^2 + 2 \langle x - y, p_L(y) - y \rangle \\
& = \frac{2}{L} l_f(x, y) + \| x - p_L(y) \|^2 - \| x - y \|^2,
\end{aligned}
$$

当 f 是凸函数时, 显然 $l_f(x, y) \geqslant 0$, 引理得证.

现在我们可以来证明临近梯度算法的函数值具有次线性 (sublinear) 收敛率.

定理 5.1 设 $\{x_k\}$ 是临近梯度算法产生的点列 (采用固定步长或回溯步长策略), 则对任意 $k \geqslant 1$, 有

$$
F(x_k) - F(x^*) \leqslant \frac{\alpha L(f) \| x_0 - x^* \|^2}{2k},
$$

这里 x^* 是任一最优解.

证明 在引理 5.5 中令 $x = x^*$, $y = x_n$, $L = L_{n+1}$, 得到

$$
\frac{2}{L_{n+1}}(F(x^*) - F(x_{n+1})) \geqslant \| x^* - x_{n+1} \|^2 - \| x^* - x_n \|^2,
$$

又由 (5.32), $F(x^*) - F(x_{n+1}) \leqslant 0$, 有

$$
\frac{2}{\alpha L(f)}(F(x^*) - F(x_{n+1})) \geqslant \| x^* - x_{n+1} \|^2 - \| x^* - x_n \|^2. \tag{5.40}
$$

对上式 $n = 0, \cdots, k-1$ 求和可得

$$\frac{2}{\alpha L(f)}\left(kF(x^*) - \sum_{n=0}^{k-1}F(x_{n+1})\right) \geqslant \|x^* - x_k\|^2 - \|x^* - x_0\|^2. \tag{5.41}$$

再次利用引理 5.5, 令 $x = y = x_n$, $L = L_{n+1}$, 则有

$$\frac{2}{L_{n+1}}(F(x_n) - F(x_{n+1})) \geqslant \|x_n - x_{n+1}\|^2.$$

由 (5.32) 和 $F(x_n) - F(x_{n+1}) \geqslant 0$, 有

$$\frac{2}{\beta L(f)}(F(x_n) - F(x_{n+1})) \geqslant \|x_n - x_{n+1}\|^2.$$

将上述不等式两边乘 n, 对 $n = 0, \cdots, k-1$ 求和, 得到

$$\frac{2}{\beta L(f)}\sum_{n=0}^{k-1}(nF(x_n) - (n+1)F(x_{n+1}) + F(x_{n+1})) \geqslant \sum_{n=0}^{k-1}n\|x_n - x_{n+1}\|^2,$$

化简为

$$\frac{2}{\beta L(f)}\left(-kF(x_k) + \sum_{n=0}^{k-1}F(x_{n+1})\right) \geqslant \sum_{n=0}^{k-1}n\|x_n - x_{n+1}\|^2. \tag{5.42}$$

将 (5.41) 和 (5.42) 相加, 并乘上 $\dfrac{\beta}{\alpha}$, 有

$$\frac{2k}{\alpha L(f)}(F(x^*) - F(x_k)) \geqslant \|x^* - x_k\|^2 + \frac{\beta}{\alpha}\sum_{n=0}^{k-1}n\|x_n - x_{n+1}\|^2 - \|x^* - x_0\|^2,$$

因此可得

$$F(x_k) - F(x^*) \leqslant \frac{\alpha L(f)\|x^* - x_0\|^2}{2k}.$$

　　这个定理说明为了得到 (M) 的一个 ϵ-最优解, 即 $\hat{x}$ 满足 $F(\hat{x}) - F(x^*) \leqslant \epsilon$, 需要至多 $\left\lceil \dfrac{C}{\epsilon} \right\rceil$ 次迭代, 其中 $C = \dfrac{\alpha L(f)\|x_0 - x^*\|^2}{2}$. 因此, 即使只要求低精度, 临近梯度算法也非常慢, 对大多数实际应用不适用. 所以在下一节中, 我们将提供一个加速算法, 这个算法和临近梯度算法每次迭代的计算复杂度几乎相同, 都很简单, 但是收敛速率有显著的提高.

　　还可以证明临近梯度算法产生的点列也是收敛的, 证明将用到点列的 Fejer 单调性.

　　定理 5.2　设 $\{x_k\}$ 是临近梯度算法 (采用固定步长或回溯步长策略) 产生的点列. 则

(1) **Fejér 单调性**. 对 (M) 的每一个最优点 x^* 和任意 $k \geqslant 1$:

$$\|x_k - x^*\| \leqslant \|x_{k-1} - x^*\|. \tag{5.43}$$

(2) $\{x_k\}$ 收敛到 (M) 的最优解.

证明 (1) 在引理 5.5 中令 $x = x^*$, $y = x_{k-1}$, $L = L_k$, 有

$$\frac{2}{L_k}(F(x^*) - F(x_k)) \geqslant \|x^* - x_k\|^2 - \|x^* - x_{k-1}\|^2.$$

由于 $F(x^*) - F(x_k) \leqslant 0$, (5.43) 得证.

(2) 由 Fejér 单调性, 对给定的最优解 x^* 有

$$\|x_k - x^*\|^2 \leqslant \|x_0 - x_*\|.$$

因此, $\{x_k\}$ 有界. 要证明 $\{x_k\}$ 的收敛性, 只需证明所有收敛子列有相同的极限. 如不然, 假设存在两个子序列 $\{x_{k_j}\}$, $\{x_{n_j}\}$ 分别收敛到 x^∞, $y^\infty (x^\infty \neq y^\infty)$. 由于 $F(x_{k_j})$, $F(x_{n_j}) \to F_*$, 可得 x^∞ 和 y^∞ 是 (M) 的最优解. 又由 $\{x_k\}$ 的 Fejér 单调性可知序列 $\{\|x_k - x^\infty\|\}$ 是单减的, 因而有极限 $\lim_{k \to \infty} \|x_k - x^\infty\| = l_1$. 又根据我们的假设: $\lim_{k \to \infty} \|x_k - x^\infty\| = \lim_{j \to \infty} \|x_{k_j} - x^\infty\| = 0$, $\lim_{k \to \infty} \|x_k - x^\infty\| = \lim_{j \to \infty} \|x_{n_j} - x^\infty\| = \|y^\infty - x^\infty\|$, 因此 $l_1 = 0 = \|x^\infty - y^\infty\|$, 矛盾. 所以 $\{x_k\}$ 收敛.

5.4.4 快速临近梯度方法

在这一小节中, 我们要介绍一个基于梯度的算法, 它能实现以下两个目标:

(1) 保持求解 (M) 的临近梯度算法的简单性.

(2) 能从理论和实际应用上证实, 它比临近梯度算法快.

事实上, 这个快速算法和基本的临近梯度算法非常相似, 它具有递推关系:

$$x_k = p_L(y_k),$$

其中 y_k 是通过 $\{x_{k-1}, x_{k-2}\}$ 的巧妙的线性组合得到的, 而且很容易计算.

利用两次迭代的快速临近梯度算法

算法 5.7 采用固定步长的快速临近梯度算法

输入: $L = L(f) - \nabla f$ 的 Lipschitz 常数.

给定: $y_1 = x_0 \in \mathbf{R}^n$, $t_1 = 1$.

第 k 步($k \geqslant 1$): 计算

$$x_k = p_L(y_k), \tag{5.44}$$

$$t_{k+1} = \frac{1 + \sqrt{1 + 4t_k^2}}{2}, \tag{5.45}$$

$$y_{k+1} = x_k + \left(\frac{t_k - 1}{t_{k+1}}\right)(x_k - x_{k-1}). \tag{5.46}$$

上述算法和临近梯度算法主要的不同在于 pro-grad 算子 $p_L(\cdot)$ 不是直接作用在前一次的迭代点 x_{k-1} 上的, 而是作用在 y_k 上, y_k 是前两次迭代点 $\{x_{k-1}, x_{k-2}\}$ 的一个特殊的线性组合. 显然, 两个算法中最主要的计算都是 p_L. t_{k+1} 的这种特别的递推关系是从下面引理 5.6 中得到的.

和基本的临近梯度算法采用回溯步长策略相同的理由, 也有采用回溯步长策略的快速临近梯度算法.

算法 5.8　采用回溯步长的快速临近梯度算法

给定: $L_0 \geqslant 0$, $\eta > 1$, 初始点 $x_0 \in \mathbf{R}^n$. 令 $y_1 = x_0$, $t_1 = 1$.

第 k 步$(k \geqslant 1)$: 找到最小的非负整数 i_k, 记 $\bar{L} = \eta^{i_k} L_{k-1}$, 使得

$$F(p_{\bar{L}}(x_{k-1})) \leqslant Q_{\bar{L}}(p_{\bar{L}}(x_{k-1}, x_{k-1})).$$

令 $L_k = \eta^{i_k} L_{k-1}$, 计算

$$x_k = p_{L_k}(y_k),$$

$$t_{k+1} = \frac{1 + \sqrt{1 + 4t_k^2}}{2},$$

$$y_{k+1} = x_k + \left(\frac{t_k - 1}{t_{k+1}}\right)(x_k - x_{k-1}).$$

注 5.2 中 L_k 的上下界仍然成立, 即有

$$\beta L(f) \leqslant L_k \leqslant \alpha L(f).$$

和引理 5.5 类似, 先给出关于序列 $\{F(x_k) - F(x^*)\}$ 的一个关键的递推关系, 然后由此推导出收敛率 $O\left(\dfrac{1}{k^2}\right)$.

引理 5.6　快速临近梯度算法 (固定步长或回溯步长) 产生的点列 $\{x_k, y_k\}$ 对任意 $k \geqslant 0$ 满足

$$\frac{2}{L_k}t_k^2 v_k - \frac{2}{L_{k+1}}t_{k+1}^2 v_{k+1} \geqslant \|u_{k+1}\|^2 - \|u_k\|^2,$$

其中

$$v_k := F(x_k) - F(x^*), \tag{5.47}$$

$$u_k := t_k x_k - (t_k - 1)x_{k-1} - x^*. \tag{5.48}$$

证明 在引理 5.5 中令 $x = t_{k+1}^{-1} x^* + (1 - t_{k+1}^{-1})x_k$, $y = y_{k+1}$, $L = L_{k+1}$, 有

$$\frac{2}{L_{k+1}}(F(t_{k+1}^{-1} + (1 - t_{k+1}^{-1})x_k) - F(x_{k+1}))$$
$$\geqslant \frac{1}{t_{k+1}^2}\{\|t_{k+1}x_{k+1} - (x^* + (t_{k+1} - 1)x_k)\|^2 - \|t_{k+1}y_{k+1} - (x^* + (t_{k+1} - 1)x_k)\|^2\}. \tag{5.49}$$

由 F 的凸性

$$F(t_{k+1}^{-1}x^* + (1 - t_{k+1}^{-1})x_k) \leqslant t_{k+1}^{-1}F(x^*) + (1 - t_{k+1}^{-1})F(x_k),$$

结合 (5.49) 得到

$$\frac{2}{L_{k+1}}((1 - t_{k+1}^{-1})v_k - v_{k+1}) \geqslant \frac{1}{t_{k+1}^2}\{\|t_{k+1}x_{k+1} - (x^* + (t_{k+1} - 1)x_k)\|^2$$
$$- \|t_{k+1}y_{k+1} - (x^* + (t_{k+1} - 1)x_k)\|^2\}.$$

利用关系式 $t_k^2 = t_{k+1}^2 - t_{k+1}$, 上述不等式等价于

$$\frac{2}{L_{k+1}}(t_k^2 v_k - t_{k+1}^2 v_{k+1}) \geqslant \|u_{k+1}\|^2 - \|u_k\|^2,$$

又由于 $L_{k+1} \geqslant L_k$, 得证.

为了证明收敛性, 还需要下面一些基本事实.

引理 5.7 设 $\{a_k, b_k\}$ 是正实数序列, 满足

$$a_k - a_{k+1} \geqslant b_{k+1} - b_k, \quad \forall k \geqslant 1, \quad \text{且} \quad a_1 + b_1 \leqslant c, \quad c > 0.$$

则对任意 $k \geqslant 1$, $a_k \leqslant c$.

引理 5.8 由快速临近梯度算法产生的正数序列 $\{t_k\}$, $t_1 = 1$, 满足 $t_k \geqslant (k+1)/2$, 对任意 $k \geqslant 1$ 成立.

下面我们可以证明快速临近梯度算法具有改进的复杂度.

定理 5.3 设 $\{x_k\}$, $\{y_k\}$ 是快速临近梯度算法 (采用固定步长或回溯步长) 产生的点列. 则对任意 $k \geqslant 1$

$$F(x_k) - F(x^*) \leqslant \frac{2\alpha L(f)\|x_0 - x^*\|^2}{(k+1)^2}, \quad \forall x^* \in X_*, \tag{5.50}$$

其中如果取固定步长 $\alpha = 1$, 如果采用回溯步长策略 $\alpha = \eta$.

证明 定义

$$a_k := \frac{2}{L_k} t_k^2 v_k, \quad b_k := \|u_k\|^2, \quad c := \|y_1 - x^*\|^2 = \|x_0 - x^*\|^2,$$

在引理 5.6 中定义了 $v_k := F(x_k) - F(x^*)$. 则由引理 5.6 有, 对任意 $k \geqslant 1$

$$a_k - a_{k+1} \geqslant b_{k+1} - b_k,$$

因此, 如果 $a_1 + b_1 < c$ 成立, 由引理 5.7, 有

$$\frac{2}{L_k} t_k^2 v_k \leqslant \|x_0 - x^*\|^2,$$

又 $t_k \leqslant (k+1)/2$(引理 5.8), 得到

$$v_k \leqslant \frac{2L_k\|x_k - x^*\|^2}{(k+1)^2}.$$

利用 (5.32) 中 L 的上下界, (5.50) 得证. 因此, 只剩下证明 $a_1 + b_1 < c$ 成立. 因为 $t_1 = 1$, 有

$$a_1 = \frac{2}{L_1} t_1^2 v_1 = \frac{2}{L_1} v_1, \quad b_1 = \|u_1\|^2 = \|x_1 - x^*\|^2.$$

在引理 5.5 中令 $x := x^*$, $y := y_1$, $L = L_1$, 有

$$\frac{2}{L_1}(F(x^*) - F(x_1)) \geqslant \|x_1 - x^*\|^2 - \|y_1 - x^*\|^2, \tag{5.51}$$

即

$$\frac{2}{L_1} v_1 \leqslant \|y_1 - x^*\|^2 - \|x_1 - x^*\|^2,$$

$a_1 + b_1 \leqslant c$ 成立.

单调和非单调

快速临近梯度算法和标准的临近梯度算法的另一个不同之处在于, 它产生的函数值序列不保证非增. 虽然单调性是最小化算法直观上应该有的性质, 但是它对快速临近梯度算法的收敛性证明没有影响. 而且, 数值实验表明这个算法是 "几乎单调的", 即除了极少的迭代步以外都是单调的.

但是, 对一些实际应用, 临近算子计算并不容易. 在这种情况下, 非单调性就成为一个比较严重的问题. 可能由于临近映射的非精确计算, 算法变得极其非单调, 甚至导致发散. 下面介绍快速临近梯度算法的一个单调版本.

算法 5.9 单调快速临近梯度算法

输入: $L \geqslant L(f) - \nabla f$ 的 Lipschitz 常数的一个上界.

给定: $y_1 = x_0 \in \mathbf{R}^n$, $t_1 = 1$.

第 k 步$(k \geqslant 1)$: 计算

$$z_k = p_L(y_k),$$
(5.52)

$$t_{k+1} = \frac{1 + \sqrt{1 + 4t_k^2}}{2},$$
(5.53)

$$x_k = \operatorname{argmin}\{F(x) : x = z_k, x_{k-1}\},$$
(5.54)

$$y_{k+1} = x_k + \left(\frac{t_k}{t_{k+1}}\right)(z_k - x_k) + \left(\frac{t_k - 1}{t_{k+1}}\right)(x_k - x_{k-1}).$$
(5.55)

显然, 经过修改, 我们得到了一个每步迭代和快速临近梯度算法一样简单的单调算法. 而且可以证明它的收敛率和非单调的算法的收敛率是一样的:

定理 5.4 设 $\{x_k\}$ 是单调临近梯度算法产生的点列. 则对任一 $k \geqslant 1$ 和任意最优解 x^*, 有

$$F(x_k) - F(x^*) \leqslant \frac{2L(f)\|x_0 - x^*\|^2}{(k+1)^2}.$$

5.5 Newton 方法

5.5.1 Newton 方向

对于 $x \in \operatorname{dom} f$, 称向量

$$\Delta x_{\mathrm{nt}} = -\nabla^2 f(x)^{-1}\nabla f(x)$$

为 f 在 x 处的 **Newton 方向**. 由 $\nabla^2 f(x)$ 的正定性可知, 除非 $\nabla f(x) = 0$, 否则就有

$$\nabla f(x)^{\mathrm{T}}\Delta x_{\mathrm{nt}} = -\nabla f(x)^{\mathrm{T}}\nabla^2 f(x)^{-1}\nabla f(x) < 0.$$

因此 Newton 方向是下降方向 (除非 x 是最优点). 我们可以用不同的方式解释和导出 Newton 方向.

1) 二阶近似的最优解

函数 f 在 x 处的二阶 Taylor 近似 $\hat{f}$ 为

$$\hat{f}(x+v) = f(x) + \nabla f(x)^{\mathrm{T}}v + \frac{1}{2}v^{\mathrm{T}}\nabla^2 f(x)v. \tag{5.56}$$

它是 v 的二次凸函数, 在 $v = \Delta x_{\mathrm{nt}}$ 处达到最小值. 因此, 将 x 加上 Newton 方向 Δx_{nt} 能够极小化 f 在 x 处的二阶近似.

上述解释揭示了 Newton 方向的一些本质. 如果函数 f 是二次的, 则 $x + \Delta x_{\mathrm{nt}}$ 是 f 的精确最优解. 如果函数 f 用二次近似, 直观上 $x + \Delta x_{\mathrm{nt}}$ 应该是 f 的最优解的很好的估计值. 既然 f 是二次可微的, 当 x 靠近 x^* 时 f 的二次模型应该非常准确. 由此可知, 当 x 靠近 x^* 时点 $x + \Delta x_{\mathrm{nt}}$ 应该是 x^* 很好的估计值.

2) Hessian 范数下的最速下降方向

Newton 方向也是 x 处采用 Hessian 矩阵 $\nabla^2 f(x)$ 定义的二次范数导出的最速下降方法. 这从另一个角度揭示了为什么 Newton 方向是好的搜索方向, 特别是当 x 靠近 x^* 时是很好的搜索方向.

3) 线性化最优性条件的解

如果我们在 x 附近对最优性条件 $\nabla f(x^*) = 0$ 进行线性化, 可以得到

$$\nabla f(x+v) \approx \nabla f(x) + \nabla^2 f(x)v = 0.$$

这是 v 的线性方程, 其解为 $v = \Delta x_{\mathrm{nt}}$. 因此在 x 处加上 Newton 步长 Δx_{nt} 就能满足线性化的最优性条件. 这再一次表明对于 x^* 附近的 x(此时最优性条件接近成立), 修正量 $x + \Delta x_{\mathrm{nt}}$ 应该是 x^* 的很好的近似值.

4) 将

$$\lambda(x) = (\nabla f(x)^{\mathrm{T}}\nabla^2 f(x)^{-1}\nabla f(x))^{1/2}$$

称为 x 处的 **Newton 减量**. Newton 减量在 Newton 方法的分析中有重要的作用, 并且也可用于设计停止准则. 容易得到:

$$f(x) - \inf_y \hat{f}(y) = f(x) - \hat{f}(x + \Delta x_{\mathrm{nt}}) = \frac{1}{2}\lambda(x)^2,$$

其中 $\hat{f}$ 是 f 在 x 处的二阶近似. 因此, $\lambda^2/2$ 是基于 f 在 x 处的二阶近似对 $f(x) - p^*$ 作出的估计值.

可以将 Newton 减量表示为

$$\lambda(x) = (\Delta x_{\mathrm{nt}}^{\mathrm{T}}\nabla^2 f(x)\Delta x_{\mathrm{nt}})^{1/2}, \tag{5.57}$$

该式表明 λ 是 Newton 方向的二次范数, 该范数由 Hessian 矩阵定义, 即

$$\|u\|_{\nabla^2 f(x)} = (u^{\mathrm{T}}\nabla^2 f(x)u)^{1/2},$$

注意到

$$\nabla f(x)^{\mathrm{T}} \Delta x_{\mathrm{nt}} = \nabla f(x)^{\mathrm{T}}(-\nabla^2 f(x)^{-1} \nabla f(x)) = -\lambda(x)^2. \tag{5.58}$$

这个量可以被解释为 f 在 x 处沿 Newton 方向的方向导数:

$$-\lambda(x)^2 = \nabla f(x)^{\mathrm{T}} \Delta x_{\mathrm{nt}} = \frac{d}{dt} f\Big(x + \Delta x_{\mathrm{nt}} t\Big)\Big|_{t=0}.$$

同 Newton 方向一样, Newton 减量也是仿射不变的, 即对于非奇异的 T, $\bar{f}(y) = f(Ty)$ 在 y 处的 Newton 减量和 f 在 $x = Ty$ 处的 Newton 减量相同.

5.5.2 阻尼 Newton 方法

下面描述的 Newton 方法被称为**阻尼** Newton 方法, 以别于步长 $t = 1$ 的纯 Newton 方法.

算法 5.10　阻尼 Newton 方法

给定: 初始点 $x \in \mathbf{dom} f$, 误差阈值 $\epsilon > 0$.
重复进行以下计算:
  1. **计算 Newton 方向和减量**:

  $$\Delta x_{\mathrm{nt}} := -\nabla^2 f(x)^{\mathrm{T}} \nabla^2 f(x)^{-1} \nabla f(x); \quad \lambda^2 := \nabla^2 f(x)^{\mathrm{T}} \nabla^2 f(x)^{-1} \nabla f(x);$$

  2. **停止准则**: 如果 $\lambda^2/2 \leqslant \epsilon$, **退出**;
  3. **直线搜索**: 通过回溯直线搜索确定步长 t;
  4. **改进**: $x := x + t\Delta x_{\mathrm{nt}}$.
直到满足停止准则.

这个方法可以看成在一般下降方法中采用 Newton 方向为搜索方向得到的一类下降方法.

5.5.3 收敛性分析

在什么样的条件下可以使用 Newton 方法? 这是采用 Newton 方法求解问题前需要考虑的. 通常, 如果优化问题满足以下两个条件, 那么 Newton 方法的收敛性可以得到保证, 而且也十分有效.

(1) 假定 f 二次连续可微, 并且具有常数为 m 的强凸性, 即对于所有的 $x \in S, \nabla^2 f(x) \succeq mI$.

(2) 假定 f 的 Hessian 矩阵, 是 S 上以 L 为常数的 Lipschitz 连续矩阵, 即

$$\|\nabla^2 f(x) - \nabla^2 f(y)\|_2 \leqslant L\|x-y\|_2 \tag{5.59}$$

对所有的 $x, y \in S$ 成立, 这里 $S = \{x|\ f(x) \leqslant f(x_0)\}$.

如果优化问题能满足以上两个假定, 那么使用 Newton 方法求解是有效的.

第一条假定也意味着存在 $M \succ 0$, 使得对于所有的 $x \in S, \nabla^2 f(x) \preceq MI$. 系数 L 可以被解释为 f 的三阶导数的界. 更一般地说, L 是对 f 与其二次模型之间近似程度的一种度量, 因此可以期望 Lipschitz 常数 L 将对 Newton 方法的性能起关键作用. 直观上看, 如果一个函数的二次模型变化缓慢 (即 L 较小), Newton 方法应该比较有效.

下面证明 Newton 法的收敛性.

先给出收敛性证明的主要步骤及主要结论, 然后再给出详细证明. 我们将说明存在满足 $0 < \eta \leqslant m^2/L$ 和 $\gamma > 0$ 的 η 和 γ 使下式成立.

(1) 如果 $\|\nabla f(x^{(k)})\|_2 \geqslant \eta$, 则

$$f(x^{(k+1)}) - f(x^{(k)}) \leqslant -\gamma. \tag{5.60}$$

(2) 如果 $\|\nabla f(x^{(k)})\|_2 < \eta$, 则回溯线性搜索产生的步长 $t^{(k)} = 1$, 并且

$$\frac{L}{2m^2}\|\nabla f(x^{(k+1)})\|_2 \leqslant \left(\frac{L}{2m^2}\|\nabla f(x^{(k)})\|_2\right)^2. \tag{5.61}$$

先分析一下第二个条件的含义. 假定它在迭代次数等于某个 k 时成立, 即 $\|\nabla f(x^{(k)})\|_2 < \eta$. 既然 $\eta \leqslant m^2/L$, 有 $\|\nabla f(x^{(k+1)})\|_2 < \eta$, 即第二个条件也被 $k+1$ 满足. 这样就可得出, 一旦第二个条件成立, 它将在以后的所有迭代中成立, 即对于所有的 $l \geqslant k$, 有 $\|\nabla f(x^{(l)})\|_2 < \eta$. 因此, 对于所有的 $l \geqslant k$, 算法变为纯 Newton 方法, 即意味着 $t = 1$, 并且

$$\frac{L}{2m^2}\|\nabla f(x^{(l+1)})\|_2 \leqslant \left(\frac{L}{2m^2}\|\nabla f(x^{(l)})\|_2\right)^2. \tag{5.62}$$

重复应用这个不等式, 便有对任意的 $l \geqslant k$,

$$\frac{L}{2m^2}\|\nabla f(x^{(l)})\|_2 \leqslant \left(\frac{L}{2m^2}\|\nabla f(x^{(k)})\|_2\right)^{2^{l-k}} \leqslant \left(\frac{1}{2}\right)^{2^{l-k}},$$

于是

$$f(x^{(l)}) - p^* \leqslant \frac{1}{2m}\|\nabla f(x^{(l)})\|_2^2 \leqslant \frac{2m^3}{L^2}\left(\frac{1}{2}\right)^{2^{l-k+1}}. \tag{5.63}$$

上述最后一个不等式表明, 一旦第二个条件满足, 收敛十分迅速. 该现象被称为**二次收敛**.

以上分析表明, Newton 方法的迭代过程可以自然地分为两个阶段. 第二个阶段开始于条件 $\|\nabla f(x)\|_2 \leqslant \eta$ 被首次满足时, 称为**二次收敛阶段**. 相应地, 把第一个阶段称为**阻尼 Newton 阶段**, 因为算法始终选择步长 $t < 1$. 二次收敛阶段也可称为纯 Newton 阶段, 因为在这个阶段每次迭代步长总是取 $t = 1$.

由此可以估计总的复杂性. 首先我们推导阻尼 Newton 阶段迭代次数的上界. 既然每次迭代 f 至少减少 γ, 阻尼 Newton 阶段迭代次数不可能超过

$$\frac{f(x^{(0)}) - p^*}{\gamma},$$

否则 f 将小于 p^*, 这是不可能的.

可以利用不等式 (5.63) 界定二次收敛阶段的迭代次数. 它意味着在二次收敛阶段不超过

$$\log_2 \log_2(\epsilon_0/\epsilon)$$

次迭代后, 一定会有 $f(x) - p^* \leqslant \epsilon$, 其中 $\epsilon_0 = 2m^3/L^2$.

因此, 满足 $f(x) - p^* \leqslant \epsilon$ 的总迭代次数不会超过

$$\frac{f(x^{(0)}) - p^*}{\gamma} + \log_2 \log_2(\epsilon_0/\epsilon). \tag{5.64}$$

该式中二次收敛阶段迭代次数的上界 $\log_2 \log_2(\epsilon_0/\epsilon)$ 随着误差阈值 ϵ 减小很缓慢地增长, 因此从实用目的出发可以视为常数.

于是, 极小化 f 所需要的 Newton 迭代次数大体上可以用下式为上界

$$\frac{f(x^{(0)}) - p^*}{\gamma} + 6. \tag{5.65}$$

更严格地说, 获得一个极好的近似最优解所需要的迭代次数大体上不会超过上界 (5.65).

阻尼 Newton 阶段

现在推导不等式 (5.60). 假定 $\|\nabla f(x)\|_2 \geqslant \eta$. 首先对线性搜索的步长建立一个下界. 强凸性意味着在 S 上 $\nabla^2 f(x) \preceq MI$, 因此

$$f(x + t\Delta x_{\mathrm{nt}}) \leqslant f(x) + t\nabla f(x)^{\mathrm{T}}\Delta x_{\mathrm{nt}} + \frac{M\|\Delta x_{\mathrm{nt}}\|_2^2}{2}t^2$$
$$\leqslant f(x) - t\lambda(x)^2 + \frac{M}{2m}t^2\lambda(x)^2,$$

第二个不等式用到了

$$\lambda(x)^2 = \Delta x_{\mathrm{nt}}^{\mathrm{T}} \nabla^2 f(x) \Delta x_{\mathrm{nt}} \geqslant m||\Delta x_{\mathrm{nt}}||_2^2.$$

由于步长 $\hat{t} = m/M$ 满足

$$f(x + \hat{t}\Delta x_{\mathrm{nt}}) \leqslant f(x) - \frac{m}{2M}\lambda(x)^2 \leqslant f(x) - \alpha\hat{t}\lambda(x)^2,$$

符合回溯线性搜索的退出条件, 所以线性搜索确定的步长满足 $t \geqslant \beta m/M$, 由此可知目标函数的减少量为

$$\begin{aligned}
f(x^+) - f(x) &\leqslant -\alpha t\lambda(x)^2 \\
&\leqslant -\alpha\beta\frac{m}{M}\lambda(x)^2 \\
&\leqslant -\alpha\beta\frac{m}{M^2}||\nabla f(x)||_2^2 \\
&\leqslant -\alpha\beta\eta^2\frac{m}{M^2},
\end{aligned}$$

第三个不等式用到了

$$\lambda(x)^2 = \nabla f(x)^{\mathrm{T}} \nabla^2 f(x)^{-1} \nabla f(x) \geqslant (1/M)||\nabla f(x)||_2^2,$$

记

$$\gamma = \alpha\beta\eta^2\frac{m}{M^2}. \tag{5.66}$$

则得到 (5.60).

二次收敛阶段

现在推导不等式 (5.61). 假定 $||\nabla f(x)||_2 < \eta$. 首先说明, 如果

$$\eta \leqslant 3(1 - 2\alpha)\frac{m^2}{L},$$

回溯线性搜索的步长是单位步长. 根据 Lipschitz 条件 (6.31), 对于 $t > 0$, 有

$$||\nabla^2 f(x + t\Delta x_{\mathrm{nt}}) - \nabla^2 f(x)||_2 \leqslant tL||\Delta x_{\mathrm{nt}}||_2.$$

于是

$$|\Delta x_{\mathrm{nt}}^{\mathrm{T}}(\nabla^2 f(x + t\Delta x_{\mathrm{nt}}) - \nabla^2 f(x))\Delta x_{\mathrm{nt}}| \leqslant tL||\Delta x_{\mathrm{nt}}||_2^3.$$

令 $\bar{f}(t) = f(x + t\Delta x_{\mathrm{nt}})$, 有 $\tilde{f}''(t) = \Delta x_{\mathrm{nt}}^{\mathrm{T}} \nabla^2 f(x + t\Delta x_{\mathrm{nt}})\Delta x_{\mathrm{nt}}$, 因此上面的不等式可写为

$$|\tilde{f}''(t) - \tilde{f}''(0)| \leqslant tL||\Delta x_{\mathrm{nt}}||_2^3.$$

于是有

$$\tilde{f}''(t) \leqslant \tilde{f}''(0) + tL\|\Delta x_{\mathrm{nt}}\|_2^3 \leqslant \lambda(x)^2 + t\frac{L}{m^{3/2}}\lambda(x)^3,$$

对上式从 0 到 1 积分, 可得

$$\tilde{f}'(t) \leqslant \tilde{f}'(0) + t\lambda(x)^2 + t^2\frac{L}{2m^{3/2}}\lambda(x)^3$$
$$= -\lambda(x)^2 + t\lambda(x)^2 + t^2\frac{L}{2m^{3/2}}\lambda(x)^3.$$

再次积分又可得到

$$\tilde{f}^{(}t) \leqslant \tilde{f}^{(}0) - t\lambda(x)^2 + t^2\frac{1}{2}\lambda(x)^2 + t^3\frac{L}{6m^{3/2}}\lambda(x)^3.$$

取 $t=1$ 得到

$$f(x + \Delta x_{\mathrm{nt}}) \leqslant f(x) - \frac{1}{2}\lambda(x)^2 + \frac{L}{6m^{3/2}}\lambda(x)^3. \tag{5.67}$$

由假定 $\|\nabla f(x)\|_2 < \eta \leqslant 3(1-2\alpha)m^2/L$, 再由强凸性可知

$$\lambda(x) \leqslant 3(1-2\alpha)m^{3/2}/L.$$

利用式 (5.67) 有

$$f(x + \Delta x_{\mathrm{nt}}) \leqslant f(x) - \lambda(x)^2\left(\frac{1}{2} - \frac{L\lambda(x)}{6m^{3/2}}\right)$$
$$\leqslant f(x) - \alpha\lambda(x)^2$$
$$= f(x) + \alpha\nabla f(x)^{\mathrm{T}}\Delta x_{\mathrm{nt}}.$$

该式表明 $t=1$ 满足回溯线性搜索退出条件, 所以在 x 处步长 $t=1$.

现在我们分析收敛速度. 由 Lipschitz 条件可得

$$\|\nabla f(x^+)\|_2 = \|\nabla f(x + \Delta x_{\mathrm{nt}}) - \nabla f(x) - \nabla^2 f(x)\Delta x_{\mathrm{nt}}\|_2$$
$$= \left\|\int_0^1 (\nabla^2 f(x + t\Delta x_{\mathrm{nt}}) - \nabla^2 f(x))\Delta x_{\mathrm{nt}}dt\right\|_2$$
$$\leqslant \frac{L}{2}\|\Delta x_{\mathrm{nt}}\|_2^2$$
$$= \frac{L}{2}\|\nabla^2 f(x)^{-1}\nabla f(x)\|_2^2$$
$$\leqslant \frac{L}{2m^2}\|\nabla f(x)\|_2^2,$$

即不等式 (5.61).

综上所述, 如果 $\|\nabla f(x^{(k)})\|_2 < \eta$, 算法将选择单位步长, 并能满足条件 (5.61), 其中

$$\eta = \min\{1, 3(1 - 2\alpha)\}\frac{m^2}{L}.$$

将该上界和式 (5.66) 代入式 (5.65), 我们看到总的迭代次数不会超过

$$6 + \frac{M^2 L^2 / m^5}{\alpha\beta \min\{1, 9(1 - 2\alpha)^2\}}(f(x^{(0)}) - p^*). \tag{5.68}$$

5.5.4　几个例子

1) $\mathbf{R}^2$ 中的例子

首先采用回溯线性搜索的 Newton 方法优化测试函数

$$f(x_1, x_2) = e^{x_1 + 3x_2 - 0.1} + e^{x_1 - 3x_2 - 0.1} + e^{-x_1 - 0.1}$$

线性搜索参数选择 $\alpha = 0.1, \beta = 0.7$. 图 5.14 显示最初两次 $(k = 0, 1)$ 的 Newton 迭代以及椭圆

$$\{x | \|x - x^{(k)}\|_{\nabla^2 f(x^{(k)})} \leqslant 1\}.$$

由于这些椭圆很好地近似了下水平集的形状, 因此 Newton 方法能够很好地工作.

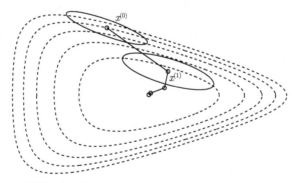

图 5.14　用 Newton 方法解决 $\mathbf{R}^2$ 中的问题, 目标函数 f 在式 (5.19) 中给出, 回溯线性搜索参数 $\alpha = 0.1, \beta = 0.7$. 图中也显示了最初两次迭代过程中的椭圆 $\{x | \|x - x^{(k)}\|_{\nabla^2 f(x^{(k)})} \leqslant 1\}$

　　图 5.15 给出同一例子的误差和迭代次数的关系. 图像显示仅仅经过了 5 次迭代就达到了很高的精度. 二次收敛性非常明显: 最后一次迭代误差大约从 10^{-5} 达到 10^{-10}.

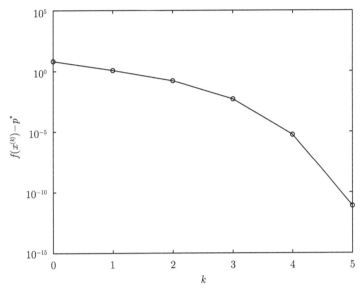

图 5.15　　用 Newton 方法解决 $\mathbf{R}^2$ 中的一个问题的误差和迭代次数 k 关系. 经过 5 次迭代就收敛到了很高的精度

2) $\mathbf{R}^{100}$ 中的例子

　　图 5.16 显示分别用回溯线性搜索和精确线性搜索的 Newton 方法求解 $\mathbf{R}^{100}$ 中的一个问题的收敛情况. 目标函数在式 (5.20) 中给出, 采用图 5.6 使用的同样数据和同样的初始点. 回溯线性搜索的图像显示, 经过 8 次迭代就获得了很高的精度. 如同 $\mathbf{R}^2$ 中的例子一样, 二次收敛性在大约 3 次迭代后就表现得非常明显. 精确线性搜索的 Newton 方法的迭代次数只比回溯线性搜索的少一次. 这也是典型情况. 采用 Newton 方法时, 精确线性搜索通常只对收敛速度有很小的改进. 图 5.17 给出了该例中的迭代步长. 在两次阻尼步长后, 回溯线性搜索就采用完全步长, 即 $t = 1$.

　　对于这个例子 (以及其他例子), 关于回溯线性搜索参数 α 和 β 取值的试验揭示它们对 Newton 方法性能的影响很小. 将 α 固定在 0.01, 让 β 取值在 0.2 和 1 之间变动, 所需要的迭代次数在 8 和 12 之间变动. 将 β 固定在 0.5, 让 α 在 0.005 和 0.5 之间变动时, 迭代次数都是 8. 由于这些原因, 大多数实际应用中对回溯线性搜索都采用一个较小的 α, 如 0.01 和一个较大的 β, 如 0.5.

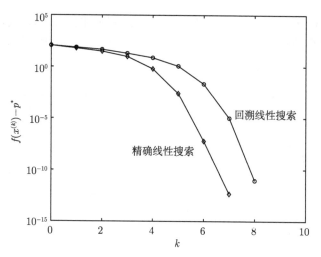

图 5.16　用 Newton 方法求解 $\mathbf{R}^{100}$ 中一个问题的误差和迭代次数 k 之间的关系. 回溯线性搜索参数取为 $\alpha = 0.01, \beta = 0.5$. 收敛速度很快: 经过 7 次或 8 次迭代就得到了精度很高的近似解. 采用精确线性搜索的 Newton 方法的迭代次数比回溯线性搜索的少一次

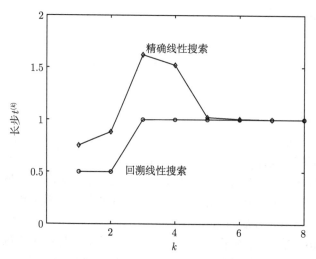

图 5.17　对 $\mathbf{R}^{100}$ 中一个问题, 采用回溯线性搜索和精确直线搜索的 Newton 方法的步长 t 和迭代次数的关系. 回溯线性搜索在最初两次迭代中采用回溯后的步长, 之后总是采用 $t = 1$

$\mathbf{R}^{10000}$ 中的例子

最后我们考虑一个大规模的例子, 目标函数具有下述形式

$$\min \quad -\sum_{i=1}^{n} \log(1 - x_i^2) - \sum_{i=1}^{n} \log(b_i - a_i^{\mathrm{T}} x).$$

取 $m = 100000$ 和 $n = 10000$. 问题的数据 a_i 为随机产生的随机向量. 图 5.18 显示采用 $\alpha = 0.01, \beta = 0.5$ 的回溯线性搜索的 Newton 方法的收敛情况. 第一阶段大约迭代了 13 次, 随后的二次收敛阶段再经过 4 次或 5 次迭代就获得了非常高精度的近似解.

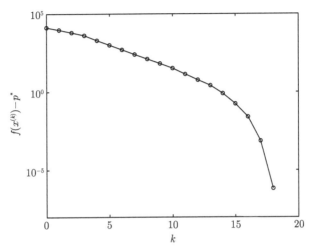

图 5.18　用 Newton 方法求解 $\mathbf{R}^{10000}$ 中一个问题的误差和迭代次数的关系. 回溯线性搜索参数取为 $\alpha = 0.01, \beta = 0.5$. 即使对于这个大规模问题, Newton 方法只需要 18 次迭代就达到了很高的精度

5.5.5　总结

Newton 方法和最速下降方法相比有一些非常重要的优点:

(1) 一般情况下 Newton 方法收敛很快, 在 x^* 附近二次收敛. 一旦进入二次收敛阶段, 再经过几次迭代就可以得到具有很高精度的解.

(2) Newton 方法和问题规模有很好的比例关系. 它求解 $\mathbf{R}^{10000}$ 中问题的性能和 $\mathbf{R}^{10}$ 中问题的性能相似, 在所需要的迭代次数上只有不大的增加.

(3) Newton 方法的良好的性能并不依赖于算法参数的选择, 最速下降方法的范数选择对方法的性能有很大影响.

Newton 方法的主要缺点是计算和存储 Hessian 矩阵以及计算 Newton 方向需要较高的成本.

一族被称为**拟 Newton 方法**的无约束优化算法提供了另一种可供选择的方案. 这类方法构造搜索方向所需要的计算量较少, 但它们具有 Newton 方法的一些重要优点, 比如在 x^* 附近的快速收敛性. 拟 Newton 方法在很多教材中均有详细介绍, 这里不再介绍这方面的内容.

另外, Newton 法在收敛性分析、复杂度分析方面依赖于假定条件中的 m, M 和 L 这 3 个常数, 但一般这 3 个常数都很难求得. 在 20 世纪 90 年代 Nesterov 和 Nemirovski 定义了一种被称为自和谐 (self-concordant) 的函数类, 它包含了很多常见的函数. 对这样一类函数采用 Newton 法求极小, 其收敛性证明和前面的证明类似.

5.6　Newton 方法的实现问题

本节简单描述实现 Newton 方法时会遇到的一些问题. 大多数情况下, 计算 Newton 方向 Δx_{nt} 的工作量在 Newton 法中占主要部分. 为了计算 Newton 方向 Δx_{nt}, 首先要确定 Hessian 矩阵 $H = \nabla^2 f(x)$ 和 x 处的梯度 $y = \nabla f(x)$. 然后求解线性方程组 $H\Delta x_{\mathrm{nt}} = -g$ 得到 Newton 方向. 这组方程有时被称为 **Newton 系统** 或**正规方程**.

虽然可以应用求解线性方程组的一般方法, 但更好的做法是利用 H 具有正定性和对称性的优点. 最常用的方法是先确定 H 的 Cholesky 分解, 即计算满足 $LL^{\mathrm{T}} = H$ 的下三角矩阵 L, 然后通过前向代入得到 $L\omega = -g$ 的解 $\omega = -L^{-1}g$, 然后再用后向代入的方式得到 $L^{\mathrm{T}}\Delta x_{\mathrm{nt}} = \omega$ 的解

$$\Delta x_{\mathrm{nt}} = L^{-\mathrm{T}}\omega = -L^{-\mathrm{T}}L^{-1}g = -H^{-1}g.$$

对于 Newton 减量, 可以利用 $\lambda^2 = -\Delta x_{\mathrm{nt}}^{\mathrm{T}}g$ 或者下述公式进行计算,

$$\lambda^2 = g^{\mathrm{T}}H^{-1}g = \|L^{-1}g\|_2^2 = \|\omega\|_2^2.$$

如果 Cholesky 分解是稠密的, Cholesky 分解的成本相比前后向代入占主导地位, 约为 $(1/3)n^3$, 因此计算 Newton 方向 Δx_{nt} 的总成本为 $F + (1/3)n^3$, 其中 F 是形成 H 和 g 的成本.

对于 Newton 系统 $H\Delta x_{\mathrm{nt}} = -g$, 常常可以利用 H 的特殊结构, 比如带状结构或稀疏性, 设计更有效的求解方法. 这里所说的 "H 的结构" 是指对所有的 x 相同的结构. 例如, 当我们说 "H 是三对角的" 矩阵时, 是指对所有的 $x \in \mathbf{dom} f$, 矩阵 $\nabla^2 f(x)$ 都是三对角的.

如果 H 是带宽为 k 的带状矩阵, 即对所有的 $|i - j| > k$ 都有 $H_{ij} = 0$, 那么就可以采用带状 Cholesky 分解以及带状前后向代入方法. 此时计算 Newton 方向 $\Delta x_{\mathrm{nt}} = -H^{-1}g$ 的成本是 $F + nk^2$ (假定 $k \ll n$), 而对应的稠密情况下的因式分解和代入方法的成本为 $F + (1/3)n^3$.

Hessian 矩阵对所有 $x \in \mathbf{dom} f$ 的带状结构条件

$$\nabla^2 f(x)_{ij} = \frac{\partial^2 f(x)}{\partial x_i \partial x_j} = 0, \quad |i - j| > k$$

有一个基于目标函数 f 的有意义的解释. 粗略地说, 它意味着在目标函数中, 每个变量 x_i 只和 $2k+1$ 个变量 $x_j(j=i-k,\cdots,i+k)$ 存在非线性耦合关系. 这发生于 f 具有部分可分的形式

$$f(x) = \psi_1(x_1,\cdots,x_{k+1}) + \psi_2(x_2,\cdots,x_{k+2}) + \cdots + \psi_{n-k}(x_{n-k},\cdots,x_n),$$

即 f 可以表示成一些函数之和, 每个这样的函数仅和 k 个连贯的变量相关.

例 5.1 考虑极小化 $f: \mathbf{R}^n \to \mathbf{R}$ 的问题, 其中

$$f(x) = \psi_1(x_1, x_2) + \psi_2(x_2, x_3) + \cdots + \psi_{n-1}(x_{n-1}, x_n).$$

而 $\psi_i: \mathbf{R}^2 \to \mathbf{R}$ 是二次可微的凸函数. 因为对任意的 $|i-j| > 1$ 都有 $\partial^2 f/\partial x_i \partial x_j = 0$, 所以 Hessian 矩阵 $\nabla^2 f$ 是三对角的. 反之, 如果一个函数的 Hessian 矩阵对所有的 x 都是三对角的, 那么它一定具有上述形式.

利用三对角矩阵的 Cholesky 分解及前后向代入算法, 对此类问题可以用和 n 成比例的成本求解 Newton 系统. 与此相比, 如果不利用 f 的特殊结构, 相应的计算量和 n^3 成正比.

在求解 Newton 系统时可以利用 Hessian 矩阵 H 更一般的稀疏结构. 只要每个变量 x_i 只和其他少数几个变量有非线性耦合关系, 或者等价地说, 只要目标函数可以表示一些函数之和, 每个这样的函数只依赖少数几个变量, 并且每个变量只出现在少数几个这样的函数中, 那么就存在可以利用的稀疏结构.

求解系数矩阵 H 决定的方程 $H\Delta x = -g$ 时, 可利用稀疏的 Cholesky 分解计算满足下式的交换矩阵 P 和下三角矩阵 L

$$H = PLL^{\mathrm{T}}P^{\mathrm{T}}.$$

该分解的成本依赖于特殊的稀疏模式, 但通常远小于 $(1/3)n^3$, 经验上常见的复杂性和 n 成比例 (对于大 n). 前后向代入和没有交换的基本方法非常相似. 先利用前向代入求解 $L\omega = -P^{\mathrm{T}}g$, 然后利用后向代入确定 $L^{\mathrm{T}}v = \omega$ 的解

$$v = L^{-\mathrm{T}}\omega = -L^{-\mathrm{T}}L^{-1}P^{\mathrm{T}}g.$$

然后得到 Newton 方向 $\Delta x = Pv$.

因为 x 变动不改变 H 的稀疏模式, 可以对每个 Newton 方向应用同样的交换矩阵 P. 在整个 Newton 迭代的过程中, 只需执行一次确定交换矩阵 P 的步骤.

一些其他类型的结构也可以用于加快 Newton 系统 $H\Delta x_{\mathrm{nt}} = -g$ 的求解. 这里简单介绍其中一种类型. 假定 Hessian 矩阵 H 可以表示成一个对角矩阵加上一个低秩 (例如 p) 矩阵. 当目标函数 f 具有下述形式时就会发生这种情况,

$$f(x) = \sum_{i=1}^{n} \psi_i(x_i) + \psi_0(Ax + b), \tag{5.69}$$

其中 $A \in \mathbf{R}^{P \times n}, \psi_1, \cdots, \psi_n : \mathbf{R} \to \mathbf{R}, \psi_0 : \mathbf{R}^p \to \mathbf{R}$, 换言之, f 是一个可分函数加上依赖 x 的一个低维仿射函数的某个函数.

这时 Newton 系统的 H 有如下形式:

$$H = D + A^{\mathrm{T}} H_0 A,$$

这里 $D= \mathbf{diag}(\psi_1''(x_1), \cdots, \psi_n''(x_n))$ 是对角阵, $H_0 = \nabla^2 \psi_0(Ax+b)$ 是 ψ_0 的 Hessian 矩阵. 如果不利用特殊结构计算 Newton 方向, 求解 Newton 系统的计算量是 $(1/3)n^3$.

用 $H_0 = L_0 L_0^{\mathrm{T}}$ 表示 H_0 的 Cholesky 分解. 引入变量 $\omega = L_0^{\mathrm{T}} A \Delta x_{\mathrm{nt}} \in \mathbf{R}^p$, 将 Newton 系统表示为

$$D\Delta x_{\mathrm{nt}}t + A^{\mathrm{T}} L_0 \omega = -g, \quad \omega = L_0^{\mathrm{T}} A \Delta x_{\mathrm{nt}}.$$

将 $\Delta x_{\mathrm{nt}} = -D^{-1}(A^{\mathrm{T}} L_0 \omega + g)$ 代入第二个方程, 得到

$$(I + L_0^{\mathrm{T}} A D^{-1} A^{\mathrm{T}} L_0)\omega = -L_0^{\mathrm{T}} A D^{-1} g. \tag{5.70}$$

现在可按以下步骤计算 Newton 方向 Δx_{nt}. 首先计算 H_0 的 Cholesky 分解, 计算量为 $(1/3)p^3$, 然后形成式 (5.70) 左边的稠密正定对称矩阵, 计算量为 $2p^2n$. 然后利用 Cholesky 分解及前后向代入方法求解式 (5.70) 确定 ω, 计算量为 $(1/3)P^3$. 最后, 利用 $\Delta x_{\mathrm{nt}} = -D^{-1}(A^{\mathrm{T}} L_0 \omega + g)$ 计算 Δx_{nt}. 计算 Δx_{nt} 总的计算量是 $\mathbf{O}(2p^2n)$, 当 $p \ll n$ 时, 这个量远小于 $(1/3)n^3$.

关于本章内容的注释   无约束优化问题的求解方法研究有很长历史了, 早期有代表性的算法是 Newton 方法和梯度下降方法. Newton 法的二次收敛性证明, 最早是由 Kantorovich 20 世纪 50 年代提出的, 20 世纪 90 年代, Nesterov 和 Nemirovski 基于对一类被称为自和谐函数的考察和分析, 提出了对这一类凸函数为目标函数时 Newton 法的二次收敛性证明. 梯度法的优点是计算步骤简单, 是有代表性的一阶算法. 为了克服其收敛速度慢的缺点, 有各种改进的工作. 临近梯度算法的加速技巧是由 Nesterov 首先提出的. 本章介绍的临近梯度算法内容主要来自论文集 [8] 中 Beck 和 Teboulle 的文章. 更多算法方面的介绍可参考 [6].

习 题 5

5.1   考虑二次函数极小化问题

$$\min \quad f(x) = (1/2)x^{\mathrm{T}} Px + q^{\mathrm{T}} x + r,$$

其中 $P \in \mathbf{S}^n$.

(a) 证明: 如果 $P \not\succeq 0$, 即目标函数 f 非凸, 则该问题无下界.

(b) 如果 $P \succeq 0$(因此目标函数是凸函数), 但最优性条件 $Px^* = -q$ 无解, 证明该问题无下界.

5.2 考虑极小化 $f : \mathbf{R}^n \to \mathbf{R}$ 的问题, 其中

$$f(x) = \frac{||Ax - b||_2^2}{c^{\mathrm{T}}x + d}, \quad \mathbf{dom}f = \{x | c^{\mathrm{T}}x + d > 0\}.$$

假定 $\mathrm{rank}A = n, b \notin (R)(A)$.

(a) 证明 f 是闭的.

(b) 证明 f 的最小解 x^* 由下式给出

$$x^* = x_1 + tx_2,$$

其中 $x_1 = (A^{\mathrm{T}}A)^{-1}A^{\mathrm{T}}b, x_2 = (A^{\mathrm{T}}A)^{-1}c$, 并且 $t \in \mathbf{R}$ 可以通过解一个二次方程确定.

5.3 考虑函数 $f(x) = x_1^2 + x_2^2$, 定义域 $\mathbf{dom}f = \{(x_1, x_2) | x_1 > 1\}$.

(a) 求 p^*.

(b) 对 $x^{(0)} = (2, 2)$, 画出下水平集 $S = \{x | f(x) \leqslant f(x^{(0)})\}$. S 是闭集吗? f 是 S 上的强凸函数吗?

(c) 如果从 $x^{(0)}$ 开始应用回溯线性搜索的梯度方法, 将发生什么情况? $f(x^{(k)})$ 收敛于 p^* 吗?

5.4 下面推理是否合理? 向量 $x \in \mathbf{R}^m$ 的 ℓ_1-范数可以表示为

$$||x||_1 = (1/2) \inf_{y > 0} \left(\sum_{i=1}^{m} x_i^2 / y_i + \mathbf{1}^{\mathrm{T}}y \right).$$

因此, ℓ_1-范数逼近问题

$$\min \quad ||Ax - b||_1$$

等价于极小化问题

$$\min \quad f(x, y) = \sum_{i=1}^{m} (a_i^{\mathrm{T}}x - b_i)^2 / y_i + \mathbf{1}^{\mathrm{T}}y, \tag{5.71}$$

相应地 $\mathbf{dom}f = \{(x, y) \in \mathbf{R}^n \times \mathbf{R}^m | y > 0\}$, 其中 a_i^{T} 是 A 的第 i 行. 既然 f 是二次可微的凸函数, 于是可以通过对式 (5.71) 应用 Newton 方法求解 ℓ_1-范数逼近问题.

5.5 假设 f 是满足 $mI \preceq \nabla^2 f(x) \preceq MI$ 的强凸函数. 令 Δx 为 x 处的下降方向. 证明对于

$$0 < t \leqslant -\frac{\nabla f(x)^{\mathrm{T}}\Delta x}{M||\Delta x||_2^2},$$

回溯终止条件能够满足. 利用这个结果建立回溯迭代次数的上界.

5.6 验证 5.3.2 节中第一个例子的迭代点 $x^{(k)}$ 的表达式.

5.7 令 Δx_{nsd} 和 Δx_{sd} 为 x 处对应于范数 $|| \cdot ||$ 的规范化和未规范化的最速下降方向. 证明下述等式.

(a) $\nabla f(x)^{\mathrm{T}} \Delta x_{\mathrm{nsd}} = -\|\nabla f(x)\|_*$.

(b) $\nabla f(x)^{\mathrm{T}} \Delta x_{\mathrm{sd}} = -\|\nabla f(x)\|_*^2$.

(c) $\Delta x_{\mathrm{sd}} = \mathrm{argmin}_v (\nabla f(x)^{\mathrm{T}} v + (1/2)\|v\|^2)$.

5.8　说明如何确定 ℓ_∞-范数的最速下降方向, 并给出简单的解释.

5.9　证明 Newton 减量 $\lambda(x)$ 满足下式:

$$\lambda(x) = \sup_{v^{\mathrm{T}} \nabla^2 f(x) v = 1} (-v^{\mathrm{T}} \nabla f(x)) = \sup_{v \neq 0} \frac{-v^{\mathrm{T}} \nabla f(x)}{(v^{\mathrm{T}} \nabla^2 f(x) v)^{1/2}}.$$

5.10　如果初始点不太接近 x^*, 固定步长 $t = 1$ 的 Newton 法可能发散. 在这里考虑两个例子.

(a) $f(x) = \log(e^x + e^{-x})$ 有一个唯一的最小解 $x^* = 0$. 从 $x^{(0)} = 1$ 和 $x^{(0)} = 1.1$ 开始运行固定步长 $t = 1$ 的 Newton 方法.

(b) $f(x) = -\log x + x$ 有一个唯一的最小解 $x^* = 1$. 从 $x^{(0)} = 3$ 开始运行固定步长 $t = 1$ 的 Newton 方法.

画出 f 和 f', 并标出最初几次迭代点.

5.11　假设 $\phi : \mathbf{R} \to \mathbf{R}$ 是单增凸函数, $f : \mathbf{R}^n \to \mathbf{R}$ 是凸函数, 因此 $g(x) = \phi(f(x))$ 是凸函数. 极小化 f 和极小化 g 是等价的.

比较用梯度法和 Newton 方法求解 f 和 g 的情况. 对应的搜索方向有何联系? 如果采用精确线性搜索这两种方法有何联系?

5.12　如果 $\nabla^2 f(x)$ 奇异, 那么对 Newton 步长 $\Delta x_{\mathrm{nt}} = -\nabla^2 f(x)^{-1} \nabla f(x)$ 就没有定义. 此时可以将搜索方向 Δx_{tr} 定义为下述问题的解,

$$\begin{aligned} \min \quad & (1/2)v^{\mathrm{T}} H v + g^{\mathrm{T}} v, \\ \mathrm{s.t.} \quad & \|v\|_2 \leqslant \gamma, \end{aligned}$$

其中 $H = \nabla^2 f(x), g = \nabla f(x)$, 而 γ 是一个正的常数. 点 $x + \Delta x_{\mathrm{tr}}$ 在约束 $\|(x + \Delta x_{\mathrm{tr}}) - x\|_2 \leqslant \gamma$ 下极小化 f 在 x 处的二阶近似. 集合 $\{v | \|v\|_2 \leqslant \gamma\}$ 称为**信赖域**, 参数 γ 是信赖域的尺度.

证明: Δx_{tr} 对于某些 $\hat\beta$ 极小化

$$(1/2)v^{\mathrm{T}} H v + g^{\mathrm{T}} v + \hat\beta\|v\|_2^2.$$

该二次函数可以解释为 f 在 x 附近经过调整的二次模型.

5.13　假设凸函数 f 的 Hessian 矩阵 $\nabla^2 f(x)$ 是分块对角阵. 在计算 Newton 步长时如何利用这种结构? 相应的 f 具有什么性质?

5.14　考虑问题

$$\min \quad f(x) = \sum_{i=1}^n \psi(x_i - y_i) + \lambda \sum_{i=1}^{n-1} (x_{i+1} x_i)^2,$$

其中 $\lambda > 0$ 是光滑参数, ψ 是凸的罚函数, $x \in \mathbf{R}^n$ 是变量. 我们可以将 x 解释为向量 y 的光滑拟合.

(a) f 的 Hessian 矩阵有什么结构?

(b) 推广到二维数据光滑拟合问题, 即极小化函数

$$\sum_{i,j=1}^{n} \psi(x_{ij} - y_{ij}) + \lambda \left(\sum_{i=1}^{n-1} \sum_{j=1}^{n} (x_{i+1,j} - x_{ij})^2 + \sum_{i=1}^{n} \sum_{j=1}^{n-1} (x_{i,j+1} - x_{ij})^2 \right),$$

其中 $X \in \mathbf{R}^{n \times n}$ 为变量, $Y \in \mathbf{R}^{n \times n}$ 和 $\lambda > 0$ 为给定数据.

5.15 考虑下述形式的函数的极小化问题

$$f(x) = \sum_{i=1}^{N} \psi_i(A_i x + b_i), \tag{5.72}$$

其中 $A_i \in \mathbf{R}^{m_i \times n}, b_i \in \mathbf{R}^{m_i}, \psi_i : \mathbf{R}^{m_i} \to \mathbf{R}$ 是二次可微凸函数. 函数 f 在 x 处的 Hessian 矩阵 H 和梯度 g 由下式给出,

$$H = \sum_{i=1}^{N} A_i^{\mathrm{T}} H_i A_i, \quad g = \sum_{i=1}^{N} A_i^{\mathrm{T}} g_i. \tag{5.73}$$

其中 $H_i = \nabla^2 \psi_i(A_i x + b_i), g_i = \nabla \psi_i(A_i x + b_i)$.

说明如何实现极小化 f 的 Newton 方法. 假定 $n \gg m_i$, 矩阵 A_i 非常稀疏, 但 Hessian 矩阵 H 是稠密的.

5.16 给出计算下述函数 Newton 方向的有效方法

$$f(x) = -\sum_{i=1}^{n} \log(x_i + 1) - \sum_{i=1}^{n} \log(1 - x_i) - \sum_{i=1}^{m} \log(b_i - a_i^{\mathrm{T}} x),$$

其中 a_i^{T} 是 A 的第 i 行向量, $\mathbf{dom} f = \{x \in \mathbf{R}^n | -1 < x < 1, Ax < b\}$. 假定 A 是稠密的, 分别考虑两种情况: $m \geqslant n$ 和 $m \leqslant n$.

5.17 给出计算下述函数 Newton 方向的有效方法

$$f(x) = -\sum_{i=1}^{m} \log(-x^{\mathrm{T}} A_i x - b_i^{\mathrm{T}} x - c_i),$$

$\mathbf{dom} f = \{x | x^{\mathrm{T}} A_i x + b_i^{\mathrm{T}} x + c_i < 0, i = 1, \cdots, m\}$. 假设矩阵 $A_i \in \mathbf{S}_{++}^n$ 均为稀疏大规模矩阵, 并且 $m \ll n$.

5.18 考虑无约束优化问题

$$\min \quad f(x) = -\sum_{i=1}^{m} \log(1 - a_i^{\mathrm{T}} x) - \sum_{i=1}^{n} \log(1 - x_i^2),$$

$\mathbf{dom} f = \{x | a_i^{\mathrm{T}} x < 1, i = 1, \cdots, m, |x_i| < 1, i = 1, \cdots, n\}$. 这是计算下述线性不等式组解析中心的问题,

$$a_i^{\mathrm{T}} x \leqslant 1, \quad i = 1, \cdots, m, \quad |x_i| \leqslant 1, \quad i = 1, \cdots, n,$$

可以选择 $x^{(0)} = 0$ 作为初始点.

(a) 用梯度法求解该问题, 合理选择回溯参数, 采用 $\|\nabla f(x)\|_2 \leqslant \eta$ 类型的停止准则. 画出目标函数和步长关于迭代次数的图像. 实验中可改变回溯参数 α 和 β 的数值以观察它们对所需要的选代次数的影响. 对不同规模的多个实例进行上述实验, a_i 可以通过某种分布选择.

(b) 用 Newton 方法重复上述试验, 停止准则基于 Newton 减量 λ^2. 观察二次收敛性, 可以采用针对稠密矩阵的通用求解软件, 当然最好采用基于 Cholesky 分解的方法.

5.19　考虑非线性最小二乘问题, 极小化函数的形式为

$$f(x) = \frac{1}{2} \sum_{i=1}^{m} f_i(x)^2,$$

其中 f_i 是二次可微函数. f 在 x 处的梯度和 Hessian 矩阵由下式给出

$$\nabla f(x) = \sum_{i=1}^{m} f_i(x) \nabla f_i(x), \quad \nabla^2 f(x) = \sum_{i=1}^{m} (\nabla f_i(x) \nabla f_i(x)^{\mathrm{T}} + f_i(x) \nabla^2 f_i(x)).$$

考虑 f 是凸函数的情况. 例如, 如果每个 f_i 或者是非负凸函数, 或者是非正的凹函数, 或者是仿射函数, 就会出现这种情况.

Gauss-Newton 方法是指在下降法中采用以下搜索方向

$$\Delta x_{\mathrm{gn}} = -\left(\sum_{i=1}^{m} \nabla f_i(x) \nabla f_i(x)^{\mathrm{T}} \right)^{-1} \left(\sum_{i=1}^{m} f_i(x) \nabla f_i(x) \right).$$

这里假设逆矩阵存在. 这个搜索方向可视为近似的 Newton 方向, 通过在 f 的 Hessian 矩阵中剔除二阶导数得到.

可以对 Gauss-Newton 搜索方向 Δx_{gn} 给出另一个简单的解释. 利用一阶近似 $f_i(x+v) \approx f_i(x) + \nabla f_i(x)^{\mathrm{T}} v$ 可以得到近似式

$$f(x+v) \approx \frac{1}{2} \sum_{i=1}^{m} (f_i(x) + \nabla f_i(x)^{\mathrm{T}} v)^2.$$

Gauss-Newton 搜索方向 Δx_{gn} 就是使 f 的这个近似式达到最小的 v 值.

用下述问题的实例试验 Gauss-Newton 方法, 有

$$f(x) = (1/2) x^{\mathrm{T}} A_i x + b_i^{\mathrm{T}} x + 1,$$

其中 $A_i \in \mathbf{S}_{++}^n, b_i^{\mathrm{T}} A_i^{-1} b_i \leqslant 2$.

第6章 等式约束优化

线性等式约束的优化问题有很广泛的实际应用, 同时它对于求解非线性等式约束优化问题, 往往是不可或缺的一环. 这一章主要介绍 Newton 法如何用于这类问题的求解.

6.1 等式约束优化问题

考虑下述等式约束凸优化问题

$$
\begin{aligned}
\min \quad & f(x), \\
\text{s.t.} \quad & Ax = b,
\end{aligned}
\tag{6.1}
$$

其中 $f : \mathbf{R}^n \to \mathbf{R}$ 是二次连续可微凸函数, $A \in \mathbf{R}^{p \times n}, \mathrm{rank}\ A = p < n$. 对 A 的假设意味着等式约束数少于变量数, 并且等式约束相互独立. 假定存在一个最优解 $x^\star$, 用 $p^\star$ 表示其最优值, $p^\star = \inf\{f(x) | Ax = b\} = f(x^\star)$.

点 $x^\star \in \mathbf{dom}\ f$ 是优化问题 (6.1) 的最优解的充要条件是, 存在 $\nu^\star \in \mathbf{R}^p$ 满足

$$
Ax^\star = b, \quad \nabla f(x^\star) + A^{\mathrm{T}} \nu^\star = 0.
\tag{6.2}
$$

因此, 求解等式约束优化问题 (6.1) 等价于确定 KKT 方程 (6.2) 的解, 这是含有 $n + p$ 个变量的 $n + p$ 个方程的求解问题. 第一组方程 $Ax^\star = b$, 称为原可行方程. 第二组方程 $\nabla f(x^\star) + A^{\mathrm{T}} \nu^\star = 0$, 称为对偶可行方程. 同无约束优化一样, 一般不能用解析方法求解这些最优性条件.

任何等式约束优化问题都可以通过消除等式约束转化为等价的无约束优化问题, 然后就可以用第 5 章的方法求解. 另一种处理方法是利用无约束优化方法求解对偶问题, 然后从对偶解中复原等式约束问题 (6.1) 的解. 在 6.1.2 小节和 6.1.3 小节中将分别对消除方法和对偶方法进行讨论.

本章内容主要是对 Newton 法进行推广, 使之能够直接处理等式约束的问题. 很多情况下这种方法比将等式约束问题转换为无约束问题的方法更好. 一个原因是消元方法通常会破坏问题的结构, 比如稀疏性.

6.1.1　等式约束凸二次规划

考虑等式约束凸二次规划问题

$$
\begin{aligned}
\min \quad & f(x) = (1/2)x^{\mathrm{T}}Px + q^{\mathrm{T}}x + r, \\
\text{s.t.} \quad & Ax = b,
\end{aligned}
\tag{6.3}
$$

其中 $P \in \mathbf{S}_+^n$, $A \in \mathbf{R}^{p \times n}$. 该问题不仅本身具有重要性, 也是扩展 Newton 法处理等式约束优化问题的基础. 此时最优性条件 (6.2) 为

$$
Ax^\star = b, \quad Px^\star + q + A^{\mathrm{T}}\nu^\star = 0,
$$

也即

$$
\begin{bmatrix} P & A^{\mathrm{T}} \\ A & 0 \end{bmatrix}
\begin{bmatrix} x^\star \\ \nu^\star \end{bmatrix}
= \begin{bmatrix} -q \\ b \end{bmatrix}.
\tag{6.4}
$$

这个线性方程组称为等式约束优化问题 (6.3) 的 **KKT 系统**. 系数矩阵称为 **KKT 矩阵**.

如果 KKT 矩阵非奇异, 则存在唯一最优的原对偶对 $(x^\star, \nu^\star)$. 如果 KKT 矩阵奇异, 但 KKT 系统有解, 则任何解都构成最优对 $(x^\star, \nu^\star)$. 如果 KKT 系统无解, 二次优化问题或者无下界或者无解. 实际上, 在这种情况下存在 $v \in \mathbf{R}^n$ 和 $w \in \mathbf{R}^p$ 满足

$$
Pv + A^{\mathrm{T}}w = 0, \quad Av = 0, \quad -q^{\mathrm{T}}v + b^{\mathrm{T}}w > 0.
$$

令 $\hat{x}$ 为任意可行点, 对于任何实数 t, 点 $x = \hat{x} + tv$ 都是可行解, 并且

$$
\begin{aligned}
f(\hat{x} + tv) &= f(\hat{x}) + t(v^{\mathrm{T}}P\hat{x} + q^{\mathrm{T}}v) + (1/2)t^2 v^{\mathrm{T}}Pv \\
&= f(\hat{x}) + t(-\hat{x}^{\mathrm{T}}A^{\mathrm{T}}w + q^{\mathrm{T}}v) - (1/2)t^2 w^{\mathrm{T}}Av \\
&= f(\hat{x}) + t(-b^{\mathrm{T}}w + q^{\mathrm{T}}v),
\end{aligned}
$$

显然, 这时 $f(\tilde{x} + t)$ 无下界.

KKT 矩阵的非奇异性有下面几个等价条件:

(1) $\mathcal{N}(P) \cap \mathcal{N}(A) = \{0\}$, 即 P 和 A 没有共同的非平凡零空间.

(2) $Ax = 0$, $x \neq 0 \Longrightarrow x^{\mathrm{T}}Px > 0$, 即 P 在 A 的零空间是正定的.

(3) $F^{\mathrm{T}}PF \succ 0$, 其中 $F \in \mathbf{R}^{n \times (n-p)}$ 是满足 $\mathcal{R}(F) = \mathcal{N}(A)$ 的矩阵.

作为一个重要的特殊情况, 如果 $P \succ 0$, 则 KKT 矩阵必然非奇异.

6.1.2　消除等式约束

求解等式约束优化问题 (6.1) 的一种方法是先消去等式约束, 然后用无约束优化方法求解相应的无约束优化问题. 首先确定矩阵 $F \in \mathbf{R}^{n \times (n-p)}$ 和向量 $\hat{x} \in \mathbf{R}^n$, 用以参数化仿射可行集

$$\{x|Ax=b\} = \{Fz+\hat{x}|z \in \mathbf{R}^{n-p}\},$$

这里 $\hat{x}$ 可以选用 $Ax=b$ 的任何特殊解, $F \in \mathbf{R}^{n \times (n-p)}$ 是值域为 A 的零空间的任何矩阵. 然后形成简化或消去等式约束后的优化问题

$$\min \quad \tilde{f}(z) = f(Fz+\hat{x}), \tag{6.5}$$

这是变量 $z \in \mathbf{R}^{n-p}$ 的无约束优化问题. 利用它的解 $z^\star$ 可以确定等式约束问题的解 $x^\star = Fz^\star + \hat{x}$.

也可以为等式约束问题构造一个最优的对偶变量 $\nu^\star$, 这就是

$$\nu^\star = -(AA^{\mathrm{T}})^{-1}A\nabla f(x^\star).$$

为了说明这个表达式的正确性, 需验证对偶可行性条件

$$\nabla f(x^\star) + A^{\mathrm{T}}(-(AA^{\mathrm{T}})^{-1}A\nabla f(x^\star)) = 0 \tag{6.6}$$

成立. 注意到

$$\begin{bmatrix} F^{\mathrm{T}} \\ A \end{bmatrix} (\nabla f(x^\star) - A^{\mathrm{T}}(AA^{\mathrm{T}})^{-1}A\nabla f(x^\star)) = 0,$$

这里矩阵块利用了 $F^{\mathrm{T}}\nabla f(x^\star) = \nabla \tilde{f}(z^\star) = 0$ 和 $AF=0$. 既然左边的矩阵是非奇异的, 所以 (6.6) 成立.

显然, $\mathbf{R}^{n \times (n-p)}$ 中任何满足 $\mathcal{R}(F) = \mathcal{N}(A)$ 的矩阵都可以用作消除矩阵, 因此对矩阵 F 有很多可能的选择. 如果 F 是这样的一个矩阵, $T \in \mathbf{R}^{(n-p) \times (n-p)}$ 是非奇异的, 那么 $\tilde{F} = FT$ 也是一个消除矩阵, 因为

$$\mathcal{R}(\tilde{F}) = \mathcal{R}(F) = \mathcal{N}(A).$$

反之, 如果 F 和 $\tilde{F}$ 是任意两个不同的消除矩阵, 那么总存在某个非奇异矩阵 T 使得 $\tilde{F} = FT$.

如果使用 F 消除等式约束, 原等式约束优化问题就转化为无约束优化问题

$$\min \quad f(Fz+\hat{x}).$$

6.1.3　用对偶方法求解等式约束问题

求解优化问题 (6.1) 的另一个途径是先求解其对偶问题, 然后求得最优的变量 $x^\star$. 优化问题 (6.1) 的对偶函数是

$$
\begin{aligned}
g(\nu) &= -b^{\mathrm{T}}\nu + \inf_x (f(x) + \nu^{\mathrm{T}} A x) \\
&= -b^{\mathrm{T}}\nu - \sup_x ((-A^{\mathrm{T}}\nu)^{\mathrm{T}} x - f(x)) \\
&= -b^{\mathrm{T}}\nu - f^*(-A^{\mathrm{T}}\nu),
\end{aligned}
$$

其中 f^* 是 f 的共轭, 因此对偶问题是

$$
\max \quad -b^{\mathrm{T}}\nu - f^*(-A^{\mathrm{T}}\nu).
$$

既然假定存在最优解, 该问题是严格可行的, 因此 Slater 条件成立. 于是强对偶性成立, 最优对偶目标可以达到, 即存在 $\nu^\star$ 满足 $g(\nu^\star) = p^\star$.

如果对偶函数 $g(\nu)$ 是二次可微的, 那么由第 5 章介绍的无约束优化方法可用于极大化 $g(\nu)$. 一旦找到最优的对偶变量 $\nu^\star$, 就可以由它构造出原问题的最优解 $x^\star$.

例 6.1　等式约束的解析中心. 下面考虑问题

$$
\begin{aligned}
\min \quad & f(x) = -\sum_{i=1}^n \log x_i, \\
\text{s.t.} \quad & Ax = b,
\end{aligned}
\tag{6.7}
$$

其中 $A \in \mathbf{R}^{p \times n}$, 隐含约束为 $x > 0$. 利用

$$
f^*(y) = \sum_{i=1}^n (-1 - \log(-y_i)) = -n - \sum_{i=1}^n \log(-y_i),
$$

对偶问题为

$$
\max \quad g(\nu) = -b^{\mathrm{T}}\nu + n + \sum_{i=1}^n \log(A^{\mathrm{T}}\nu)_i,
\tag{6.8}
$$

隐含约束 $A^{\mathrm{T}}\nu > 0$. 这里可以容易地求解对偶可行性方程, 即确定极大化 $L(x, \nu)$ 的 x:

$$
\nabla f(x) + A^{\mathrm{T}}\nu = -(1/x_1, \cdots, 1/x_n) + A^{\mathrm{T}}\nu = 0,
$$

于是

$$
x_i(\nu) = 1/(A^{\mathrm{T}}\nu)_i, \quad i = 1, \cdots, n
\tag{6.9}
$$

为求解等式约束的解析中心问题 (6.7), 先求解无约束的对偶问题 (6.8), 然后利用式 (6.9) 可得原问题 (6.7) 的最优解.

6.2 具有可行初始点的 Newton 方法

本节介绍等式约束的凸优化问题的具有可行初始点的 Newton 方法. 该方法要求初始点可行, 生成的 Newton 方向 Δx_{nt} 是可行方向, 即 $A\Delta x_{\mathrm{nt}} = 0$.

6.2.1 Newton 方向

为导出等式约束问题

$$\min \quad f(x),$$
$$\text{s.t.} \quad Ax = b$$

在可行点 x 处的 Newton 方向 Δx_{nt}, 我们将目标函数换成其在 x 附近的二阶 Taylor 近似, 形成下述问题

$$\min \quad \hat{f}(x + v) = f(x) + \nabla f(x)^{\mathrm{T}} v + (1/2)v^{\mathrm{T}}\nabla^2 f(x)v, \tag{6.10}$$
$$\text{s.t.} \quad A(x + v) = b,$$

该问题的变量为 v. 这是一个凸的带等式约束的二次极小问题, 可以用解析方法求解. 假定相应的 KKT 矩阵非奇异, 在此基础上定义 x 处的 Newton 方向 Δx_{nt} 为凸二次问题 (6.10) 的解.

根据 6.1.1 节对等式约束二次问题的分析, Newton 方向 Δx_{nt} 由下面方程确定

$$\begin{bmatrix} \nabla^2 f(x) & A^{\mathrm{T}} \\ A & 0 \end{bmatrix} \begin{bmatrix} \Delta x_{\mathrm{nt}} \\ w \end{bmatrix} = \begin{bmatrix} -\nabla f(x) \\ 0 \end{bmatrix}, \tag{6.11}$$

其中 w 是该二次问题的最优对偶变量.

如同用 Newton 方法求解无约束优化问题一样, 当目标函数 f 是严格凸的二次函数时, Newton 修正向量 $x + \Delta x_{\mathrm{nt}}$ 是等式约束极小化问题的精确最优解, 在这种情况下向量 w 是原问题的最优对偶变量. 正如无约束情况一样, 当 f 接近二次时, $x + \Delta x_{\mathrm{nt}}$ 应该是最优解 $x^\star$ 的很好估计, 而 w 则应该是最优的对偶变量 $\nu^\star$ 的很好估计.

可以将 Newton 方向 Δx_{nt} 及相关向量 w 解释为最优性条件

$$Ax^\star = b, \quad \nabla f(x^\star) + A^{\mathrm{T}}\nu^\star = 0$$

的近似线性方程组的解. 如用 $x + \Delta x_{\mathrm{nt}}$ 代替 $x^\star$, 用 w 代替 $\nu^\star$, 并将第二个方程中的梯度项换成其在 x 附近的线性近似, 便得到

$$A(x + \Delta x_{\mathrm{nt}}) = b, \quad \nabla f(x + \Delta x_{\mathrm{nt}}) + A^{\mathrm{T}}w \approx \nabla f(x) + \nabla^2 f(x)\Delta x_{\mathrm{nt}} + A^{\mathrm{T}}w = 0.$$

因为 $Ax = b$, 以上方程变成

$$A\Delta x_{\mathrm{nt}} = 0, \quad \nabla^2 f(x)\Delta x_{\mathrm{nt}} + A^{\mathrm{T}}w = -\nabla f(x),$$

这和定义 Newton 方向的方程 (6.11) 一致.

将等式约束问题的 Newton 减量定义为

$$\lambda(x) = (\Delta x_{\mathrm{nt}}^{\mathrm{T}}\nabla^2 f(x)\Delta x_{\mathrm{nt}})^{1/2}. \tag{6.12}$$

这和无约束情况的表示相同, 因此也可以进行同样的解释. 例如, $\lambda(x)$ 是 Newton 方向的 Hessian 矩阵范数.

用

$$\widehat{f}(x+v) = f(x) + \nabla f(x)^{\mathrm{T}}v + (1/2)v^{\mathrm{T}}\nabla^2 f(x)v$$

表示 f 在 x 处的二阶 Taylor 近似. $f(x)$ 和二次模型最优值之间的差值为

$$f(x) - \inf\{\widehat{f}(x+v)|A(x+v) = b\} = \lambda(x)^2/2, \tag{6.13}$$

这同无约束情况也是一样的. 这说明, 如同无约束情况, $\lambda(x)^2/2$ 对 x 处的 $f(x) - p^\star$ 给出了基于二次模型的一个估计.

Newton 减量也出现在线性搜索中, 因为 f 沿方向 Δx_{nt} 的方向导数是

$$\left.\frac{d}{dt}f(x + t\Delta x_{\mathrm{nt}})\right|_{t=0} = \nabla f(x)^{\mathrm{T}}\Delta x_{\mathrm{nt}} = -\lambda(x)^2, \tag{6.14}$$

这也和无约束情况相同.

如果 $Av = 0$, 称 $v \in \mathbf{R}^n$ 是一个**可行方向**. 对每一个可行点 x, 每个具有 $x + tv$ 形式的点也是可行解, 即 $A(x + tv) = b$. 如果对小的 $t > 0$, 有 $f(x + tv) < f(x)$, 称 v 是 f 在 x 处的一个**下降方向**.

如果 x 不是最优解, Newton 方向总是可行下降方向. 定义 Δx_{nt} 的第二组方程是 $A\Delta x_{\mathrm{nt}} = 0$, 说明它是可行方向; 而式 (6.14) 则说明它也是下降方向.

6.2.2　等式约束问题的 Newton 方法

等式约束下 Newton 方法的框架和无约束情况是一样的, 具体步骤如下:

算法 6.1　等式约束优化问题的 Newton 方法

给定: 满足 $Ax = b$ 的初始点 $x \in \mathbf{dom}\, f$, 误差阈值 $\epsilon > 0$.
重复进行下列步骤:

　1. 计算 Newton 减量: Δx_{nt}, $\lambda(x)$;

2. **停止准则**: 如果 $\lambda^2/2 \leqslant \epsilon$, **退出**;
3. **线性搜索**: 通过回溯线性搜索确定步长 t;
4. **修改**: $x := x + t\Delta x_{\text{nt}}$.

这是一种**可行下降方法**. 因为所有迭代点都是可行的, 并且满足 $f\left(x^{(k+1)}\right) < f\left(x^{(k)}\right)$(除非 $x^{(k)}$ 已经是最优解).

6.2.3 Newton 方法和消除法

假定 F 满足 $\mathcal{R}(F) = \mathcal{N}(A)$ 和 **rank** $F = n - p$, $\hat{x}$ 满足 $A\hat{x} = b$. 简化目标函数 $\tilde{f}(z) = f(Fz + \hat{x})$ 的梯度和 Hessian 矩阵是

$$\nabla\tilde{f}(z) = F^{\mathrm{T}}\nabla f(Fz + \hat{x}), \quad \nabla^2\tilde{f}(z) = F^{\mathrm{T}}\nabla^2 f(Fz + \hat{x})F.$$

从 Hessian 矩阵可以看出, 等式约束问题的 Newton 方向有定义, 即 KKT 矩阵

$$\begin{bmatrix} \nabla^2 f(x) & A^{\mathrm{T}} \\ A & 0 \end{bmatrix}$$

可逆的充要条件是简化问题的 Newton 方向有定义, 即 $\nabla^2\tilde{f}(z)$ 可逆.

简化问题的 Newton 方向是

$$\Delta z_{\text{nt}} = -\nabla^2\tilde{f}(z)\nabla\tilde{f}(z) = -(F^{\mathrm{T}}\nabla^2 f(x)F)^{-1}F^{\mathrm{T}}\nabla f(x), \tag{6.15}$$

其中 $x = Fz + \hat{x}$. 那么简化问题的搜索方向对应为

$$F\Delta z_{\text{nt}} = -F(F^{\mathrm{T}}\nabla^2 f(x)F)^{-1}F^{\mathrm{T}}\nabla f(x).$$

下面说明这个方向和式 (6.11) 定义的原始的等式约束问题的 Newton 方向 Δx_{nt} 相同.

为此, 定义 $\Delta x_{\text{nt}} = F\Delta z_{\text{nt}}$, 取

$$w = -(AA^{\mathrm{T}})^{-1}A(\nabla f(x) + \nabla^2 f(x)\Delta x_{\text{nt}}),$$

下面验证它们能满足定义 Newton 方向的方程

$$\nabla^2 f(x)\Delta x_{\text{nt}} + A^{\mathrm{T}}w + \nabla f(x) = 0, \quad A\Delta x_{\text{nt}} = 0. \tag{6.16}$$

因为 $AF = 0$, 所以第二个方程 $A\Delta x_{\text{nt}} = 0$ 成立. 为了验证第一个方程, 注意到

$$\begin{bmatrix} F^{\mathrm{T}} \\ A \end{bmatrix} (\nabla^2 f(x)\Delta x_{\text{nt}} + A^{\mathrm{T}}w + \nabla f(x))$$

$$= \begin{bmatrix} F^{\mathrm{T}}\nabla^2 f(x)\Delta x_{\text{nt}} + F^{\mathrm{T}}A^{\mathrm{T}}w + F^{\mathrm{T}}\nabla f(x) \\ A\nabla^2 f(x)\Delta x_{\text{nt}} + AA^{\mathrm{T}}w + A\nabla f(x) \end{bmatrix}$$

$$= 0.$$

因为第一行左边的矩阵是非奇异阵, 所以 (6.16) 成立.

类似地, 下式说明 $\tilde{f}$ 在 z 处的 Newton 减量 $\tilde{\lambda}(z)$ 和 f 在 x 处的 Newton 减量相等:

$$
\begin{aligned}
\tilde{\lambda}(z)^2 &= \Delta z_{\mathrm{nt}}^{\mathrm{T}} \nabla^2 \tilde{f}(z) \Delta z_{\mathrm{nt}} \\
&= \Delta z_{\mathrm{nt}}^{\mathrm{T}} F^{\mathrm{T}} \nabla^2 f(x) F \Delta z_{\mathrm{nt}} \\
&= \Delta x_{\mathrm{nt}}^{\mathrm{T}} \nabla^2 f(x) \Delta x_{\mathrm{nt}} \\
&= \lambda(x)^2.
\end{aligned}
$$

6.2.4　收敛性分析

已经知道, 用 Newton 方法求解等式约束问题和用 Newton 方法求解消除等式约束的简化问题是等价的. 因此, 关于无约束问题 Newton 方法收敛性的所有结果都可以推广到等式约束问题的 Newton 方法.

下面假设:

(1) 下水平集 $S = \{x \mid x \in \mathbf{dom}\, f,\ f(x) \leqslant f(x^{(0)}),\ Ax = b\}$ 是闭的, 其中 $x^{(0)} \in \mathbf{dom}\, f$ 满足 $Ax^{(0)} = b$. 该假设对闭的 f 成立.

(2) 在集合 S 上, 有 $\nabla^2 f(x) \preceq MI$,

$$
\left\| \begin{bmatrix} \nabla^2 f(x) & A^{\mathrm{T}} \\ A & 0 \end{bmatrix}^{-1} \right\|_2 \leqslant K, \tag{6.17}
$$

即 KKT 矩阵的逆矩阵在 S 上有界.

(3) 对于 $x,\ \tilde{x} \in S$, $\nabla^2 f$ 满足 Lipschitz 条件 $\|\nabla^2 f(x) - \nabla^2 f(\tilde{x})\|_2 \leqslant L\|x - \tilde{x}\|_2$.

条件 (6.17) 的作用同分析无约束问题 Newton 法的强凸性假设类似. 如果没有等式约束, 式 (6.17) 退化为在 S 上 $\|\nabla^2 f(x)^{-1}\|_2 \leqslant K$, 因此当 $\nabla^2 f(x) \succeq mI$ 在 S 上成立时可以取 $K = 1/m$, 其中 $m > 0$.

以上假设意味着消除等式约束后的目标函数 $\tilde{f}$, 和相应的初始点 $z^{(0)} = \hat{x} + Fx^{(0)}$ 一起, 满足无约束问题 Newton 方法收敛性分析的假定. 由此可知等式约束问题的 Newton 方法收敛.

可以证明, 上面的假设意味着, 消除等式约束后的优化问题满足无约束 Newton 方法的假定. 下面证明, KKT 矩阵逆有界的条件和上界假定 $\nabla^2 f(x) \preceq MI$ 一起, 意味着 $\nabla^2 \tilde{f}(z) \succeq mI$ 对某个正常数 m 成立. 这里 $m = \dfrac{\sigma_{\min}(F)^2}{K^2 M}$.

用反证法证明. 假定 $F^{\mathrm{T}} H F \not\succeq mI$, 其中 $H = \nabla^2 f(x)$. 则存在 u 满足 $\|u\|_2 = 1$, $u^{\mathrm{T}} F^{\mathrm{T}} H F u < m$, 即 $\|H^{1/2} F u\|_2 < m_{1/2}$. 利用 $AF = 0$, 有

$$
\begin{bmatrix} H & A^{\mathrm{T}} \\ A & 0 \end{bmatrix} \begin{bmatrix} Fu \\ 0 \end{bmatrix} = \begin{bmatrix} HFu \\ 0 \end{bmatrix},
$$

因此

$$\left\|\left[\begin{array}{cc} H & A^{\mathrm{T}} \\ A & 0 \end{array}\right]^{-1}\right\|_2 \geqslant \frac{\left\|\left[\begin{array}{c} Fu \\ 0 \end{array}\right]\right\|_2}{\left\|\left[\begin{array}{c} HFu \\ 0 \end{array}\right]\right\|_2} = \frac{||Fu||_2}{||HFu||_2}.$$

利用 $||Fu||_2 \geqslant \sigma_{\min}(F)$ 和

$$||HFu||_2 \leqslant ||H^{1/2}||_2 ||H^{1/2}Fu||_2 < M^{1/2}m^{1/2},$$

有

$$\left\|\left[\begin{array}{cc} H & A^{\mathrm{T}} \\ A & 0 \end{array}\right]^{-1}\right\|_2 \geqslant \frac{||Fu||_2}{||HFu||_2} > \frac{\sigma_{\min}(F)}{M^{1/2}m^{1/2}} = K.$$

6.3 不可行初始点的 Newton 方法

这一节介绍一种推广的 Newton 方法, 它可以从不可行的初始点开始进行迭代.

6.3.1 不可行点的 Newton 方向

和 Newton 方法一样, 从等式约束优化问题的最优性条件开始:

$$Ax^\star = b, \quad \nabla f(x^\star) + A^{\mathrm{T}}\nu^\star = 0.$$

用 x 表示当前迭代点, 不假定它是可行的, 但假定它满足 $x \in \mathbf{dom}\, f$. 我们的目的是找一个方向 Δx, 使 $x + \Delta x$ 满足最优性条件. 为此在最优性条件中用 $x + \Delta x$ 代替 $x^\star$, 用 w 代替 $\nu^\star$, 利用梯度的一阶近似

$$\nabla f(x + \Delta x) \approx \nabla f(x) + \nabla^2 f(x)\Delta x,$$

得到

$$A(x + \Delta x) = b, \quad \nabla f(x) + \nabla^2 f(x)\Delta x + A^{\mathrm{T}}w = 0,$$

即

$$\left[\begin{array}{cc} \nabla^2 f(x) & A^{\mathrm{T}} \\ A & 0 \end{array}\right] \left[\begin{array}{c} \Delta x \\ w \end{array}\right] = -\left[\begin{array}{c} \nabla f(x) \\ Ax - b \end{array}\right]. \tag{6.18}$$

这组方程和式 (6.11) 相似, 只有一点差别: 右边第二块元素含有 $Ax - b$. 如果 x 是可行的, (6.18) 退化为在可行点 x 处定义 Newton 方向的方程 (6.11). 因此, 如果 x 是可行的, 由式 (6.18) 定义的方向 Δx 和前面描述的 Newton 方向一致.

也可以基于等式约束优化问题的**原对偶方法**对方程 (6.18) 给出一种解释. 所谓原对偶方法, 是指同时修改原变量 x 和对偶变量 ν, 使最优性条件 (近似) 满足的方法.

将最优性条件表示成 $r(x^\star, \nu^\star) = 0$, 其中 $r : \mathbf{R}^n \times \mathbf{R}^p \to \mathbf{R}^n \times \mathbf{R}^p$ 由下式定义

$$r(x, \nu) = (r_{\mathrm{dual}}(x, \nu), r_{\mathrm{pri}}(x, \nu)),$$

这里

$$r_{\mathrm{dual}}(x, \nu) = \nabla f(x) + A^{\mathrm{T}} \nu, \quad r_{\mathrm{pri}}(x, \nu) = Ax - b$$

分别是**对偶残差**和**原残差**. 在当前估计 y 附近, r 的一阶 Taylor 近似是

$$r(y + z) \approx \hat{r}(y + z) = r(y) + Dr(y)z,$$

其中 $Dr(y) \in \mathbf{R}^{(n+p) \times (n+p)}$ 是 r 在 y 处的导数. 将原对偶 Newton 方向 Δy_{pd} 定义为使 Taylor 近似 $\hat{r}(y + z)$ 等于 0 的方向 z, 即

$$Dr(y)\Delta y_{\mathrm{pd}} = -r(y), \tag{6.19}$$

这里将 x 和 ν 都视为变量; $\Delta y_{\mathrm{pd}} = (\Delta x_{\mathrm{pd}}, \Delta \nu_{\mathrm{pd}})$ 同时给出了原对偶问题的方向.

对 r 求导数, 可以将式 (6.19) 表示为

$$\begin{bmatrix} \nabla^2 f(x) & A^{\mathrm{T}} \\ A & 0 \end{bmatrix} \begin{bmatrix} \Delta x_{\mathrm{pd}} \\ \Delta \nu_{\mathrm{pd}} \end{bmatrix} = - \begin{bmatrix} r_{\mathrm{dual}} \\ r_{\mathrm{pri}} \end{bmatrix} = - \begin{bmatrix} \nabla f(x) + A^{\mathrm{T}} \nu \\ Ax - b \end{bmatrix}. \tag{6.20}$$

将 $\nu + \Delta \nu_{\mathrm{pd}}$ 写成 ν^+, 上式又可表示成

$$\begin{bmatrix} \nabla^2 f(x) & A^{\mathrm{T}} \\ A & 0 \end{bmatrix} \begin{bmatrix} \Delta x_{\mathrm{pd}} \\ \nu^+ \end{bmatrix} = - \begin{bmatrix} \nabla f(x) \\ Ax - b \end{bmatrix}, \tag{6.21}$$

这和方程组 (6.18) 完全相同. 因此, 式 (6.18)、式 (6.20) 和式 (6.21) 的解之间存在以下关系

$$\Delta x_{nt} = \Delta x_{\mathrm{pd}}, \quad w = \nu^+ = \nu + \Delta \nu_{\mathrm{pd}}.$$

这表明不可行 Newton 方向和原对偶方向中的原问题对应向量相同, 而相应的对偶向量 w 就是修正的原对偶变量 $\nu^+ = \nu + \Delta \nu_{\mathrm{pd}}$.

由式 (6.20) 和式 (6.21) 给出的 Newton 方向和对偶变量的两种表达式彼此等价, 但每种表达式揭示了 Newton 方向一种不同的特点. 方程 (6.20) 表明 Newton 方

向和相应的对偶方向是以原对偶残差为右边项的方程组的解. 而最初定义 Newton 方向的式 (6.21), 则给出了 Newton 方向和修正的对偶变量, 从中可以看出, 对偶变量的当前值对计算对偶方向或其修正值都不起作用.

在不可行点处的 Newton 方向不一定是 f 的下降方向. 从式 (6.18) 可以看出

$$
\begin{aligned}
\frac{d}{dt} f(x + t\Delta x)\Big|_{t=0} &= \nabla f(x)^{\mathrm{T}} \Delta x \\
&= -\Delta x^{\mathrm{T}} (\nabla^2 f(x)\Delta x + A^{\mathrm{T}} w) \\
&= -\Delta x^{\mathrm{T}} \nabla^2 f(x)\Delta x + (Ax - b)^{\mathrm{T}} w,
\end{aligned}
$$

它不一定是负的. 然而, 原对偶解释表明, 残差范数沿 Newton 方向下降, 即

$$
\frac{d}{dt} \|r(y + t\Delta y_{\mathrm{pd}})\|_2^2 \Big|_{t=0} = 2r(y)^{\mathrm{T}} Dr(y)\Delta y_{\mathrm{pd}} = -2r(y)^{\mathrm{T}} r(y).
$$

所以

$$
\frac{d}{dt} \|r(y + t\Delta y_{\mathrm{pd}})\|_2 \Big|_{t=0} = -\|r(y)\|_2. \tag{6.22}
$$

该式让我们能够利用 $\|r\|_2$ 检测不可行 Newton 法的进展.

显然, 由式 (6.18) 给出的 Newton 方向 Δx 具有以下性质

$$
A(x + \Delta x_{\mathrm{nt}}) = b. \tag{6.23}
$$

由此可知, 如果沿 Newton 方向 Δx 前进的步长等于 1, 下一个迭代点将是可行的. 一旦 x 是可行点, Newton 方向就成为可行方向. 这样, 以后的迭代点都将是可行点.

6.3.2 不可行初始点 Newton 方法

利用 (6.18) 定义的 Newton 方向 Δx_{nt}, 可以对 Newton 法进行推广, 使之能处理初始点 $x^{(0)}$ 不一定满足 $Ax^{(0)} = b$ 的情况. 下面给出不可行初始点 Newton 法的计算框架.

算法 6.2 不可行初始点 Newton 方法

给定: 初始点 $x \in \mathbf{dom}\, f$, ν, 误差阈值 $\epsilon > 0$, $\alpha \in (0, 1/2)$, $\beta \in (0, 1)$.

重复进行下列计算:

1. 计算原对偶 Newton 方向 Δx_{nt}, $\Delta \nu_{\mathrm{nt}}$;
2. 对 $\|r\|_2$ 进行回溯线性搜索:

   $t := 1$,

　　只要$||r(x + t\Delta x_{nt}, \nu + t\Delta\nu_{nt})||_2 > (1 - \alpha t)||r(x, \nu)||_2, \quad t := \beta t;$

　　3. **改进**：$x := x + t\Delta x_{\text{nt}}, \ \nu := \nu + t\Delta\nu_{\text{nt}};$

直到$Ax = b$, 且 $||r(x, \nu)||_2 \leqslant \epsilon.$

　　该算法和处理可行初始点的 Newton 法非常相似, 但也有几点不同. 首先, 搜索方向包括额外的依赖原问题残差的修正项. 其次, 线性搜索目标是残差的范数, 而不是函数 f. 最后, 算法停止时不仅要求原问题可行性被满足, 还要求对偶残差的范数也很小.

　　不可行初始点 Newton 法有很多变形. 例如, 一旦满足了可行性, 我们就可以切换到 6.2 节描述的可行 Newton 方法. 这时可以将线性搜索的目标函数换成 f, 将终止条件换成 $\lambda(x)^2/2 \leqslant c$. 当可行性满足时, 不可行初始点 Newton 方法和可行 Newton 法只在回溯和终止条件方面有些差别.

　　不可行初始点 Newton 法的主要优点在于对初始化的要求简单. 如果 **dom** $f = \mathbf{R}^n$, 初始化可行 Newton 法就是先计算 $Ax = b$ 的一个解, 在这种情况下用不可行初始点 Newton 法, 没有特别的优点.

　　如果 **dom** f 不等于 $\mathbf{R}^n$, 在 **dom** f 中找到满足 $Ax = b$ 的点本身就有一定难度. 一种一般性的处理方法, 是采用阶段 I 方法求出这样一个点 (或者证实这样的点不存在). 但如果 **dom** f 比较简单, 并且已知含有满足 $Ax = b$ 的点, 那么不可行初始点 Newton 法就是一种简单的可选方案.

　　一种常见的例子发生在 **dom** $f = \mathbf{R}^n_{++}$ 的情况, 如对以下问题使用可行初始化 Newton 方法求解:

$$\min \quad -\sum_{i=1}^{n} \log x_i, \tag{6.24}$$
$$\text{s.t.} \quad Ax = b,$$

需要先找到满足 $Ax = b$ 的 $x^{(0)} > 0$, 这等价于求解一个标准形式的线性规划可行性问题. 该问题可以采用阶段 I 方法处理, 或者等价地, 采用不可行初始点 Newton 方法, 选取任何正分量作为初始点, 例如, $x^0 = \mathbf{1}$.

　　同样的技巧可以用于求解无约束问题时 **dom** f 未知的初始点的情况. 例如, 考虑等式约束解析中心点问题 (6.24) 的对偶问题,

$$\max \quad g(\nu) = -b^{\mathrm{T}}\nu + n + \sum_{i=1}^{n} \log(A^{\mathrm{T}}\nu)_i.$$

为了对该问题用可行初始点 Newton 法, 必须找到满足 $A^{\mathrm{T}}\nu^{(0)} > 0$ 的 $\nu^{(0)}$, 即必须求解一组线性不等式. 该问题可以用阶段 I 方法求解, 或者在重新描述问题后用不

可行初始点 Newton 法求解. 可以先采用新的变量 $y \in \mathbf{R}^n$ 将其表示为一个等式约束问题

$$\max \quad -b^{\mathrm{T}}\nu + n + \sum_{i=1}^{n} \log y_i,$$

$$\text{s.t.} \quad y = A^{\mathrm{T}}\nu,$$

然后就可以从任何正分量的 $y^{(0)}$ 和任意的 $\nu^{(0)}$ 开始应用不可行初始点 Newton 法.

对于不知道是否存在严格可行的初始点的问题, 采用不可行初始点 Newton 方法进行初始化存在一个缺点, 就是不能明确判断不存在严格可行点的情况.

6.3.3 收敛性分析

这一节要证明, 在一定条件下, 不可行初始点 Newton 方法收敛. 收敛性证明和标准 Newton 方法或者等式约束的标准 Newton 方法的收敛性证明类似.

下面假定:

(1) 下水平集

$$S = \{(x,\nu) \mid x \in \mathbf{dom}\, f,\ ||r(x,\nu)||_2 \leqslant ||r(x^{(0)},\nu^{(0)})||_2\} \tag{6.25}$$

是闭的, 如果 f 是闭的, 则 $||r||_2$ 是一个闭函数, 此时该条件被任何 $x^{(0)} \in \mathbf{dom}\, f$ 和任何 $\nu^{(0)} \in \mathbf{R}^p$ 所满足.

(2) 在集合 S 上对某些 K 成立

$$||Dr(x,\nu)^{-1}||_2 = \left\| \begin{bmatrix} \nabla^2 f(x) & A^{\mathrm{T}} \\ A & 0 \end{bmatrix}^{-1} \right\|_2 \leqslant K. \tag{6.26}$$

(3) 对于 $(x,\nu),\ (\tilde{x},\tilde{\nu}) \in S$, Dr 满足 Lipschitz 条件

$$||Dr(x,\nu) - Dr(\tilde{x},\tilde{\nu})||_2 \leqslant L||(x,\nu) - (\tilde{x},\tilde{\nu})||_2.$$

(该式等价于 $\nabla^2 f(x)$ 满足 Lipschitz 条件.)

下面将看到, 这些假设意味着 $\mathbf{dom}\, f$ 和 $\{z \mid Az = b\}$ 相交, 并存在一个最优解 $(x^\star, \nu^\star)$.

我们从推导一个基本不等式开始. 令 $y = (x,\nu) \in S$ 满足 $||r(y)||_2 \neq 0$, 令 $\Delta y_{\mathrm{nt}} = (\Delta x_{\mathrm{nt}}, \Delta \nu_{\mathrm{nt}})$ 为 y 处的 Newton 方向. 定义

$$t_{\max} = \inf\{t > 0 \mid y + t\Delta y_{\mathrm{nt}} \notin S\}.$$

如果对所有的 $t \geqslant 0$ 成立 $y + t\Delta y_{\mathrm{nt}} \in S$, 记 $t_{\max} = \infty$. 否则, $t_{\max}$ 表示满足 $||r(y+t\Delta y_{\mathrm{nt}})||_2 = ||r(y^{(2)})||_2$ 的最小的正 t. 特别是, 由此可知对任意的 $0 \leqslant t \leqslant t_{\max}$, 都成立 $y + t\Delta y_{\mathrm{nt}} \in S$.

先证明一个重要不等式:

对于任意的 $0 \leqslant t \leqslant \min\{1, t_{\max}\}$ 都成立

$$||r(y + t\Delta y_{nt})||_2 \leqslant (1 - t)||r(y)||_2 + (K^2 L/2)t^2||r(y)||_2^2. \tag{6.27}$$

因为

$$
\begin{aligned}
r(y + t\Delta y_{nt}) &= r(y) + \int_0^1 Dr(y + \tau t\Delta y_{nt})t\Delta y_{nt}d\tau \\
&= r(y) + tDr(y)\Delta y_{nt} + \int_0^1 (Dr(y + \tau t\Delta y_{nt}) - Dr(y))t\Delta y_{nt}d\tau \\
&= r(y) + tDr(y)\Delta y_{nt} + e \\
&= (1 - t)r(y) + e,
\end{aligned}
$$

这里利用了 $Dr(y)\Delta y_{nt} = -r(y)$, 且记

$$e = \int_0^1 (Dr(y + \tau t\Delta y_{nt}) - Dr(y))t\Delta y_{nt}d\tau.$$

假设 $0 \leqslant t \leqslant t_{\max}$, 则对所有的 $0 \leqslant \tau \leqslant 1$ 都有 $y + \tau t\Delta y_{nt} \in S$. 可以对 $||e||_2$ 得到如下估计:

$$
\begin{aligned}
||e||_2 &\leqslant ||t\Delta y_{nt}||_2 \int_0^1 ||Dr(y + \tau t\Delta y_{nt}) - Dr(y)||_2 d\tau \\
&\leqslant ||t\Delta y_{nt}||_2 \int_0^1 L||\tau t\Delta y_{nt}||_2 d\tau \\
&= (L/2)t^2||\Delta y_{nt}||_2^2 \\
&= (L/2)t^2||Dr(y)^{-1}r(y)||_2^2 \\
&\leqslant (K^2 L/2)t^2||r(y)||_2^2,
\end{aligned}
$$

其中第二行利用了 Lipschitz 条件, 最后一个不等式用第三个假设条件. 这样就可以导出式 (6.27) 中的上界: 对于任意的 $0 \leqslant t \leqslant \min\{1, t_{\max}\}$,

$$
\begin{aligned}
||r(y + t\Delta y_{nt})||_2 &= ||(1 - t)r(y) + e||_2 \\
&\leqslant (1 - t)||r(y)||_2 + ||e||_2 \\
&\leqslant (1 - t)||r(y)||_2 + (K^2 L/2)t^2||r(y)||_2^2.
\end{aligned}
$$

下面分两个阶段讨论 Newton 法.

1) 阻尼 Newton 阶段

首先说明, 如果 $||r||_2 > 1/(K^2 L)$, 不可行初始点 Newton 方法的一次迭代将把 $||r||_2$ 至少减少一个确定的量.

不等式 (6.27) 的右边是 t 的二次函数, 并在 $t = 0$ 和它的最小解

$$\bar{t} = \frac{1}{K^2 L ||r(y)||_2} < 1$$

之间单调减少. 容易看出: $t_{\max} > \bar{t}$, 因为否则就会有

$$||r(y + t_{\max} \Delta y_{\mathrm{nt}})||_2 < ||r(y)||_2,$$

这与 $t_{\max}$ 的定义矛盾! 因此基本不等式在 $t = \bar{t}$ 时成立, 于是

$$\begin{aligned}||r(y + \bar{t} \Delta y_{\mathrm{nt}})||_2 &\leqslant ||r(y)||_2 - 1/(2K^2 L) \\ &\leqslant ||r(y)||_2 - \alpha/(K^2 L) \\ &= (1 - \alpha\bar{t})||r(y)||_2,\end{aligned}$$

它表明步长 $\bar{t}$ 满足回溯线性搜索的停止条件. 所以有 $t \geqslant \beta\bar{t}$, 其中 t 是回溯算法确定的步长. 从 $t \geqslant \beta\bar{t}$ 可得

$$\begin{aligned}||r(y + t\Delta y_{\mathrm{nt}})||_2 &\leqslant (1 - \alpha t)||r(y)||_2 \\ &\leqslant (1 - \alpha\beta\bar{t})||r(y)||_2 \\ &= \left(1 - \frac{\alpha\beta}{K^2 L ||r(y)||_2}\right)||r(y)||_2 \\ &= ||r(y)||_2 - \frac{\alpha\beta}{K_2 L}.\end{aligned}$$

于是, 只要 $||r(y)||_2 > 1/(K_2 L)$, 每次迭代就能把 $||r||_2$ 至少减少 $\alpha\beta/(K^2 L)$. 由此可知, 至多经过

$$\frac{||r(y^{(0)})||_2 K^2 L}{\alpha\beta}$$

次迭代就可得到 $||r(y^{(k)})||_2 \leqslant 1/(K^2 L)$.

2) 二次收敛阶段

现在假设 $||r(y)||_2 \leqslant 1/(K^2 L)$. 因为基本不等式

$$||r(y + t\Delta y_{\mathrm{nt}})||_2 \leqslant (1 - t + (1/2)t^2)||r(y)||_2, \tag{6.28}$$

对任意的 $0 \leqslant t \leqslant \min\{1, t_{\max}\}$ 成立. 此时有 $t_{\max} > 1$, 否则由式 (6.28) 可得 $||r(y + t_{\max}\Delta y_{\mathrm{nt}})||_2 < ||r(y)||_2$, 它和 $t_{\max}$ 的定义相矛盾. 因此不等式 (6.28) 对 $t = 1$ 成立, 即有

$$\|r(y + t\Delta y_{\mathrm{nt}})\|_2 \leqslant (1/2)\|r(y)\|_2 \leqslant (1-\alpha)\|r(y)\|_2.$$

这表明 $t = 1$ 满足回溯线性搜索算法的停止条件, 因此可以取完整步长 1. 不仅如此, 对于之后所有迭代, 都有 $\|r(y)\|_2 \leqslant 1/(K^2 L)$, 于是在此后所有迭代中, 都取完整步长, 即 $t = 1$.

可以把不等式 (6.27) 写成

$$\frac{K^2 L \|r(y^+)\|_2}{2} \leqslant \left(\frac{K^2 L \|r(y)\|_2}{2} \right)^2,$$

其中 $y^+ = y + \Delta y_{\mathrm{nt}}$. 于是, 如果用 $r(y^{+k})$ 表示 $\|r(y)\|_2 \leqslant 1/(K^2 L)$ 出现后再进行 k 步迭代后的残差, 便有

$$\frac{K^2 L \|r(y^{+k})\|_2}{2} \leqslant \left(\frac{K^2 L \|r(y)\|_2}{2} \right)^{2^k} \leqslant \left(\frac{1}{2} \right)^{2^k},$$

这样便得到了 $\|r(y)\|_2$ 的二次收敛性.

为了证明迭代序列收敛, 需要说明它是一个 Cauchy 序列. 假设 y 满足 $\|r(y)\|_2 \leqslant 1/(K^2 L)$, 用 y^{+k} 表示 y 以后再进行 k 次迭代得到的相应值. 既然这些迭代均在二次收敛区域, 步长都等于 1, 因此有

$$
\begin{aligned}
\|y^{+k} - y\|_2 &\leqslant \|y^{+k} - y^{+(k-1)}\|_2 + \cdots + \|y^+ - y\|_2 \\
&= \|Dr(y^{+(k-1)})^{-1} r(y^{+(k-1)})\|_2 + \cdots + \|Dr(y)^{-1} r(y)\|_2 \\
&\leqslant K \left(\|r(y^{+(k-1)})\|_2 + \cdots + \|r(y)\|_2 \right) \\
&\leqslant K \|r(y)\|_2 \sum_{i=0}^{k-1} \left(\frac{K^2 L \|r(y)\|_2}{2} \right)^{2^i - 1} \\
&\leqslant K \|r(y)\|_2 \sum_{i=0}^{k-1} \left(\frac{1}{2} \right)^{2^i - 1} \\
&\leqslant 2K \|r(y)\|_2,
\end{aligned}
$$

其中第三行对所有迭代利用了第三个假设 $\|Dr^{-1}\|_2 \leqslant K$. 因为 $\|r(y)^{(k)}\|_2$ 收敛于零, 所以 $\{y^{(k)}\}$ 是一个 Cauchy 序列, 所以它收敛. 由 r 的连续性可得, $y^\star$ 的极限满足 $r(y^\star) = 0$. Newton 法的收敛性得证.

6.3.4   数值算例

一个简单的例子

我们用不可行初始点 Newton 方法求解等式约束的解析中心点问题 (6.24). 这里的第一个例子是随机产生的 $n = 100$, $m = 50$ 的实例, 相应问题可行且存在下界. 采用不可行初始点 Newton 方法, 初始的原对偶变量取值为 $x^{(0)} = \mathbf{1}$, $\nu^{(0)} = 0$,

回溯线性搜索参数 $\alpha = 0.01$, $\beta = 0.5$. 图 6.1 中的图像分别表示原对偶残差相对迭代次数的变化情况, 而图 6.2 中的图形则显示对应的步长. 第 8 次迭代时选取了完整的 Newton 步长, 因此原残差变成 (几乎等于) 零, 并在此后始终保持 (几乎等于) 零. 大约 9 次迭代后, (对偶) 残差二次收敛于零.

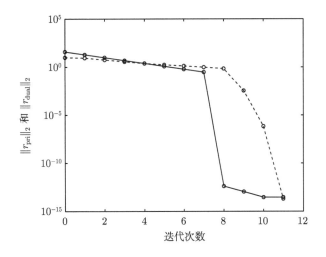

图 6.1 用不可行初始点 Newton 方法求解一个 100 个变量, 50 个等式约束的解析中心点问题. 图中给出了 $\|r_{\mathrm{pri}}\|_2$(实线) 和 $\|r_{\mathrm{dual}}\|_2$(虚线). 可行性在 8 次迭代后满足并一直保持, 大约 9 次迭代后开始二次收敛

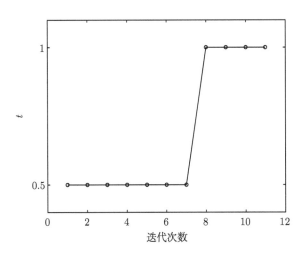

图 6.2 相同例子的步长与迭代次数之间的关系. 第 8 次迭代时选取了完整步长, 自此以后始终保持了可行性

一个不可行的例子

再考虑一个和上面的例子维数相同的实例, 和上一个例子不同之处在于 **dom** f 和 $\{z \mid Az = b\}$ 不相交, 即这是一个不可行问题. 所以这个实例不满足问题 (6.1) 是可解的假设, 也不满足 6.2.4 节给出的假设; 考虑这个例子是为了考察当可行集为空集时, 不可行初始点 Newton方法会发生什么情况. 图 6.3 给出了该实例的残差范数, 图 6.4 给出了对应的步长. 当然, 在这种情况下步长永远不会等于 1, 而残差也不会等于 0.

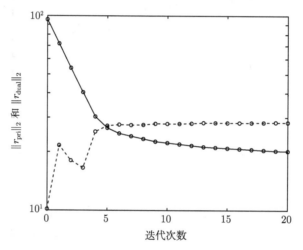

图 6.3　用不可行初始点 Newton 方法求解一个 100 个变量, 50 个等式约束的解析中心点问题, 其定义域 **dom** $f = \mathbf{R}_{++}^{100}$ 和 $\{z \mid Az = b\}$ 不相交. 图中给出了 $\|r_{\mathrm{pri}}\|_2$ (实线) 和 $\|r_{\mathrm{dual}}\|_2$(虚线). 在这种情况下, 残差不收敛于 0

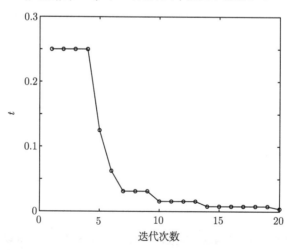

图 6.4　不可行实例的步长和迭代次数之间的关系. 步长永远不等于 1, 并趋近于 0

关于本章内容的注释 线性等式约束的凸优化问题理论上等价于一个无约束凸优化问题, 但具体计算上, 直接对原问题设计算法并计算往往是更有效的, 一个重要原因就是这样做会保持原问题的结构. 本章介绍用 Newton 法求解问题 KKT 系统, 算法的分析利用了无约束 Newton 法类似的思想. 本章内容更具体的发展历史及算法实现技术介绍可参考 [1] 中有关部分的注释.

习 题 6

6.1 考虑 KKT 矩阵

$$
\begin{bmatrix}
P & A^{\mathrm{T}} \\
A & 0
\end{bmatrix},
$$

其中 $P \in \mathbf{S}_+^n$, $A \in \mathbf{R}^{p \times n}$, $\mathrm{rank}\, A = p < n$.

(a) 证明以下每个论断等价于 KKT 矩阵非奇异.

(1) $\mathcal{N}(P) \cap \mathcal{N}(A) = 0$.

(2) $Ax = 0,\ x \neq 0 \Longrightarrow x^{\mathrm{T}} P x > 0$.

(3) $F^{\mathrm{T}} P F \succ 0$, 其中 $F \in \mathbf{R}^{n \times (n-p)}$ 是满足 $\mathcal{R}(F) = \mathcal{N}(A)$ 的矩阵.

(4) 对某个 $Q \succeq 0$ 成立 $P + A^{\mathrm{T}} Q A \succ 0$.

(b) 证明如果 KKT 矩阵非奇异, 它就正好有 n 个正特征根和 p 个负特征根.

6.2 假设 f 是凸的可微函数, $x \in \mathbf{dom}\, f$ 满足 $Ax = b$, 其中 $A \in \mathbf{R}^{p \times n}$, $\mathrm{rank}\, A = p < n$. 负梯度 $-\nabla f(x)$ 在 $\mathcal{N}(A)$ 上的 Euclid 投影由下式给出

$$
\Delta x_{\mathrm{pg}} = \arg \min_{Au=0} \| -\nabla f(x) - u \|_2.
$$

(a) 令 (v, w) 为下面方程组的唯一解:

$$
\begin{bmatrix}
I & A^{\mathrm{T}} \\
A & 0
\end{bmatrix}
\begin{bmatrix}
v \\
w
\end{bmatrix}
= -
\begin{bmatrix}
-\nabla f(x) \\
0
\end{bmatrix}.
$$

证明 $v = \Delta x_{\mathrm{pg}}$, $w = \arg \min_y \| \nabla f(x) + A^{\mathrm{T}} y \|_2$.

(b) 假定 $F^{\mathrm{T}} F = I$, 投影负梯度 Δx_{pg} 和问题 (6.5) 的简化问题的负梯度之间有什么关系?

(c) 等式约束优化问题的**投影梯度法**采用方向 Δx_{pg}, 对 f 进行回溯线性搜索. 利用上面 (b) 的结果证明投影梯度法收敛到最优解.

6.3 本题研究用 Newton 方法求解等式约束优化问题 (6.1) 的对偶问题. 假设 f 二次可微, 对所有 $x \in \mathbf{dom}\, f$ 成立 $\nabla^2 f(x) \succ 0$, 并且对每个 $\nu \in \mathbf{R}^p$, Lagrange 函数 $L(x, \nu) = f(x) + \nu^{\mathrm{T}}(Ax - b)$ 有唯一最小解, 用 $x(\nu)$ 表示.

(a) 证明对偶函数 g 二次可微, 对每个 ν, 用 f, ∇f, 以及在 $x = x(\nu)$ 处的 $\nabla^2 f$ 表示对偶函数 g 的 Newton 方向.

(b) 假设对所有的 $x \in \mathbf{dom}\, f$ 存在 K 满足

$$\left\| \begin{bmatrix} \nabla^2 f(x) & A^{\mathrm{T}} \\ A & 0 \end{bmatrix}^{-1} \right\|_2 \leqslant K.$$

证明: g 满足 $\nabla^2 g(\nu) \preceq -(1/K)I$.

6.4 假设 $Q \succeq 0$. 问题

$$\min \quad f(x) + (Ax - b)^{\mathrm{T}} Q(Ax - b),$$
$$\text{s.t.} \quad Ax = b$$

等价于原始的等式约束优化问题 (6.1). 该问题的 Newton 方向是否和原问题的 Newton 方向相同?

6.5 证明

$$f(x) - \inf\{\widehat{f}(x + v) | A(x + v) = b\} = \lambda(x)^2/2.$$

6.6 考虑 6.1 节给出的假设条件.

(a) 假设 f 是闭函数. 证明该假设意味着残差的范数 $\|r(x, \nu)\|_2$ 是闭函数.

(b) 证明 Dr 满足 Lipschitz 条件的充要条件是 $\nabla^2 f$ 满足该条件.

6.7 假定在 $a_i^{\mathrm{T}} x = b_i (i = 1, \cdots, p)$ 的约束下用不可行初始点 Newton 方法极小化 $f(x)$.

(a) 假设初始点 $x^{(0)}$ 满足线性等式 $a_i^{\mathrm{T}} x = b_i$. 证明之后的迭代点将始终满足该线性等式, 即 $a_i^{\mathrm{T}} x^{(k)} = b_i$ 对所有的 k 均成立.

(b) 假定某个等式约束在第 k 次迭代后被满足, 即有: $a_i^{\mathrm{T}} x^{(k-1)} \neq b_i$, $a_i^{\mathrm{T}} x^{(k)} = b_i$. 证明在第 k 次迭代后, 所有等式约束都被满足.

6.8 考虑等式约束下的熵极大化问题

$$\min \quad f(x) = \sum_{i=1}^{n} x_i \log x_i, \tag{6.29}$$
$$\text{s.t.} \quad Ax = b, \quad A \in \mathbf{R}^{p \times n}.$$

我们假设该问题是可行的, 并且 $\mathbf{rank}\, A = p < n$.

(a) 证明该问题有唯一最优解 $x^\star$.

(b) 证明 A, b 和可行的 $x^{(0)}$ 使下水平集

$$\{x \in \mathbf{R}_{++}^n \mid Ax = b, f(x) \leqslant f(x^{(0)})\}$$

不是闭集. 由此可知, 某些可行初始点不满足 6.2.4 节给出的假设.

(c) 证明对于任何可行初始点, 问题 (6.29) 满足 6.3.3 节给出的关于不可行初始点 Newton 方法的假设.

(d) 导出 (6.29) 的 Lagrange 对偶, 说明如何利用对偶问题最优解求的问题 (6.29) 的最优解. 证明对于任意初始点, 对偶问题满足 6.2.4 节列出的假设.

以上 (b), (c) 和 (d) 的结果并不意味着标准 Newton 方法失效, 也不能说明不可行初始点 Newton 方法或者对偶方法实际效果更好. 它只是表示收敛性分析可以应用于不可行初始点 Newton 方法和对偶方法时, 不一定能应用于标准 Newton 方法.

第 7 章　内　点　法

内点法是求解约束凸优化问题的一种有效方法, 它是从 20 世纪 80 年代发展起来的, 开始是为了用于求解线性规划问题, 它是一种有效的多项式时间算法.

考虑下面约束凸优化问题

$$
\begin{aligned}
\min\quad & f_0(x), \\
\text{s.t.}\quad & f_i(x) \leqslant 0, \quad i = 1, \cdots, m, \\
& Ax = b,
\end{aligned}
\tag{7.1}
$$

其中 $f_0, \cdots, f_m : \mathbf{R}^n \to \mathbf{R}$ 是二次可微的凸函数, $A \in \mathbf{R}^{p \times n}$, $\mathbf{rank}\, A = p < n$. 假定该问题有解, 即存在最优的 x^*. 用 p^* 表示最优值 $f_0(x^*)$.

还假定该问题严格可行, 即存在 x 满足 $Ax = b$ 和 $f_i(x) < 0, i = 1, \cdots, m$. 这意味着 Slater 条件成立, 因此存在最优对偶 $\lambda^* \in \mathbf{R}^m, \nu^* \in \mathbf{R}^p$, 它们和 x^* 一起满足 KKT 条件

$$
\begin{aligned}
& Ax^* = b,\; f_i(x^*) \leqslant 0, \quad i = 1, \cdots, m, \\
& \lambda^* \geqslant 0, \\
& \nabla f_0(x^*) + \sum_{i=1}^{m} \lambda_i^* \nabla f_i(x^*) + A^{\mathrm{T}} \nu^* = 0, \\
& \lambda_i^* f_i(x^*) = 0, \quad i = 1, \cdots, m.
\end{aligned}
\tag{7.2}
$$

顾名思义, 内点法就是产生一系列在可行域内部点列的方法, 这个点列收敛到问题的解. 本章主要讨论一种特殊的内点法 ——**障碍法**, 并给出其收敛性证明和复杂性分析. 本章也将介绍一种简单的**原对偶内点法**.

很多问题具有问题 (7.1) 的形式, 并且满足目标函数和约束函数均二次可微的假设. 显然, 线性规划、二次规划、二次约束的二次规划以及凸几何规划都是这种例子.

也有很多问题虽然不具备问题 (7.1) 所要求的形式, 但可以将其重新表示成所需要的形式. 比如可将无约束凸分片线性极小化问题

$$
\min \max_{i=1, \cdots, m} (a_i^{\mathrm{T}} x + b_i)
$$

写为等价的线性规划问题

$$
\begin{aligned}
\min \quad & t, \\
\text{s.t.} \quad & a_i^{\mathrm{T}} x + b_i \leqslant t, \quad i = 1, \cdots, m.
\end{aligned}
$$

还有一些凸优化问题, 比如二阶锥规划和半定规划, 虽然不能转换成所需要的形式, 但可以采用同这里相同的思想, 提出相应的内点方法.

7.1　对数障碍函数和中心路径

先将 (7.1) 近似转换成等式约束问题, 从而可应用 Newton 方法求解. 第一步是重新表述问题 (7.1), 把不等式约束隐含在目标函数中:

$$
\begin{aligned}
\min \quad & f_0(x) + \sum_{i=1}^{m} I_-(f_i(x)), \\
\text{s.t.} \quad & Ax = b,
\end{aligned}
\tag{7.3}
$$

其中 $I_- : R \to R$ 是示性函数, 即

$$
I_-(u) = \left\{
\begin{array}{ll}
0, & u \leqslant 0, \\
\infty, & u > 0.
\end{array}
\right.
$$

问题 (7.3) 没有不等式约束, 但是其目标函数一般不可微, 因此不能应用 Newton 方法去求解.

7.1.1　对数障碍

障碍方法的基本思想是用下面光滑函数 $\bar{I}_-$ 近似示性函数 I_-:

$$
\bar{I}_-(u) = -(1/t)\log(-u), \quad \mathbf{dom}\,\bar{I}_- = -\mathbf{R}_{++},
$$

其中 $t > 0$ 是参数. 同 I_- 一样, $\bar{I}_-$ 是凸的非减函数.

用 $\bar{I}_-$ 替换式 (7.3) 中的 I_-, 可得原问题的如下近似问题

$$
\begin{aligned}
\min \quad & f_0(x) + \sum_{i=1}^{m} -(1/t) \log(-f_i(x)), \\
\text{s.t.} \quad & Ax = b.
\end{aligned}
\tag{7.4}
$$

由于 $-(1/t) \log(u)$ 是 u 的单增凸函数, 上式中的目标函数是可微凸函数. 假定恰当的闭性条件成立, 则可用第 6 章介绍的 Newton 方法求解该问题.

函数

$$\phi(x) = -\sum_{i=1}^{m} \log(-f_i(x)) \tag{7.5}$$

称为问题 (7.1) 的**对数障碍函数**或**对数障碍**. 其定义域是满足问题 (7.1) 的严格不等式约束的点集.

问题 (7.4) 只是原问题 (7.3) 的近似. 一个自然的问题是, 用问题 (7.4) 的解近似原问题 (7.3) 的解效果如何? 直观上看, 既然 t 越来越大时, 近似问题与原问题越来越接近, 问题的近似解精度也会随着参数 t 增加而不断改进.

但是, 当参数 t 很大时, 很难用 Newton 方法极小化函数 $f_0(x) + (1/t)\phi(x)$, 因为其 Hessian 矩阵在靠近可行集边界时变化很剧烈. 下面介绍的方法通过求解一系列形如问题 (7.4) 的优化问题可克服这个困难, 这一系列问题中的参数 t 将逐渐增加以提高解的近似精度, 对每个问题应用 Newton 方法求解时可以用上一个 t 值对应问题的最优解作为初始点开始迭代.

容易写出对数障碍函数 ϕ 的梯度和 Hessian 矩阵如下

$$\nabla\phi(x) = \sum_{i=1}^{m} \frac{1}{-f_i(x)} \nabla f_i(x),$$

$$\nabla^2\phi(x) = \sum_{i=1}^{m} \frac{1}{f_i(x)^2} \nabla f_i(x)\nabla f_i(x)^{\mathrm{T}} + \sum_{i=1}^{m} \frac{1}{-f_i(x)} \nabla^2 f_i(x).$$

7.1.2 中心路径

下面更详细地讨论如何极小化问题 (7.4). 为了下面符号上更简洁, 考虑与 (7.4) 等价的问题

$$\begin{aligned} \min \quad & tf_0(x) + \phi(x), \\ \mathrm{s.t.} \quad & Ax = b. \end{aligned} \tag{7.6}$$

假定问题 (7.6) 能够用 Newton 方法求解, 并特别假定对任何 $t > 0$ 存在唯一解. 后面会说明这个假定的合理性.

对任意 $t > 0$, 用 $x^*(t)$ 表示问题 (7.6) 的解, 并称 $x^*(t)$ 为中心点, 将这些点的集合称为问题 (7.1) 的**中心路径**. 由 KKT 条件知: $x^*(t)$ 是严格可行的, 即满足

$$Ax^*(t) = b, \quad f_i(x^*(t)) < 0, \quad i = 1, \cdots, m,$$

且存在 $\bar{\nu} \in \mathbf{R}^p$ 使

$$\begin{aligned} 0 &= t\nabla f_0(x^*(t)) + \nabla\phi(x^*(t)) + A^{\mathrm{T}}\bar{\nu} \\ &= t\nabla f_0(x^*(t)) + \sum_{i=1}^{m} \frac{1}{-f_i(x^*(t))} \nabla f_i(x^*(t)) + A^{\mathrm{T}}\bar{\nu}. \end{aligned} \tag{7.7}$$

显然, 如有一点满足上面条件, 它也是 (7.6) 的中心点.

例 7.1   不等式形式线性规划问题

$$\min \quad c^{\mathrm{T}}x,$$
$$\text{s.t.} \quad Ax \leqslant b \tag{7.8}$$

的对数障碍函数由下式给出

$$\phi(x) = -\sum_{i=1}^{m} \log(b_i - a_i^{\mathrm{T}}x),$$

其中 $a_1^{\mathrm{T}}, \cdots, a_m^{\mathrm{T}}$ 是 A 的行向量. 这时障碍函数的梯度和 Hessian 矩阵为

$$\nabla\phi(x) = \sum_{i=1}^{m} \frac{1}{b_i - a_i^{\mathrm{T}}x} a_i, \quad \nabla^2\phi(x) = \sum_{i=1}^{m} \frac{1}{(b_i - a_i^{\mathrm{T}}x)^2} a_i a_i^{\mathrm{T}},$$

即

$$\nabla\phi(x) = A^{\mathrm{T}}d, \quad \nabla^2\phi(x) = A^{\mathrm{T}}\text{diag}(d)^2 A,$$

其中 $d \in \mathbf{R}^m$ 的分量为 $d_i = 1/(b_i - a_i^{\mathrm{T}}x)$. 由于 x 是严格可行的, 所以 $d > 0$. 因此当且仅当 A 的秩为 n 时, ϕ 的 Hessian 矩阵是非奇异的. 条件 (7.7) 这时可写为

$$tc + \sum_{i=1}^{m} \frac{1}{b_i - a_i^{\mathrm{T}}x} a_i = tc + A^{\mathrm{T}}d = 0. \tag{7.9}$$

从条件 (7.7) 可以导出中心路径的一条重要性质: 每个中心点产生对偶可行解, 由此可得到最优值 p^* 的一个下界. 更具体地, 记

$$\lambda_i^*(t) = \frac{1}{tf_i(x^*(t))}, \quad i = 1, \cdots, m, \quad \nu^*(t) = \bar{\nu}/t, \tag{7.10}$$

下面说明 $\lambda^*(t)$ 和 $\nu^*(t)$ 是 (7.6) 对偶可行解.

由于 $f_i(x^*(t)) < 0, i = 1, \cdots, m$, 显然有 $\lambda^*(t) > 0$. 将最优性条件 (7.7) 表示成

$$\nabla f_0(x^*(t)) + \sum_{i=1}^{m} \lambda_i^*(t)\nabla f_i(x^*(t)) + A^{\mathrm{T}}\nu^*(t) = 0.$$

可以看出 $x^*(t)$ 使 $\lambda = \lambda^*(t)$, $\nu = \nu^*(t)$ 时的 Lagrange 函数

$$L(x, \lambda, \nu) = f_0(x) + \sum_{i=1}^{m} \lambda_i f_i(x) + \nu^{\mathrm{T}}(Ax - b)$$

达到极小, 这意味着 $\lambda^*(t), \nu^*(t)$ 是对偶可行解. 因此, 对偶函数 $g(\lambda(t), \nu(t))$ 是有限的, 并且

$$g(\lambda^*(t), \nu^*(t)) = f_0(x^*(t)) + \sum_{i=1}^m \lambda_i f_i(x^*(t)) + \nu^*(t)^{\mathrm{T}}(Ax^*(t) - b)$$
$$= f_0(x^*(t)) - m/t,$$

这表明 $x^*(t)$ 和对偶可行解 $\lambda^*(t), \nu^*(t)$ 之间的对偶间隙为 m/t.

因为 $p^* \geqslant g(\lambda^*(t), \nu^*(t))$, 所以有

$$f_0(x^*(t)) - p^* = f_0(x^*(t)) - g(\lambda^*(t), \nu^*(t)) \leqslant m/t.$$

这个结论表明 $x^*(t)$ 随着 $t \to \infty$ 而收敛于最优解.

也可以将中心路径条件 (7.7) 解释为 KKT 最优性条件 (7.2) 的变形. 点 x 等于 $x^*(t)$ 的充要条件是存在 λ, ν, 满足

$$\begin{aligned}
&Ax = b, \quad f_i(x) \leqslant 0, \quad i = 1, \cdots, m, \\
&\lambda \geqslant 0, \\
&\nabla f_0(x) + \sum_{i=1}^m \lambda_i \nabla f_i(x) + A^{\mathrm{T}}\nu = 0, \\
&-\lambda_i f_i(x) = 1/t, \quad i = 1, \cdots, m.
\end{aligned} \tag{7.11}$$

KKT 条件 (7.2) 和中心条件 (7.11) 的唯一不同, 在于互补性条件 $-\lambda_i f_i(x) = 0$ 被条件 $-\lambda_i f_i(x) = 1/t$ 所代替. 可见, 对于很大的 t, $x^*(t)$ 和对应的对偶解 $\lambda^*(t), \nu^*(t)$ "几乎" 满足问题 (7.1) 的 KKT 最优性条件.

7.2 障碍函数方法

前面已经说明, 在 $x^*(t)$ 处的目标函数值和最优值的偏差不大于 m/t, 于是可提出能够保证达到预定精度 ϵ 的一种直接的求解原问题 (7.1) 的方法: 取 $t = m/\epsilon$, 然后采用 Newton 方法求解等式约束问题

$$\begin{aligned}
\min \quad & (m/\epsilon)f_0(x) + \phi(x), \\
\text{s.t.} \quad & Ax = b,
\end{aligned}$$

该方法被称为**无约束极小化方法**, 从理论上来看, 它使我们能够通过求解无约束或线性约束问题得到 (7.1) 满足预定精度的解. 但一般直接使用该方法并不可行.

7.2.1   障碍函数方法简介

对无约束极小化方法进行简单的改进就可以取得很好的效果, 具体就是求解一系列无约束或线性约束的极小化问题, 每次用所得到的最新点作为求解下一个问题的初始点. Fiacco 和 McCormick 在 20 世纪 60 年代提出这个方法时, 称为**序列无约束极小化技术**(SUMT). 现在该方法通常被称为**障碍方法**或**路径跟踪方法**. 下面是这个方法的一个简单计算框架.

算法 7.1   障碍方法

给定严格可行点: $x, t := t^{(0)} > 0, \mu > 1$, 误差阈值 $\epsilon > 0$.
重复进行以下步骤:

  1. **中心点步骤:**
  从 x 开始, 在 $Ax = b$ 的约束下极小化 $tf_0 + \phi$, 求出最优解 $x^*(t)$;
  2. **改进:** $x := x^*(t)$;
  3. **停止准则:** 如果 $m/t < \epsilon$, 退出;
  4. **增加** t: $t := \mu t$.

除了第一步, 每步迭代中都从上次获得的中心点开始计算当前中心点 $x^*(t)$, 然后以等比例因子 μ 增加 t. 算法也能够给出对偶的 ϵ- 次优解 $\lambda = \lambda^*(t), \nu = \nu^*(t)$, 或者对 x 的最优性进行验证.

步骤 1 称为**中心点步骤**或者**外部迭代**, 将第一次执行中心点步骤称为**初始中心点步骤**. 尽管有很多方法可用于步骤 1, 我们这里假定只应用 Newton 方法, 并将中心点步骤中的 Newton 迭代或步骤称为**内部迭代**. 每次内部迭代都可以得到原问题的可行解; 但是仅在外部迭代结束时, 才有对偶可行解.

对求解中心点问题的精度需要做些讨论. 精确计算 $x^*(t)$ 并不必要, 一般也不可能. 不精确的中心点计算方法同样能产生收敛于最优点的点列 $\{x^{(k)}\}$. 但是, 不精确的中心点是指由式 (7.10) 计算的 $\lambda^*(t), \nu^*(t)$ 不是精确的对偶可行点. 该问题可以通过对式 (7.10) 增加一个校正项加以解决, 当 x 在中心路径 $x^*(t)$ 附近时, 这种做法能够产生对偶可行解.

参数 μ 的选择要同时兼顾所需要的内部迭代和外部迭代的次数. 如果 μ 接近 1, 每次外部迭代的 t 值将以较小的倍数增加. 此时 Newton 过程的初始点, 即上次迭代产生的 x, 是一个很好的初始点, 从而计算下个迭代点所需要的 Newton 迭代次数将会比较少. 因此, 对于较小的 μ, 可以期望每次外部迭代需要进行较少次数的内部 Newton 迭代. 但是, 由于每次外部迭代只减少了较小的间隙, 所需要的外部迭代次数会比较多. 在这种情况下, 所得到的迭代点将跟着中心路径移动. 由于这个原因, 这种方法也称为**路径跟踪方法**.

另一方面, 对较大的 μ 会出现相反的情况. 如果每次外部迭代后 t 值增加较多, 当前迭代点就很可能不是下一个迭代点的近似值. 因此可能需要很多次内部迭代. 对于较大的 μ, 迭代点在中心路径上的间距会比较大, 而很多内部迭代点将偏离中心路径较远.

很多数值算例表明, 接近 1 的 μ 值会导致很多次外部迭代, 但每次外部迭代仅经过较少次数的 Newton 迭代就可以完成. 对于比较大的 μ, 比如从 3 到 100, 两种效应几乎平衡, 此时总的 Newton 迭代的次数近似保持为一个常数. 也即 μ 的不同选择对总的计算量影响不大, 取值从 10 到 20 都能获得较好的效果.

另一个重要问题是如何选择 t 的初始值. 这里要同时兼顾的问题很简单: 如果 $t^{(0)}$ 太大, 第一次外部迭代所需要的内部迭代次数会很多. 如果 $t^{(0)}$ 太小, 算法会进行额外的外部迭代, 而第一次中心点步骤仍然可能进行很多次内部迭代.

7.2.2 收敛性分析

本节分析障碍方法的收敛性. 假定用 Newton 方法求解 $tf_0 + \phi$ 的极小化问题, 经过 $t = t^{(0)}, \mu t^{(0)}, \mu^2 t^{(0)}, \cdots$ 的初始中心点步骤和以后的 k 次中心点步骤后, 对偶间隙成为 $m/(\mu^k t^{(0)})$. 因此, 经过

$$\left\lceil \frac{\log(m/(\epsilon t^{(0)}))}{\log \mu} \right\rceil \tag{7.12}$$

次包括初始中心点步骤在内的中心点步骤后, 算法能够达到所希望的 ϵ 的精度要求.

由此可知, 只要能够用 Newton 方法求解 $t \leqslant t^{(0)}$ 的中心点问题 (7.6), 就可以应用障碍方法. 能够应用标准 Newton 方法的一组充分条件是, 函数 $tf_0 = \phi$ 对于 $t \leqslant t^{(0)}$ 满足 6.2.4 节给出的条件: 初始水平子集是闭的, 相关的 KKT 矩阵的逆有界, 并且 Hessian 矩阵满足 Lipschitz 条件. 如果应用不可行初始点 Newton 方法解决中心点问题, 在 6.3.3 节中列出的条件可以保证收敛性.

假定 $f_0, \cdots, f_m$ 是闭的, 对原问题的一个简单的修改可以保证上述条件成立. 通过对原问题增加形如 $\|x\|_2^2 \leqslant R^2$ 的一个约束, 可以保证对任意的 $t \geqslant 0$, 函数 $tf_0(x) = \phi(x)$ 是强凸的; 特别是, 能够保证用 Newton 方法求解中心点问题时的收敛性.

上面的分析表明障碍方法确实收敛, 但还不能回答一个基本的问题: 随着 t 的增加, 中心点问题是否会变得难以求解? 一些数值计算结果表明, 对于一大类问题即便 t 不断增加, 求解中心点问题仅需要固定次数的 Newton 迭代即可.

7.2.3 修改的 KKT 方程的 Newton 方向

在障碍方法中, Newton 方向 Δx_{nt} 以及相关的对偶变量由以下线性方程组确定,

$$
\begin{bmatrix} t\nabla^2 f_0(x) + \nabla^2\phi(x) & A^{\mathrm{T}} \\ A & 0 \end{bmatrix} \begin{bmatrix} \Delta x_{\mathrm{nt}} \\ \nu_{\mathrm{nt}} \end{bmatrix} = - \begin{bmatrix} t\nabla f_0(x) + \nabla\phi(x) \\ 0 \end{bmatrix}. \tag{7.13}
$$

这一节将说明, 如何将求解中心点问题的 Newton 方向以一种特殊方式解释为直接求解下述修改的 KKT 方程的 Newton 方向,

$$
\begin{aligned}
&\nabla f_0(x) + \sum_{i=1}^{m} \lambda_i \nabla f_i(x) + A^{\mathrm{T}}\nu = 0, \\
&\lambda_i f_i(x) = 1/t, \quad i = 1, \cdots, m, \\
&Ax = b.
\end{aligned} \tag{7.14}
$$

修改的 KKT 方程 (7.4.1) 是 $n+p+m$ 个变量 x, ν 和 λ 的 $n+p+m$ 个非线性方程组. 为了求解这些方程, 先用 $\lambda_i = -1/(tf_i(x))$ 消去变量 λ. 由此得

$$
\nabla f_0(x) + \sum_{i=1}^{m} \frac{1}{-tf_i(x)} \nabla f_i(x) + A^{\mathrm{T}}\nu = 0, \quad Ax = b, \tag{7.15}
$$

这是 $n+p$ 个变量 x 和 ν 的 $n+p$ 个方程.

对于小的 ν, 由 Taylor 展开可得

$$
\begin{aligned}
&\nabla f_0(x+\nu) + \sum_{i=1}^{m} \frac{1}{-tf_i(x+v)} \nabla f_i(x+v) \\
&\approx \nabla f_0(x) + \sum_{i=1}^{m} \frac{1}{-tf_i(x)} \nabla f_i(x) + \nabla^2 f_0(x)v \\
&\quad + \sum_{i=1}^{m} \frac{1}{-tf_i(x)} \nabla^2 f_i(x)v + \sum_{i=1}^{m} \frac{1}{tf_i(x)^2} \nabla f_i(x)\nabla f_i(x)^{\mathrm{T}}v.
\end{aligned}
$$

用上述 Taylor 近似代替方程 (7.15) 中的非线性项, 可得到计算 Newton 方向的线性方程组

$$
Hv + A^{\mathrm{T}}\nu = -g, \quad Av = 0, \tag{7.16}
$$

其中

$$
H = \nabla^2 f_0(x) + \sum_{i=1}^{m} \frac{1}{-tf_i(x)} \nabla^2 f_i(x) + \sum_{i=1}^{m} \frac{1}{tf_i(x)^2} \nabla f_i(x)\nabla f_i(x)^{\mathrm{T}},
$$

$$
g = \nabla f_0(x) + \sum_{i=1}^{m} \frac{1}{-tf_i(x)} \nabla f_i(x).
$$

注意到

$$H = \nabla^2 f_0(x) + (1/t)\nabla^2\phi(x), \quad g = \nabla f_0(x) + (1/t)\nabla\phi(x).$$

由式 (7.13) 可知, 障碍方法的中心点步骤中使用的 Newton 方向 Δx_{nt} 和 ν_{nt} 满足

$$tH\Delta x_{\mathrm{nt}} + A^{\mathrm{T}}\nu_{\mathrm{nt}} = -tg, \quad A\Delta x_{\mathrm{nt}} = 0.$$

将此式和式 (7.16) 比较, 可以得到

$$v = \Delta x_{\mathrm{nt}}, \quad \nu = (1/t)\nu_{\mathrm{nt}}.$$

这表明, 将对偶变量进行变换后, 中心点问题 (7.15) 中的 Newton 方向, 与求解修改后的 KKT 方程 (7.15) 的 Newton 方向一致.

在这种处理方法中, 首先从修改后的 KKT 方程消去变量 λ, 然后由应用 Newton 法求解所产生的方程组. 另一种处理方法是不消去 λ, 直接应用 Newton 法求解 KKT 方程. 在 7.6 节会对这种方法进行讨论.

7.3 可行性和阶段 1 方法

障碍方法需要一个严格可行的初始点 $x^{(0)}$. 如果不知道一个这样的可行点, 在应用障碍方法之前需要先计算一个严格可行点 (或者判定约束不可行), 这个过程称为阶段 1. 阶段 1 确定的严格可行点可被用做障碍方法的初始点. 这一节给出几种阶段 1 方法.

7.3.1 基本的阶段 1 方法

考虑一组不等式和等式方程

$$f_i(x) \leqslant 0, \quad i = 1, \cdots, m, \quad Ax = b, \tag{7.17}$$

其中 $f_i(x)$ 是二次连续可微凸函数. 假定给定一点 $x^{(0)} \in \mathbf{dom}f_1 \cap \cdots \cap \mathbf{dom}f_m$ 满足 $Ax^{(0)} = b$.

构造一个与 (7.17) 对应的优化问题:

$$
\begin{aligned}
\min \quad & s, \\
\mathrm{s.t.} \quad & f_i(x) \leqslant s, \quad i = 1, \cdots, m, \\
& Ax = b.
\end{aligned}
\tag{7.18}
$$

显然, 该问题总是严格可行的. 所以可以应用障碍方法求解问题 (7.18).

可以根据问题 (7.18) 的最优目标值 $\bar{p}^*$ 的符号区分三种情况.

(1) 如果 $\bar{p}^* < 0$, 则系统 (7.17) 有严格可行解.

(2) 如果 $\bar{p}^* > 0$, 则系统 (7.17) 是不可行的. 这样在求解阶段 1 的优化问题 (7.18) 时, 只要发现某个对偶可行点具有正的对偶目标值, 由强对偶性就知道 (7.17) 是不可行的.

(3) 如果 $\bar{p}^* = 0$, 且最小值在 x^* 和 $s^* = 0$ 处达到, 则不等式组是可行的, 但不存在严格可行解. 如果 $\bar{p}^* = 0$ 但最小值不可达, 则系统 (7.17) 是不可行的.

实际计算中不可能准确确定 $\bar{p}^* = 0$. 实际做法是, 当对某个小正数 ϵ 不等式 $\bar{p}^* < \epsilon$ 成立时, 求解系统 (7.18) 的优化算法就会停止. 这时可以断定不等式组 $f_i(x) \leqslant -\epsilon$ 不可行, 但不等式组 $f_i(x) \leqslant \epsilon$ 是可行的.

上面介绍的基本阶段 1 方法有很多种变形, 其中一种如下

$$
\begin{aligned}
\min \quad & \mathbf{1}^{\mathrm{T}} s, \\
\text{s.t.} \quad & f_i(x) \leqslant s_i, \quad i = 1, \cdots, m, \\
& Ax = b, \\
& s \geqslant 0,
\end{aligned}
\tag{7.19}
$$

容易看出, 该问题的最优值可达且为 0 的充要条件是系统 (7.1) 可行.

7.3.2   用不可行初始点 Newton 方法求解阶段 1 问题

也可以用不可行初始点的 Newton 方法求解原问题的一个修改版本, 以求解阶段 1 问题. 首先将原问题写成下述等价形式

$$
\begin{aligned}
\min \quad & f_0(x), \\
\text{s.t.} \quad & f_i(x) \leqslant s, \quad i = 1, \cdots, m, \\
& Ax = b, \quad s = 0.
\end{aligned}
$$

用不可行初始点 Newton 方法求解

$$
\begin{aligned}
\min \quad & t^{(0)} f_0(x) - \sum_{i=1}^{m} \log(s - f_i(x)), \\
\text{s.t.} \quad & Ax = b, \quad s = 0.
\end{aligned}
$$

其初始点可以选取任何 $x \in \mathcal{D}$ 和 $s > \max_i \{ f_i(x) \}$. 如果原问题是严格可行的, 不可行初始点 Newton 方法最终将选取无阻尼步长, 从而达到 $s = 0$, 即 x 是严格可行的.

同样的技巧可以用于不能在问题的定义域 $\mathcal{D}$ 确定一点的情况. 可简单地将不

可行初始点 Newton 方法用于问题

$$\min \quad t^{(0)}f_0(x+z_0) - \sum_{i=1}^{m} \log(s - f_i(x+z_i)),$$

$$\text{s.t.} \quad Ax=b, \quad s=0, \quad z_0=0, \cdots, z_m=0,$$

其中变量为 $x, z_0, \cdots, z_m$ 和 $s \in \mathbf{R}$. 在初始化阶段不难选择 z_i 满足 $x+z_i \in \mathbf{dom}f_i$.

用这种方法求解阶段 1 问题的主要缺点是, 当问题不可行时没有好的停止准则, 因为此时残差不收敛到 0.

7.4 原对偶内点法

这一节介绍基本的原对偶内点法. 该方法和障碍方法很相似, 但也有一些差别. 主要差别在于:

(1) 仅有一层迭代, 每次迭代时同时更新原对偶变量.

(2) 通过将 Newton 方法应用于修改的 KKT 方程, 求出原对偶内点法的搜索方向. 原对偶搜索方向和障碍方法导出的搜索方向相似.

(3) 在原对偶内点法中, 原对偶迭代值不需要是可行的.

原对偶内点法一般比障碍方法更有效, 特别是要求高精度的情况, 因为它具有超线性收敛性质. 对于一些基本的问题, 比如线性规划、二次规划、二阶锥规划、正半定规划, 特定的原对偶方法在性能上优于障碍方法. 原对偶内点法相对障碍方法所具有的另一个优点是, 它可以有效求解可行但又不严格可行的问题.

这一节介绍求解问题 (7.1) 的基本的原对偶内点法.

7.4.1 原对偶搜索方向

修正的 KKT 条件可以写为

$$r_t(x,\lambda,\nu) = \begin{bmatrix} \nabla f_0(x) + Df(x)^{\mathrm{T}}\lambda + A^{\mathrm{T}}\nu \\ -\mathbf{diag}(\lambda)f(x) - (1/t)\mathbf{1} \\ Ax-b \end{bmatrix} = 0, \quad t>0. \tag{7.20}$$

这里 $f: \mathbf{R}^n \to \mathbf{R}^m$ 为向量函数 $f(x) = (f_1(x), \cdots, f_m(x))^{\mathrm{T}}$, 它的导数矩阵 Df 为

$$Df(x) = \begin{bmatrix} \nabla f_1(x)^{\mathrm{T}} \\ \vdots \\ \nabla f_m(x)^{\mathrm{T}} \end{bmatrix}.$$

如果 $r_t(x, \lambda, \nu) = 0$, 则 $x = x^*(t), \lambda = \lambda^*(t), \nu = \nu^*(t)$. 特别是, x 是原可行的, λ, ν 是对偶可行的, 对偶间隙为 m/t. r_t 的第一部分

$$r_{\text{dual}} = \nabla f_0(x) + Df(x)^{\text{T}}\lambda + A^{\text{T}}\nu$$

称为**对偶残差**, 最后一部分 $r_{\text{pri}} = Ax - b$ 称为**原残差**, 中间部分

$$r_{\text{cent}} = -\mathbf{diag}(\lambda)f(x) - (1/t)\mathbf{1}$$

称为**中心残差**, 即修改的互补性条件.

对固定的 t, 考虑从满足 $f(x) < 0, \lambda > 0$ 的点 (x, λ, ν) 开始求解非线性方程 $r_t(x, \lambda, \nu) = 0$ 的 Newton 方向. 将当前点和 Newton 方向分别记为

$$y = (x, \lambda, \nu), \quad \Delta y_{\text{pd}} = (\Delta x_{\text{pd}}, \Delta\lambda_{\text{pd}}, \Delta\nu_{\text{pd}}),$$

则有

$$r_t(y) + Dr_t(y)\Delta y_{\text{pd}} = 0,$$

即

$$\begin{bmatrix} \nabla^2 f_0(x) + \sum_{i=1}^{m} \lambda_i \nabla^2 f_i(x) & Df(x)^{\text{T}} & A^{\text{T}} \\ -\mathbf{diag}(\lambda)Df(x) & -\mathbf{diag}(f(x)) & 0 \\ A & 0 & 0 \end{bmatrix} \begin{bmatrix} \Delta x_{\text{pd}} \\ \Delta\lambda_{\text{pd}} \\ \Delta\nu_{\text{pd}} \end{bmatrix} = - \begin{bmatrix} r_{\text{dual}} \\ r_{\text{cent}} \\ r_{\text{pri}} \end{bmatrix}. \quad (7.21)$$

原搜索方向和对偶搜索方向通过系数矩阵和残差联系在了一起. 例如, 原搜索方向 Δx_{pd} 依赖于对偶变量 λ 和原变量 x 的当前值. 还可注意到, 如果可行性残差 $r_{\text{pri}} = 0$, 就有 $A\Delta x_{\text{pd}} = 0$, 此时 Δx_{pd} 是一个可行方向.

原对偶搜索方向和障碍方法搜索方向有密切的联系. 从定义原对偶搜索方向的线性方程 (7.21) 中的第二部分, 有

$$\Delta\lambda_{\text{pd}} = -\mathbf{diag}(f(x))^{-1}(\mathbf{diag}(\lambda)Df(x)\Delta x_{\text{pd}} - r_{\text{cent}}),$$

将上式代入方程的第一、三部分得

$$\begin{bmatrix} H_{\text{pd}} & A^{\text{T}} \\ A & 0 \end{bmatrix} \begin{bmatrix} \Delta x_{\text{pd}} \\ \Delta\nu_{\text{pd}} \end{bmatrix}$$

$$= - \begin{bmatrix} r_{\text{dual}} + Df(x)^{\text{T}}\mathbf{diag}(f(x))^{-1}r_{\text{cent}} \\ r_{\text{pri}} \end{bmatrix}$$

$$= - \begin{bmatrix} \nabla f_0(x) + (1/t)\sum_{i=1}^{m} \frac{1}{-f_i(x)}\nabla f_i(x) + A^{\text{T}}\nu \\ r_{\text{pri}} \end{bmatrix}, \quad (7.22)$$

这里

$$H_{\mathrm{pd}} = \nabla^2 f_0(x) + \sum_{i=1}^{m} \lambda_i \nabla^2 f_i(x) + \sum_{i=1}^{m} \frac{\lambda_i}{-f_i(x)} \nabla f_i(x) \nabla f_i(x)^{\mathrm{T}}. \tag{7.23}$$

将 (7.22) 和 (7.13) 进行比较, 后者定义了障碍方法中参数为 t 的中心点问题的 Newton 方向, 它可以写成

$$\begin{bmatrix} H_{\mathrm{bar}} & A^{\mathrm{T}} \\ A & 0 \end{bmatrix} \begin{bmatrix} \Delta x_{\mathrm{bar}} \\ \Delta \nu_{\mathrm{bar}} \end{bmatrix} = - \begin{bmatrix} t\nabla f_0(x) + \nabla \phi(x) \\ r_{\mathrm{pri}} \end{bmatrix} = - \begin{bmatrix} t\nabla f_0(x) + \sum_{i=1}^{m} \frac{1}{-f_i(x)} \nabla f_i(x) \\ r_{\mathrm{pri}} \end{bmatrix}, \tag{7.24}$$

其中

$$H_{\mathrm{bar}} = t\nabla^2 f_0(x) + \sum_{i=1}^{m} \frac{1}{-f_i(x)} \nabla^2 f_i(x) + \sum_{i=1}^{m} \frac{1}{f_i(x)^2} \nabla f_i(x) \nabla f_i(x)^{\mathrm{T}}. \tag{7.25}$$

这里给出的是不可行 Newton 方向的一般表示. 如果当前点 x 可行, 即 $r_{\mathrm{pri}} = 0$, 则 Δx_{bar} 和 (7.13) 定义的可行 Newton 方向 Δx_{nt} 一致. 注意到, (7.22) 和 (7.24) 这两个系统很相似. 它们的系数矩阵有相同的结构. 因为矩阵 H_{pd} 和 H_{bar} 都是矩阵

$$\nabla^2 f_0(x), \quad \nabla^2 f_1(x), \cdots, \nabla^2 f_m(x), \quad \nabla^2 f_1(x)\nabla^2 f_1(x)^{\mathrm{T}}, \cdots, \nabla^2 f_m(x)\nabla^2 f_m(x)^{\mathrm{T}}$$

正的线性组合. 这意味着可以采用同样的方法计算原对偶搜索方向和障碍方法的 Newton 方向.

原对偶方程 (7.22) 和障碍方法方程 (7.24) 之间还有更多的联系. 假定用方程 (7.24) 的第一部分除以 t, 并定义变量 $\Delta \nu_{\mathrm{bar}} = (1/t)\nu_{\mathrm{bar}} - \nu$, 则

$$\begin{bmatrix} (1/t)H_{\mathrm{bar}} & A^{\mathrm{T}} \\ A & 0 \end{bmatrix} \begin{bmatrix} \Delta x_{\mathrm{bar}} \\ \Delta \nu_{\mathrm{bar}} \end{bmatrix} = - \begin{bmatrix} \nabla f_0(x) + (1/t)\sum_{i=1}^{m} \frac{1}{-f_i(x)} \nabla f_i(x) + A^{\mathrm{T}}\nu \\ r_{\mathrm{pri}} \end{bmatrix}$$

在这个表达式中, 右边项和原对偶方程的右边相同. 系数矩阵只有一块不同:

$$H_{\mathrm{pd}} = \nabla^2 f_0(x) + \sum_{i=1}^{m} \lambda_i \nabla^2 f_i(x) + \sum_{i=1}^{m} \frac{\lambda_i}{-f_i(x)} \nabla f_i(x) \nabla f_i(x)^{\mathrm{T}},$$

$$(1/t)H_{\mathrm{bar}} = \nabla^2 f_0(x) + \sum_{i=1}^{m} \frac{1}{-tf_i(x)} \nabla^2 f_i(x) + \sum_{i=1}^{m} \frac{1}{tf_i(x)^2} \nabla f_i(x) \nabla f_i(x)^{\mathrm{T}}.$$

当 x 和 λ 满足 $-f_i(x)\lambda_i = 1/t$ 时, 二者系数矩阵相同, 从而搜索方向完全相同.

7.4.2   代理对偶间隙

在原对偶内点法中, 迭代点 $x^{(k)}, \lambda^{(k)}$ 和 $\nu^{(k)}$ 不一定是可行的. 这样就不能像在障碍方法中那样容易地估计出第 k 次迭代后的对偶间隙 $\eta^{(k)}$. 为此, 对任何满足 $f(x) < 0$ 和 $\lambda \geqslant 0$ 的 x 定义代理对偶间隙:

$$\hat{\eta}(x, \lambda) = -f(x)^{\mathrm{T}} \lambda. \tag{7.26}$$

如果 x 是原可行的, (λ, ν) 是对偶可行的, 即如果 $r_{\mathrm{pri}} = 0$ 和 $r_{\mathrm{dual}} = 0$, 则代理对偶间隙 $\hat{\eta}$ 就是对偶间隙.

7.4.3   原对偶内点法

下面描述基本的原对偶内点算法的计算步骤.

算法 7.2   原对偶内点法

给定 x 满足 $f_1(x) < 0, \cdots, f_m(x) < 0, \lambda > 0, \mu > 1, \epsilon_{\mathrm{feas}} > 0, \epsilon > 0$.

1. **确定 t**: 令 $t := \mu m / \hat{\eta}$;
2. **计算原对偶搜索方向**: Δy_{pd};
3. **停止线性搜索和更新**: 如果 $m/t < \epsilon$, 则退出,

   确定步长 $s > 0$, 令 $y := y + s\Delta y_{\mathrm{pd}}$;

   重复进行以下步骤, 直到满足停止条件: $\|r_{\mathrm{pri}}\|_2 \leqslant \epsilon_{\mathrm{feas}}, \|r_{\mathrm{dual}}\|_2 \leqslant \epsilon_{\mathrm{feas}}$ 和 $\hat{\eta} \leqslant \epsilon$.

在步骤 1, 参数 t 被设置为因子 μ 乘以 $m/\hat{\eta}$, 这是和当前的代理对偶间隙 $\hat{\eta}$ 对应的 t 值. 如果 x, λ 和 ν 是参数 t 对应的中心点, 则在步骤 1 将 t 值增长为它的 μ 倍, 这和障碍方法中做法相同.

原对偶内点算法的终止条件是, x 是原可行的, λ 和 ν 是对偶可行的, 并且代理对偶间隙小于阈值 ϵ. 因为原对偶内点法一般具有超线性收敛性, 通常选择较小的 ϵ_{feas} 和 ϵ.

原对偶内点法的线性搜索是标准的基于残差范数的回溯线性搜索, 其中进行了一些修改以保证 $\lambda > 0$ 和 $f(x) < 0$. 用 x, λ 和 ν 表示当前迭代点, 用 x^+, λ^+ 和 ν^+ 表示下一个迭代点, 即

$$x^+ = x + s\Delta x_{\mathrm{pd}}, \quad \lambda^+ = \lambda + s\Delta \lambda_{\mathrm{pd}}, \quad \nu^+ = \nu + s\Delta \nu_{\mathrm{pd}}.$$

先计算满足 $\lambda^+ \geqslant 0$ 且不超过 1 的最大步长, 即

$$s^{\mathrm{max}} = \sup\{s \in [0,1] | \lambda + s\Delta\lambda \geqslant 0\}$$
$$= \min\{1, \min\{-\lambda_i/\Delta\lambda_i | \Delta\lambda_i < 0\}\}.$$

如果从 $s = 0.99s^{\mathrm{max}}$ 开始回溯, 反复用 $\beta \in (0,1)$ 乘以 s 直到 $f(x^+) < 0$. 然后继续用 β 乘以 s 直到

$$\|r_t(x^+, \lambda^+, \nu^+)\|_2 \leqslant (1 - \alpha s)\|r_t(x, \lambda, \nu)\|_2.$$

通常采用和 Newton 法相同的回溯参数 α 和 β, 根据一些专家的数值实验, α 的典型选择范围为 0.01 到 0.1, 而 β 的典型选择范围为 0.3 到 0.8. 原对偶内点法的一次迭代和用不可行 Newton 方法求解 $r_t(x, \lambda, \nu) = 0$ 的一次迭代相同. 原对偶内点法的收敛性等性质, 这里不再介绍. 有兴趣的读者可以参考有关文献.

7.5 算法的实现

障碍方法的主要工作量在于中心点问题中计算 Newton 方向, 为此需要求解下述形式的线性方程组:

$$\begin{bmatrix} H & A^{\mathrm{T}} \\ A & 0 \end{bmatrix} \begin{bmatrix} \Delta x_{\mathrm{nt}} \\ \nu_{\mathrm{nt}} \end{bmatrix} = -\begin{bmatrix} g \\ 0 \end{bmatrix}, \tag{7.27}$$

其中

$$H = t\nabla^2 f_0(x) + \sum_{i=1}^{m} \frac{1}{f_i(x)^2} \nabla f_i(x)\nabla f_i(x)^{\mathrm{T}} + \sum_{i=1}^{m} \frac{1}{-f_i(x)} \nabla^2 f_i(x),$$

$$g = t\nabla f_0(x) + \sum_{i=1}^{m} \frac{1}{-f_i(x)} \nabla f_i(x).$$

式 (7.27) 的系数矩阵具有 KKT 结构, 因此 5.7 节和 6.4 节的讨论在这里都适用. 特别是, 可以用消元法求解方程, 以及利用像稀疏性或对角加低秩这样的结构. 下面给出一些具有一般性的例子, 对这些例子可以利用 KKT 方程的特殊结构更加有效地计算 Newton 方向.

如果原问题是稀疏的, 就是说目标函数和每个约束函数仅依赖较少数目的变量, 那么目标函数和约束函数的梯度与 Hessian 矩阵都是稀疏的, 因此系数矩阵 A 也是这样. 倘若 m 不是太大, 则矩阵 H 很可能是稀疏的, 从而可用稀疏矩阵方法计算 Newton 方向. 当 KKT 矩阵仅有少数较稠密的行和列时, 稀疏矩阵方法可能取得好的效果.

假设目标函数是可分的, 且仅有较少的线性等式和不等式约束. 此时 $\nabla^2 f_0(x)$ 是对角阵, 而 $\nabla^2 f_i(x)$ 不存在, 因此矩阵 H 是对角加低秩矩阵. 这时可以容易地算

出 H 的逆矩阵, 从而可以有效地求解 KKT 方程. 只要 $\nabla^2 f_0(x)$ 很容易求逆, 出现带状、稀疏或分块对角矩阵的情况, 就可以应用同样的方法.

下面讨论对两个相对简单的优化问题, 使用障碍方法求解时, Newton 方向的具体计算步骤.

7.5.1 标准形式线性规划

先讨论用障碍方法求解标准形式线性规划

$$\min \quad c^{\mathrm{T}}x,$$
$$\text{s.t.} \quad Ax = b, \quad x \geqslant 0$$

的实现问题, 其中 $A \in \mathbf{R}^{m \times n}$. 中心点问题

$$\min \quad tc^{\mathrm{T}}x - \sum_{i=1}^{m} \log x_i,$$
$$\text{s.t.} \quad Ax = b$$

的 Newton 方程为

$$\begin{bmatrix} \mathbf{diag}(x)^{-2} & A^{\mathrm{T}} \\ A & 0 \end{bmatrix} \begin{bmatrix} \Delta x_{\mathrm{nt}} \\ \nu_{\mathrm{nt}} \end{bmatrix} = - \begin{bmatrix} -tc + \mathbf{diag}(x)^{-1}\mathbf{1} \\ 0 \end{bmatrix},$$

从第一个等式可得

$$\Delta x_{\mathrm{nt}} = \mathbf{diag}(x)^2(-tc + \mathbf{diag}(x)^{-1}\mathbf{1} - A^{\mathrm{T}}\nu_{\mathrm{nt}})$$
$$= -t\mathbf{diag}(x)^2 c + x - \mathbf{diag}(x)^2 A^{\mathrm{T}}\nu_{\mathrm{nt}}.$$

代入第二个方程得

$$A\mathbf{diag}(x)^2 A^{\mathrm{T}}\nu_{\mathrm{nt}} = -tA\mathbf{diag}(x)^2 c + b.$$

因为 $\mathbf{rank}A = m$, 所以稀疏矩阵是正定的.

如果 A 是稀疏的, 通常 $A\mathbf{diag}(x)A^{\mathrm{T}}$ 也是稀疏的, 这样就可以利用稀疏矩阵的 Cholesky 分解求解这个方程组.

7.5.2 l_1-范数逼近

考虑 l_1-范数逼近问题:

$$\min \quad \|Ax - b\|_1,$$

其中 $A \in \mathbf{R}^{m \times n}$. 我们将讨论 m 和 n 很大, 但 A 有特殊结构情况下内点法的实现问题, 并和对应的最小二乘问题:

$$\min \quad \|Ax - b\|_2^2$$

的计算量进行比较. 首先引入辅助变量 $y \in R^m$, 将 L_1-范数逼近问题等价地表述为线性规划问题

$$\min \quad \mathbf{1}^{\mathrm{T}} y,$$

$$\text{s.t.} \quad \begin{bmatrix} A & -I \\ -A & -I \end{bmatrix} \begin{bmatrix} x \\ y \end{bmatrix} \leqslant \begin{bmatrix} b \\ -b \end{bmatrix},$$

其中心点问题的 Newton 方程为

$$\begin{bmatrix} A^{\mathrm{T}} & -A^{\mathrm{T}} \\ -I & -I \end{bmatrix} \begin{bmatrix} D_1 & 0 \\ 0 & D_2 \end{bmatrix} \begin{bmatrix} A & -I \\ -A & -I \end{bmatrix} \begin{bmatrix} \Delta x_{\mathrm{nt}} \\ \Delta y_{\mathrm{nt}} \end{bmatrix} = - \begin{bmatrix} A^{\mathrm{T}} g_1 \\ g_2 \end{bmatrix},$$

其中

$$D_1 = \mathbf{diag}(b - Ax + y)^{-2}, \quad D_2 = \mathbf{diag}(-b + Ax + y)^{-2},$$

$$g_1 = \mathbf{diag}(b - Ax + y)^{-1}\mathbf{1} - \mathbf{diag}(-b + Ax + y)^{-1}\mathbf{1},$$

$$g_2 = t\mathbf{1} - \mathbf{diag}(b - Ax + y)^{-1}\mathbf{1} - \mathbf{diag}(-b + Ax + y)^{-1}\mathbf{1}.$$

把左边的系数矩阵相乘, 上面方程组简化为

$$\begin{bmatrix} A^{\mathrm{T}}(D_1 + D_2)A & -A^{\mathrm{T}}(D_1 - D_2) \\ -(D_1 - D_2)A & D_1 + D_2 \end{bmatrix} \begin{bmatrix} \Delta x_{\mathrm{nt}} \\ \Delta y_{\mathrm{nt}} \end{bmatrix} = - \begin{bmatrix} A^{\mathrm{T}} g_1 \\ g_2 \end{bmatrix}.$$

经简单计算, 可得

$$A^{\mathrm{T}} D A \Delta x_{\mathrm{nt}} = -A^{\mathrm{T}} g, \tag{7.28}$$

其中

$$D = 4D_1 D_2 (D_1 + D_2)^{-1} = 2(\mathbf{diag}(y)^2 + \mathbf{diag}(b - Ax)^2)^{-1},$$

$$g = g_1 + (D_1 - D_2)(D_1 + D_2)^{-1} g_2.$$

求得 Δx_{nt} 后, 从

$$\Delta y_{\mathrm{nt}} = (D_1 + D_2)^{-1}(-g_2 + (D_1 - D_2)A\Delta x_{\mathrm{nt}}),$$

便得到 Δy_{nt}.

因为原对偶内点法的 Newton 方程与障碍法的 Newton 方程具有相同的结构, 所以其具体实现技术同障碍法类似.

关于本章内容的注释 求解凸优化问题的内点法研究开始于 20 世纪 80 年代, 开始是研究求解线性规划问题的内点法, 当时研究的一个动机是想发展出有效的多项式时间算法. 该研究是 20 世纪 80 年代到 90 年代一个十分活跃的优化研究课题. Nesterov 和 Nemirovski 在 20 世纪 90 年代提出了求解一般凸优化问题的内点法. 有关介绍也可参考 [1] 最后一章后面的注释, 也可参考 [3].

习　题　7

7.1 考虑问题

$$\min \quad x^2 + 1,$$
$$\text{s.t.} \quad 2 \leqslant x \leqslant 4.$$

对 $t > 0$ 的若干数值, 画出 f_0 和 $tf_0 + \phi$ 关于 x 的图像, 并标出 $x^*(t)$.

7.2 用障碍方法求解下述线性规划问题会怎样?

$$\min \quad x_2,$$
$$\text{s.t.} \quad x_1 \leqslant x_2, \quad 0 \leqslant x_2.$$

7.3 设问题

$$\min \quad f_0(x),$$
$$\text{s.t.} \quad f_i(x) \leqslant 0, \quad i = 1, \cdots, m,$$
$$Ax = b$$

的下水平集有界. 证明相应的中心点问题

$$\min \quad tf_0(x) + \phi(x),$$
$$\text{s.t.} \quad Ax = b$$

的下水平集也有界.

7.4 考虑二阶锥规划

$$\min \quad f^{\mathrm{T}}x,$$
$$\text{s.t.} \quad \|A_i x + b_i\|_2 \leqslant c_i^{\mathrm{T}}x + d_i, \quad i = 1, \cdots, m, \tag{7.29}$$

该问题的约束函数不可微, 因此标准障碍法不能用. 但可将问题写为如下形式:

$$\min \quad f^{\mathrm{T}}x,$$
$$\text{s.t.} \quad \|A_i x + b_i\|_2^2 / \left(c_i^{\mathrm{T}}x + d_i \right) \leqslant c_i^{\mathrm{T}}x + d_i, \quad i = 1, \cdots, m, \tag{7.30}$$
$$c_i^{\mathrm{T}}x + d_i \geqslant 0, \quad i = 1, \cdots, m,$$

约束函数

$$f_i(x) = \frac{\|A_i x + b_i\|_2^2}{c_i^{\mathrm{T}}x + d_i} - c_i^{\mathrm{T}}x - d_i$$

是二次-线性分式函数和仿射函数的复合函数, 这个函数在半空间 $\{x \mid c_i^{\mathrm{T}}x + d_i > 0\}$ 中是二次可微且凸的. 如果对于某个 i, 有 $c_i^{\mathrm{T}}x^* + d_i = 0$, 其中 x^* 是 (7.29) 的最优解, 则重新构造的问题 (7.30) 是不可解的. 但用障碍方法求解问题 (7.30) 可以产生问题 (7.30) 的任意精度的次优解. 因此也能够求解问题 (7.29).

(a) 对问题 (7.30) 形成对数障碍函数 ϕ. 用求解二阶锥规划 (7.30), 并形成相应的对数障碍函数. 然后将两者进行比较.

(b) 说明如果极小化 $tf^\mathrm{T}x + \phi(x)$, 最优解 $x^*(t)$ 是问题 (7.31) 的 $2m/t$-次优解. 由此可知, 应用标准障碍方法求解重新构造的问题 (7.30), 可以在获得任意精度的次优解的意义上求解二阶锥规划 (7.31). 这种情况下可以不需要最优解 x^* 属于重新构造的问题 (7.30) 的定义域.

7.5　考虑中心路径在点 $x^*(t)$ 处的切线. 为便于讨论, 考虑没有等式约束的问题.

(a) 给出 $dx^*(t)/dt$ 的显式表达式.

(b) 证明 $f_0(x^*(t))$ 随着 t 的增加而减少. 因此, 障碍方法的目标函数随着参数 t 的增加而减少.

7.6　在标准障碍法中, 用 Newton 法计算 $x^*(\mu t)$ 是从初始点 $x^*(t)$ 开始的. 已经提出的一种替代方案是, 先确定 $x^*(\mu t)$ 的近似或预估值 $\hat{x}$, 然后从 $\hat{x}$ 开始用 Newton 法计算 $x^*(\mu t)$. 采用这种做法的想法是, 既然 $\hat{x}$ 是比 $x^*(\mu t)$ 更好的初始点, 从前者开始应该能够减少 Newton 迭代的次数. 这种中心点方法被称为预估 - 校正方法.

最常用的预估值是基于上一题给出的中心路径切线的一次预估值. 该预估值由下式给出

$$\hat{x} = x^*(t) + \frac{dx^*(t)}{dt}(\mu t - t),$$

将它和 $x^*(t) + \Delta x_{nt}$ 进行比较, 其中 Δx_{nt} 是 $\mu t f_0(x) + \phi(x)$ 在 $x^*(t)$ 处的 Newton 方向. 如果目标函数 f_0 是线性函数, 能够得出什么结论?

7.7　考虑问题

$$\min \quad f_0(x),$$
$$\text{s.t.} \quad f_i(x) \leqslant 0, \quad i = 1, \cdots, m.$$

假定 f_i 是二次可微凸函数. 已知 $\lambda_i = -1/(tf_i(x^*(t)))(i = 1, \cdots, m)$ 是对偶可行解, 并且 $x^*(t)$ 使 $L(x, \lambda)$ 达到最小. 由此可确定 λ 的对偶函数值, 它就是 $g(\lambda) = f_0(x^*(t)) - m/t$. 特别是, 可以断定 $x^*(t)$ 是 m/t-次优解.

考虑当点 x 接近 $x^*(t)$ 但不在中心路径上时会发生什么问题. 在这种情况下, $\lambda_i = -1/(tf_i(x))(i = 1, \cdots, m)$ 不是对偶可行解. 但如果 x 充分接近中心路径, 可用下面方法产生一个对偶可行解. 令 Δx_{nt} 为以下中心点问题在 x 处的 Newton 方向:

$$\min \quad tf_0(x) - \sum_{i=1}^{m} \log(-f_i(x)).$$

当 Δx_{nt} 较小时, 下述公式能给出对偶可行解:

$$\lambda_i = \frac{1}{-tf_i(x)}\left(1 + \frac{\nabla f_i(x)^\mathrm{T}\Delta x_{nt}}{-f_i(x)}\right), \quad i = 1, \cdots, m,$$

在这种情况下, 向量 x 并不能极小化 $L(x, \lambda)$, 因此没有对偶函数在 λ 处函数值 $g(\lambda)$ 的一般公式. 但是, 如果有对偶目标函数的解析表达式, 就可以简单地计算下面二次约束二次规划问题

$$\min \quad (1/2)x^\mathrm{T}P_0x + q_0^\mathrm{T}x + r_0,$$
$$\text{s.t.} \quad (1/2)x^\mathrm{T}P_ix + q_i^\mathrm{T}x + r_i \leqslant 0, \quad i = 1, \cdots, m.$$

证明: 当 Δx_{nt} 充分小时, 以上公式对 λ 产生一个对偶可行解, 即 $\lambda \geqslant 0$ 且 $L(x, \lambda)$ 有下界.

(提示: 定义

$$x_0 = x + \Delta x_{\mathrm{nt}}, \quad x_i = x - \frac{1}{t\lambda_i f_i(x)} \Delta x_{\mathrm{nt}}, \quad i = 1, \cdots, m.$$

证明

$$\nabla f_0(x_0) + \sum_{i=1}^{m} \lambda_i \nabla f_i(x_i) = 0.$$

再利用 $f_i(x) \geqslant f_i(x_i) + \nabla f_i(x_i)^{\mathrm{T}}(z - x_i)(i = 0, \cdots, m)$ 推导 $L(x, \lambda)$ 的下界.)

7.8　考虑上一题中的不等式优化问题, 对应 $t > 0$ 的中心路径 $x^*(t)$ 是下面问题的解

$$\min \quad tf_0(x) - \sum_{i=1}^{m} \log(-f_i(x)),$$

$$\text{s.t.} \quad Ax = b.$$

本题给出中心路径的另外一种参数化方式. 对于 $u > p^*$, 用 $z^*(u)$ 表示以下问题的解

$$\min \quad -\log(u - f_0(x)) - \sum_{i=1}^{m} \log(-f_i(x)),$$

$$\text{s.t.} \quad Ax = b.$$

证明: 如果 $u > p^*$, 曲线 $z^*(u)$ 就是中心路径.

7.9　本题考虑障碍法的一种变形, 该方法基于上一题描述的参数化中心路径. 为便于讨论, 考虑下面不等式约束优化问题

$$\min \quad f_0(x),$$

$$\text{s.t.} \quad f_i(x) \leqslant 0, \quad i = 1, \cdots, m.$$

解析中心法从任意一个严格可行的初始点 $x^{(0)}$ 和任意的 $u^{(0)} > f_0(x^{(0)})$ 开始, 然后令

$$u^{(1)} = \theta u^{(0)} + (1 - \theta) f_0(x^{(0)}),$$

其中 $\theta \in (0, 1)$ 是算法参数, 然后计算下一个迭代点

$$x^{(1)} = z^*(u^{(1)}),$$

这里 $z^*(s)$ 表示下述函数的极小解

$$-\log(s - f_0(x)) - \sum_{i=1}^{m} \log(-f_i(x)),$$

然后重复以上过程.

因为点 $z^*(s)$ 是不等式组

$$f_0(x) \leqslant s, f_1(x) \leqslant 0, \cdots, f_m(x) \leqslant 0$$

的解析中心, 所以称该算法为解析中心法. 证明这个中心点方法有效, 即 $x^{(k)}$ 收敛于最优解. 给出能够保证 x 是 ϵ-次优解的停止准则, 其中 $\epsilon > 0$.

(提示: 点 $x^{(k)}$ 在中心路径上; 由上题可知. 利用该事实证明

$$u^+ - p^* \leqslant \frac{m+\theta}{m+1}(u - p^*),$$

其中 u 和 u^+ 是 u 的相邻迭代值.)

7.10 分别实现求解下述二次规划的障碍方法和原对偶内点法

$$\max \quad (1/2)x^{\mathrm{T}}Px + q^{\mathrm{T}}x,$$
$$\text{s.t.} \quad Ax \leqslant b,$$

其中 $A \in \mathbf{R}^{m \times n}$. 可以假设已知一个严格可行的初始点. 用若干例子检验你的程序. 对障碍方法, 画出对偶间隙和 Newton 迭代次数之间的关系. 对原对偶内点法, 画出代理对偶间隙以及对偶残差的范数和迭代次数之间的关系.

第 8 章　线性半定规划

8.1　预 备 知 识

半定规划是带有半定锥约束的一类矩阵规划, 也是一类特殊的凸优化问题. 在前面的章节中, 我们已经遇到半定锥和定义在其上的函数的一些性质. 这一章进一步研究半定锥及定义在其上的线性函数的性质, 最后还介绍求解线性半定规划的一个方法.

8.1.1　矩阵空间的一些记号和运算

关于矩阵的一些记号和运算, 有的在前面出现过, 为了本章的方便, 这里把有关的记号和运算复习一下.

利用欧氏空间同构的性质可知, 矩阵空间 $\mathbf{R}^{m\times n}$ 与向量空间 $\mathbf{R}^{mn}$ 是同构的, 其相应的同构映射为

$$\mathrm{vec}(A) := (a_1, a_2, \cdots, a_n)^{\mathrm{T}},$$

这里 $a_i(i = 1, \cdots, m)$ 表示 $A = [a_{ij}] \in \mathbf{R}^{m\times n}$ 的第 i 列向量. 显然, 对于任意 $A, B \in \mathbf{R}^{m\times n}$,

$$\langle A, B \rangle = \mathrm{vec}(A)^{\mathrm{T}}\mathrm{vec}(B), \quad \|A\|_F = \|\mathrm{vec}(A)\|,$$

其中 $\|\cdot\|$ 为向量的欧氏范数.

由所有 $n \times n$ 实对称矩阵组成的子空间记为 $\mathbf{S}^n$. 容易验证: $\mathbf{S}^n$ 通过如下同构映射与 $\mathbf{R}^{\frac{n(n+1)}{2}}$ 向量空间同构

$$\mathrm{svec}(A) := (a_{11}, \sqrt{2}a_{21}, \cdots, \sqrt{2}a_{n1}, a_{22}, \sqrt{2}a_{32}, \cdots, a_{nn})^{\mathrm{T}}, \quad \forall A = [a_{ij}] \in \mathbf{S}^n. \quad (8.1)$$

对于任意 $A, B \in \mathbf{S}^n$, 有如下等式关系成立

$$\langle A, B \rangle = \mathrm{svec}(A)^{\mathrm{T}}\mathrm{svec}(B), \quad \|A\|_F = \|\mathrm{svec}(A)\|.$$

尽管空间 S^n 中的内积与相应的 Frobenius 范数都能通过同构映射 (8.1) 转化为向量空间 $\mathbf{R}^{\frac{n(n+1)}{2}}$ 的内积与欧氏范数, 但该空间也有自身的一些特有性质与结构, 而这些性质与结构是 $\mathbf{R}^{\frac{n(n+1)}{2}}$ 中不具有的, 或者说, 同构变换可能会破坏原问题的结构.

8.1.2 凸集与半定锥

半定锥作为矩阵空间中的一个特殊凸集, 它是半定规划的基础之一. 第 1 章中已经介绍过半定锥的基本概念及一些基本性质, 本节进一步介绍半定锥的一些重要代数特征与几何结构, 以为半定规划的理论分析做准备.

由半定锥的自对偶性可知, 任意两个半定矩阵的内积是非负数.

若对于任意 $x, y \in C$ 满足 $\alpha x + (1-\alpha)x \in F$, 其中 $\alpha \in (0,1)$, 可以推出 $x, y \in F$, 称凸集 $F \subseteq C$ 是凸集 C 的一个面.

半定锥的面可以通过低阶半定锥来刻画.

$\mathbf{S}_+^n$ 中的任何面 F 必定具有如下性质之一:

(1) $F = \varnothing$;

(2) $F = \{0\}$;

(3) $F = \mathbf{S}_+^n$;

(4) 存在矩阵 $P \in \mathbf{R}^{n \times k}, \mathrm{rank}(P) = k (1 \leqslant k < n), F = \{X \in \mathbf{S}^n : X = PWP^{\mathrm{T}}, W \in \mathbf{S}_+^k\}$.

证明 由定义可知 (1), (2) 或 (3) 中定义的集合均为 $\mathbf{S}_+^n$ 的面. 下面考察 (4) 中定义的 F, 由锥的定义及 $\mathbf{S}_+^k$ 易知 F 为凸锥. 用反证法, 假设存在 $A, B \in \mathbf{S}_+^n$ 及 $\alpha \in (0,1)$ 使得 $X = \alpha A + (1-\alpha)B \in F$, 但是 A 与 B 中至少一个元素不在 F 中, 不妨设 $A \notin F$, 即对于任意 $W \in \mathbf{S}_+^k$, $A \neq PWP^{\mathrm{T}}$. 于是存在非零向量 $y \in R^n$ 使得 $P^{\mathrm{T}}y = 0$ 但 $y^{\mathrm{T}}Ay \neq 0$. 结合 A 的半正定性得 $y^{\mathrm{T}}Ay > 0$. 由假设条件 $X \in F$, 存在 $W_0 \in \mathbf{S}_+^k$, 使得 $S = PW_0P^{\mathrm{T}}$, 从而

$$0 = yXy^{\mathrm{T}} = \alpha y^{\mathrm{T}}Ay + (1-\alpha)y^{\mathrm{T}}By > 0,$$

矛盾. 结合其凸性可知, 形如 (4) 中的集合必是 $\mathbf{S}_+^n$ 的面.

下面证明 $\mathbf{S}_+^n$ 的任意一个面必定具有 (1) (4) 之一的形式. 对于 $\mathbf{S}_+^n$ 的任意一个非空非零的面 $F \neq \mathbf{S}_+^n$, 因为 $\{0\} \subset F$, 所以存在非零矩阵 $\hat{X} \in \mathrm{ri}(F)$. 记 $k = \mathrm{rank}(\hat{X})$, 并记 $P \in \mathbf{R}^{n \times k}$ 为矩阵 $\hat{X}$ 的 k 个非零特征值对应的特征向量按列排成的矩阵, 并记 $\hat{F} = \{X \in \mathbf{S}^n : X = PWP^{\mathrm{T}}, W \in \mathbf{S}_+^k\}$. 由上一段的讨论可知, $\hat{F}$ 是 $\mathbf{S}_+^n$ 的一个面. 下证 $F = \hat{F}$. 由于 $X \in \mathrm{ri}(F) \bigcap \mathrm{ri}(\hat{F})$, 由有多面体优化中相关结论可知 F 与 $\hat{F}$ 是同一个面. 于是结论得证.

在约束优化问题的最优性分析中, 切锥在一阶最优性条件中起着重要作用. 下面给出半定锥这一特殊凸集的切锥的定义. 切锥有多种类型, 这里主要考虑 Bouligand 切锥.

设 X 为 Banach 空间, 对于任一给定集合 $S \subset X$ 及任意给定的点 $x \in S$, S 在

点 x 处的切锥定义为

$$T_S(x) := \limsup_{t \to 0} \frac{S-x}{t} = \{h \in X : \exists t_n \to 0, \mathbf{dist}(x + t_n h, S) = o(t_n)\},$$

其中距离函数 $\mathrm{dist}(x, S) := \min_{y \in S} \| x - y \|$. 若 S 为凸集, 则有

$$T_S(x) = \{h \in X : \mathbf{dist}(x + th, S) = o(t), t > 0\}.$$

例 8.1   取 $X = \mathbf{R}^3, S = \{(x_1, x_2, x_3)^{\mathrm{T}} : x_1^2 + x_2^2 + x_3^2 = 1\}, x = (1, 0, 0)^{\mathrm{T}}$, 则

$$T_S(x) = \{(0, u, v)^{\mathrm{T}} : u, v \in \mathbf{R}\}.$$

特别地, 若凸集 S 由连续可微函数的等式与不等式约束来刻画时, 其切锥在一定条件下可由约束函数的一阶方向导数来表示.

设 $h_1, \cdots, h_m$ 为 $\mathbf{R}^n$ 上的仿射函数, $g_1, \cdots, g_l$ 为 $\mathbf{R}^n$ 上的凸函数, 若相应的约束集合 $S := \{x \in \mathbf{R}^n : h_i(x) = 0, i = 1, \cdots, m; g_j(x) \leqslant 0, j = 1, \cdots, l\}$ 满足 Slater 条件, 则对于任意 $x \in S$, 集合 S 在 x 处的切锥为

$$T_S(x) = \{d \in \mathbf{R}^n : \nabla h_i(x)^{\mathrm{T}} d = 0, i = 1, \cdots, m; \nabla g_j(x)^{\mathrm{T}} d \leqslant 0, j \in I(x)\},$$

其中 $I(x) := \{j : g_j(x) = 0\}$.

上述结果利用一阶 Taylor 展开及凸集的切锥定义, 结合 Slater 条件可以直接验证得到. 利用上述结论, 再结合矩阵最小特征值函数的微分性质, 可以得到半定锥的切锥表达形式.

对于任意给定的矩阵 $X \in \mathbf{S}_+^n \backslash \mathbf{S}_{++}^n$, 设 $E \in \mathbf{R}^{n \times s}$ 为 X 的零特征值对应的标准正交特征向量按列排成的矩阵, s 为零特征值的重数, 则 $\mathbf{S}_+^n$ 在 X 处的切锥为

$$T_{\mathbf{S}_+^n}(X) = \{H \in \mathbf{S}^n : E^{\mathrm{T}} H E \succeq 0\}.$$

下面证明这个结论.

因为 $\lambda_{\max}(Y)$ 是 $Y \in \mathbf{S}^n$ 的凸函数, $\lambda_{\min}(Y) = -\lambda_{\max}(-Y)$ 是 $Y \in S^n$ 的凹函数. 利用 Danskin 定理可知

$$\lambda'_{\min}(X; H) = \min_{\|a\|=1} (Ea)^{\mathrm{T}} H(Ea) = \lambda_{\min}(E^{\mathrm{T}} H E).$$

结合切锥的一阶方向导数表示, 有

$$\begin{aligned}
T_{\mathbf{S}_+^n}(X) &= \{H \in \mathbf{S}^n : \lambda'_{\min}(X; H) \geqslant 0\} \\
&= \{H \in \mathbf{S}^n : \lambda_{\min}(E^{\mathrm{T}} H E) \geqslant 0\} \\
&= \{H \in \mathbf{S}^n : E^{\mathrm{T}} H E \succeq 0\}.
\end{aligned}$$

若 $X \in \mathbf{S}_{++}^n$, 则 X 是 $\mathbf{S}_+^n$ 的内部, 由切锥的一阶方向导数表示可知 $T_{\mathbf{S}_+^n}(X) = \mathbf{S}^n$.

利用半定锥的切锥, 可以定义半定锥的临界锥如下:

设 $S \subseteq X$ 是一个非空闭凸集, 对于任意给定的 $x \in X$, 记 $\bar{x} := P_S(x)$ 为 x 在 S 上的投影 (即 $P_S(x) := \arg\min\limits_{y \in S} \|x - y\|$), 则 S 在 x 处的临界锥定义为

$$C(x; S) := T_S(\bar{x}) \cap (x - \bar{x})^{\perp},$$

其中 "$\perp$" 表示正交补空间.

结合对称矩阵的性质及半定锥的切锥表示, 可以得到半定锥的临界锥的表示形式.

给定矩阵 $A \in S^n$ 及谱分解 $A = \sum\limits_{i=1}^n \lambda_i(A) p_i p_i^{\mathrm{T}}$, 其中 p_i 为 $\lambda_i(A)$ 对应的特征向量, 则半定锥 $\mathbf{S}_+^n$ 在矩阵 A 处的临界锥可表示为

$$C(A; \mathbf{S}_+^n) = \{W \in \mathbf{S}^n : P_\beta^{\mathrm{T}} W P_\beta \succeq 0, P_\beta^{\mathrm{T}} W P_\gamma = 0, P_\gamma^{\mathrm{T}} W P_\gamma = 0\},$$

其中指标集 $\beta := \{i : \lambda_i(A) = 0\}, \gamma := \{i : \lambda_i(A) < 0\}$, 子矩阵 $P_\beta := [p_i]_{i \in \beta}, P_\gamma := [p_i]_{i \in \gamma}$.

证明 记 $\alpha := \{i : \lambda_i(A) > 0\}, P_\alpha := [p_i]_{i \in \alpha}$, 并记 $\Lambda_t := \mathrm{Diag}(\lambda_i(A), i \in t), t \in \{\alpha, \beta, \gamma\}$. 则矩阵 A 的谱分解可写为

$$A = [P_\alpha \ P_\beta \ P_\gamma] \begin{bmatrix} \Lambda_\alpha & 0 & 0 \\ 0 & \Lambda_\beta & 0 \\ 0 & 0 & \Lambda_\gamma \end{bmatrix} [P_\alpha \ P_\beta \ P_\gamma]^{\mathrm{T}}.$$

由投影的定义可知, A 到 $\mathbf{S}_+^n$ 的投影为

$$\bar{A} := P_{\mathbf{S}_+^n}(A) = [P_\alpha \ P_\beta \ P_\gamma] \begin{bmatrix} \Lambda_\alpha & 0 & 0 \\ 0 & \Lambda_\beta & 0 \\ 0 & 0 & 0 \end{bmatrix} [P_\alpha \ P_\beta \ P_\gamma]^{\mathrm{T}}.$$

从而

$$A - \bar{A} = [P_\alpha \ P_\beta \ P_\gamma] \begin{bmatrix} 0 & 0 & 0 \\ 0 & 0 & 0 \\ 0 & 0 & \Lambda_\gamma \end{bmatrix} [P_\alpha \ P_\beta \ P_\gamma]^{\mathrm{T}} = P_\gamma \Lambda_\gamma P_\gamma^{\mathrm{T}} \in (-\mathbf{S}_+^n).$$

其相应的正交补空间为

$$\begin{aligned} (A - \bar{A})^{\mathrm{T}} &= \{W \in \mathbf{S}^n : \langle W, A - \bar{A} \rangle = 0\} \\ &= \{W \in \mathbf{S}^n : \langle W, P_\gamma \Lambda_\gamma P_\gamma^{\mathrm{T}} \rangle = 0\} \\ &= \{W \in \mathbf{S}^n : \langle P_\gamma^{\mathrm{T}} W P_\gamma, \Lambda_\gamma \rangle = 0\}. \end{aligned}$$

另外, 由半定锥的切锥表示形式可知

$$T_{\mathbf{S}_+^n}(\bar{A}) = \{W \in \mathbf{S}^n : [P_\beta P_\gamma]^{\mathrm{T}} W [P_\beta P_\gamma] \geqslant 0\}$$
$$= \left\{W \in \mathbf{S}^n : \begin{bmatrix} P_\beta^{\mathrm{T}} W P_\beta & P_\beta^{\mathrm{T}} W P_\gamma \\ P_\gamma^{\mathrm{T}} W P_\beta & P_\gamma^{\mathrm{T}} W P_\gamma \end{bmatrix} \geqslant 0\right\}.$$

利用 Schur 补性质可知

$$\begin{bmatrix} P_\beta^{\mathrm{T}} W P_\beta & P_\beta^{\mathrm{T}} W P_\gamma \\ P_\gamma^{\mathrm{T}} W P_\beta & P_\gamma^{\mathrm{T}} W P_\gamma \end{bmatrix} \succeq 0 \Rightarrow P_\beta^{\mathrm{T}} W P_\beta \succeq 0, P_\gamma^{\mathrm{T}} W P_\gamma \succeq 0.$$

从而

$$T_{\mathbf{S}_+^n}(\bar{A}) \cap (A-\bar{A})^{\mathrm{T}} = \left\{W \in \mathbf{S}^n : \begin{bmatrix} P_\beta^{\mathrm{T}} W P_\beta & P_\beta^{\mathrm{T}} W P_\gamma \\ P_\gamma^{\mathrm{T}} W P_\beta & P_\gamma^{\mathrm{T}} W P_\gamma \end{bmatrix} \succeq 0, P_\beta^{\mathrm{T}} W P_\beta \succeq 0, P_\gamma^{\mathrm{T}} W P_\gamma = 0\right\}$$
$$= \{W \in \mathbf{S}^n : P_\beta^{\mathrm{T}} W P_\beta \succeq 0, P_\beta^{\mathrm{T}} W P_\gamma = 0, P_\gamma^{\mathrm{T}} W P_\gamma = 0\}.$$

上述两个等式直接利用半定矩阵的相关性质即可得到.

切锥主要利用了给定点 x 附近路径 $x(t)$ 的一阶 Taylor 展开式 $x(t) = x + th + o(t)$. 若要进一步刻画其局部信息, 可以利用二阶 Taylor 展开式 $x(t) = x + th + \frac{1}{2}t^2 w + o(t^2)$, 这就产生了二阶切集的概念, 这里不再做进一步讨论.

8.1.3　矩阵积

本小节主要介绍两种重要的矩阵乘积, Hadamard 积与 Kronecker 积.

Hadamard 积简记为 "∘", 其运算规则为同阶矩阵按对应分量相乘, 即

$$A \circ B := [a_{ij} b_{ij}] \in \mathbf{R}^{m \times n}, \quad \forall A = [a_{ij}], \quad B = [b_{ij}] \in \mathbf{R}^{m \times n}.$$

Hadamard 积具有如下重要性质:

若 $A, B \in \mathbf{S}_+^n$, 则 $A \circ B \in \mathbf{S}_+^n$; 进一步, 若 $A, B \in \mathbf{S}_{++}^n$, 则 $A \circ B \in \mathbf{S}_{++}^n$.

证明　对任意 $x \in \mathbf{R}^n$, 通过直接计算可以得到

$$(A \circ B)x = \mathbf{diag}(A\mathbf{Diag}(x)B).$$

其中 $\mathbf{diag}(\cdot)$ 表示相应矩阵的对角元素组成的向量, $\mathbf{Diag}(\cdot)$ 表示以相应向量为对角元素组成的对角矩阵, 于是

$$x^{\mathrm{T}}(A \circ B)x = x^{\mathrm{T}}\mathbf{diag}(A\mathbf{Diag}(x)B)$$
$$= \mathrm{tr}(\mathbf{Diag}(x)A\mathbf{Diag}(x)B)$$
$$= \langle \mathbf{Diag}(x)A\mathbf{Diag}(x), B \rangle$$
$$\geqslant 0,$$

其中最后一个不等式由 $\mathbf{Diag}(x)A\mathbf{Diag}(x)$ 及 B 的半正定性可得. 进一步, 若 $A \in$ $\mathbf{S}_{++}^n$, 则对于任意 $x \in \mathbf{R}^n \backslash \{0\}, \mathbf{Diag}(x)A\mathbf{Diag}(x) \neq 0.$ 于是可得 $A \circ B \in \mathbf{S}_{++}^n.$

另一个重要的矩阵乘积为 Kronecker 积, 简记为 $\otimes$, 其定义为

$$A \otimes B := \begin{bmatrix} a_{11}B & \cdots & a_{1n}B \\ \vdots & & \vdots \\ a_{m1}B & \cdots & a_{mn}B \end{bmatrix} \in \mathbf{R}^{mk \times nl}, \quad \forall A \in \mathbf{R}^{m \times n}, \ \forall B \in \mathbf{R}^{k \times l}.$$

利用空间 $\mathbf{R}^{m \times n}$ 与 $\mathbf{R}^{mn}$ 的同构映射 $\mathrm{vec}(\cdot)$, 可以得到 Kronecker 积的基本性质.

如同 Hadamard 积一样, Kronecker 积也能保持半正定性 (正定性).

设 $A \in \mathbf{S}^n, B \in \mathbf{S}^m$, 其谱分解形式分别为 $A = \sum\limits_{i=1}^{n} \lambda_i(A)u_iu_i^{\mathrm{T}}, B = \sum\limits_{i=1}^{m} \lambda_i(B)v_iv_i^{\mathrm{T}},$ 则 $A \otimes B = \sum\limits_{i=1}^{n}\sum\limits_{j=1}^{m} \lambda_i(A)\lambda_j(B)(u_i \otimes v_j)(u_i \otimes v_j)^{\mathrm{T}}.$

证明　由 Kronecker 积的定义可知

$$(A \otimes B)(u_i \otimes v_j) = (Au_i) \otimes (Bv_j) = (\lambda_i(A)u_i) \otimes (\lambda_j(B)v_j) = \lambda_i(A)\lambda_j(B)(u_i \otimes v_j).$$

进一步有

$$(u_i \otimes v_j)^{\mathrm{T}}(u_h \otimes v_k) = (u_i^{\mathrm{T}}u_h) \circ (v_j^{\mathrm{T}}v_k),$$

从而可得特征向量的正交性.

借助于对称矩阵空间 $\mathbf{S}^n$ 与 $\mathbf{R}^{\frac{n(n+1)}{2}}$ 的同构映射 $\mathrm{svec}(\cdot)$, 还能定义如下对称 Kronecker 积

$$(A \otimes_s B)\mathrm{svec}(C) := \frac{1}{2}\mathrm{svec}(BCA^{\mathrm{T}} + ACB^{\mathrm{T}}), \quad \forall A, B \in \mathbf{R}^{n \times n}, \ \forall C \in \mathbf{S}^n.$$

对称 Kronecker 积具有如下一些性质, 它们的证明留作练习.

设 A, B, C, D 是具有适当维数和特征的矩阵, 则

(a) $A \otimes_s B = B \otimes_s A$;

(b) $(A \otimes_s B)^{\mathrm{T}} = B^{\mathrm{T}} \otimes_s A^{\mathrm{T}}$;

(c) $A \otimes_s I \in \mathbf{S}^{\frac{n(n+1)}{2}} \Leftrightarrow A \in \mathbf{S}^n$;

(d) $(A \otimes_s A)^{-1} = A^{\mathrm{T}} \otimes_s A^{-1}$;

(e) $(A \otimes_s B)(C \otimes_s D) = \frac{1}{2}(AC \otimes_s BD + AD \otimes_s BC)$;

(f) 若 $A, B \in \mathbf{S}_{++}^n$, 则 $A \otimes_s B \in \mathbf{S}_{++}^{\frac{n(n+1)}{2}}$.

8.2　线性半定规划的一些性质

线性半定规划是指在一个仿射空间与半定锥的交集上极小化一个线性目标函数的矩阵规划. 它可以看成线性规划的推广, 具有线性规划的一些性质, 还有一些

自己独特的性质. 本章将结合两者的共性与差异性, 介绍线性半定规划的基本概念与理论性质.

8.2.1　模型与基本概念

考虑如下数学规划模型

$$(P)\qquad\begin{aligned}&\min\ \langle C,X\rangle,\\&\text{s.t.}\ \ \mathcal{A}X=b\\&\qquad X\in\mathbf{S}_+^n.\end{aligned}\qquad(8.2)$$

这里 $C\in\mathbf{S}^n$ 为已知矩阵, $\mathcal{A}:\mathbf{S}^n\to\mathbf{R}^m$ 为一个给定的线性变换, $b\in\mathbf{R}^m$ 为已知向量, $X\in\mathbf{S}^n$ 为变量. 给定 $A_1,\cdots,A_m\in\mathbf{S}^n$, 设

$$\mathcal{A}X=(\langle A_1,X\rangle,\cdots,\langle A_m,X\rangle)^{\mathrm{T}},\quad b=(b_1,\cdots,b_m^{\mathrm{T}}),$$

则式 (8.2) 等价于如下形式

$$\begin{aligned}&\min\ \langle C,X\rangle,\\&\text{s.t.}\ \ \langle A_i,X\rangle=b_i,\quad i=1,2,\cdots,m,\\&\qquad X\in\mathbf{S}_+^n.\end{aligned}\qquad(8.3)$$

这个优化问题称为线性半定规划的标准形式. 线性半定规划有时也简称半定规划. 显然, 若 X 取为对角阵, 对角元形成的向量记为 $X\in\mathbf{R}^n$, 则式 (8.2) 或式 (8.3) 就是线性规划的标准形式. 容易导出线性半定规划问题的对偶模型.

$$(D)\qquad\begin{aligned}&\max\ \ b^{\mathrm{T}}y,\\&\text{s.t.}\ \ \sum_{i=1}^m y_iA_i+S=C,\\&\qquad S\in\mathbf{S}_+^n.\end{aligned}\qquad(8.4)$$

称 (P) 和 (D) 为一对对偶问题, (P) 称为原问题, (D) 称为对偶问题. 实际上, (P) 与 (D) 互为对偶. 记

$$p^*:=\min_X\{\langle C,X\rangle\,|\,\langle A_i,X\rangle=b_i,i=1,2,\cdots,m,X\succeq0\},$$

$$d^*:=\max_{y,S}\left\{b^{\mathrm{T}}y\,\Big|\,\sum_{i=1}^m y_iA_i+S=C,S\succeq0\right\}.$$

线性半定规划与线性规划有很多相似之处, 线性规划中不少概念和性质容易推广到半定规划情形.

为方便, 下面将关于半定规划及其对偶规划的相关定义罗列如下:

(a) 称问题 (P) 为线性半定规划原问题的标准形式, 称问题 (D) 为线性半定规划对偶问题的标准形式;

(b) 称集合 $P: \{X \in \mathbf{S}^n | \langle A_i, X \rangle = b_i, i = 1, \cdots, m, X \succeq 0\}$ 为原问题的可行域, 称集合 $D: \{(y, S) \in \mathbf{R}^m \times \mathbf{S}^n | \sum_{i=1}^{m} y_i A_i + S = C, S \succeq 0\}$ 为对偶问题的可行域;

(c) 若 $X \in P$, 则称 X 为原始可行解; 若 $(y, S) \in D$, 则称 (y, S) 为对偶可行解;

(d) 称 p^*, d^* 分别为原始最优值与对偶最优值;

(e) 称集合

$$P^* := \{X \in P | \langle C, X \rangle \leqslant \langle C, X^0 \rangle, \forall X^0 \in P\} = \{X \in P | \langle C, X \rangle = p^*\}$$

为原始最优解集; 同样称集合

$$D^* = \{(y, S) \in D | b^{\mathrm{T}} y \geqslant b^{\mathrm{T}} y^0, \forall (y^0, S^0) \in D\} = \{(y, S) \in D | b^{\mathrm{T}} y = d^*\}$$

为对偶最优解集.

(f) 若 $X^* \in P^*$, 则称 X^* 为原始最优解; 若 $(y^*, S^*) \in D^*$, 则称 (y^*, S^*) 为对偶最优解.

(g) 若 $p^* = -\infty$, 则称 (P) 是无界的; 若 $P = \varnothing$, 则称 (P) 是不可行的, 此时一般约定 $p^* = +\infty$; 若 $P \neq \varnothing$, 则称 (P) 是可解的; 若 $d^* = +\infty$, 则称 (D) 是无界的; 若 (D) 是空集, 则称 (D) 是不可行的, 此时一般约定 $d^* = -\infty$; 若 $D^* = \varnothing$, 则称 (D) 是可解的.

8.2.2 对偶性

对偶性在第 4 章已做了介绍, 那里的推导和结论主要适用于向量空间中的凸优化问题. 对半定规划, 弱对偶性由 Lagrange 对偶函数也是显然成立的, 但对强对偶性, 半定规划有自己的一些特点.

由第 4 章的弱对偶性知: $p^* \geqslant d^*$. 什么时候等式成立? 再就是 p^*, d^* 的值是否可达? 这是接下来要讨论的问题. 先给出几个基本假设.

假设 1 矩阵 $A_i (i = 1, 2, \cdots, m)$ 是线性无关的, 其中 $\{A_i\}$ 为 (P) 中约束函数的系数矩阵组.

在假设 1 的条件下, 若 $(y, S) \in D$, 由 $S = C - \sum_{i=1}^{m} y_i A_i$ 可知, Y 与 S 可以相互唯一确定. 因此, 我们有时用 $y \in D$ 或者 $S \in D$ 来代替 $(y, S) \in D$.

假设 2 (严格可行性) 存在 $X \in P, S \in D$, 使得 $X \succ 0, S \succ 0$.

若 $p^* = d^*$, 则称问题 (P) 与 (D) 具有完全对偶性.

　　显然, 若问题 (P) 与 (D) 具有完全对偶性, 则一个问题不可行可推出另一个问题无界. 那么, 在什么条件下完全对偶性成立呢? 下面从参数优化角度来推导线性半定规划完全对偶性成立的条件.

　　考虑线性半定规划原问题 (P) 的如下参数化问题.

$$(P_{\varepsilon,Y}) \qquad \begin{aligned} \min \quad & \langle C, X \rangle, \\ \text{s.t.} \quad & \mathcal{A}(X) = b + \varepsilon, \\ & X + Y \succeq 0, \end{aligned}$$

其中 $\varepsilon \in \mathbf{R}^m, Y \in \mathbf{S}^n, \mathcal{A}(X) : (\langle A_1, X \rangle, \cdots, \langle A_m, X \rangle)^{\mathrm{T}}$. 记问题 $(P_{\varepsilon,Y})$ 的最优值为 $v(\varepsilon, Y)$. 显然, $v(0,0) = p^*$. 事实上, 由凸函数的保凸性规则可知函数 $v(\varepsilon, Y)$ 在 $\mathbf{R}^m \times \mathbf{S}^n$ 上是凸函数.

　　要判断线性半定规划 (P) 与 (D) 是否满足完全对偶性, 只需判断 $v(\mathbf{0}) = v^{**}(\mathbf{0})$ 是否成立即可. 由凸函数的共轭函数的性质, 有如下结论成立.

　　对于任意 $(\varepsilon, Y) \in \mathbf{R}^m \times \mathbf{S}^n$, 参数化问题 $(P_{\varepsilon,Y})$ 的最优值函数 $v(\varepsilon, Y)$ 的共轭函数的共轭 $v^{**}(\varepsilon, Y)$, 满足 $v^{**}(\varepsilon, Y) = \mathrm{cl}(v(\varepsilon, Y))$, 其中函数 $\mathrm{cl}(v)$ 的图像为函数图像的闭包.

　　由于函数的下半连续性等价于函数图像的闭性, 于是可得下面完全对偶性结果.

　　若参数化问题 $(P_{\varepsilon,Y})$ 的最优值函数 $v(\varepsilon, Y)$ 是有限的, 则

$$p^* = d^* \Leftrightarrow v(\varepsilon, Y) \text{ 在 } (0,0) \text{ 处是下半连续的.}$$

　　例 8.2　考虑线性半定规划 (P)

$$\begin{aligned} \min_X \quad & \left\langle \begin{bmatrix} 0 & 1 \\ 1 & 1 \end{bmatrix}, X \right\rangle, \\ \text{s.t.} \quad & \left\langle \begin{bmatrix} 1 & 0 \\ 0 & 0 \end{bmatrix}, X \right\rangle = 0, \quad \left\langle \begin{bmatrix} 0 & 0 \\ 0 & 1 \end{bmatrix}, X \right\rangle = 1, \\ & X \in \mathbf{S}_+^2. \end{aligned}$$

　　分析　(P) 的对偶问题 (D) 为

$$\begin{aligned} \max_{y \in \mathbf{R}^2} \quad & y_2, \\ \text{s.t.} \quad & y_1 \begin{bmatrix} 1 & 0 \\ 0 & 0 \end{bmatrix} + y_2 \begin{bmatrix} 0 & 0 \\ 0 & 1 \end{bmatrix} \preceq \begin{bmatrix} 0 & 1 \\ 1 & 1 \end{bmatrix}, \end{aligned}$$

对于问题 (P), 由两个等式条件

$$\left\langle \begin{bmatrix} 1 & 0 \\ 0 & 0 \end{bmatrix}, X \right\rangle = 0, \quad \left\langle \begin{bmatrix} 0 & 0 \\ 0 & 1 \end{bmatrix}, X \right\rangle = 1,$$

可得 $X_{11} = 0, X_{22} = 1$.

又因为

$$0 \preceq X = \begin{bmatrix} x_{11} & x_{12} \\ x_{21} & x_{22} \end{bmatrix} = \begin{bmatrix} 0 & x_{12} \\ x_{21} & 1 \end{bmatrix},$$

所以 $x_{12} = 0$, 从而

$$X^* = \begin{bmatrix} 0 & 0 \\ 0 & 1 \end{bmatrix}$$

是问题 (P) 的唯一最优解. 此时

$$p^* = \langle C, X^* \rangle = \left\langle \begin{bmatrix} 0 & 1 \\ 1 & 1 \end{bmatrix}, \begin{bmatrix} 0 & 0 \\ 0 & 1 \end{bmatrix} \right\rangle = \mathrm{tr}\left(\begin{bmatrix} 0 & 1 \\ 0 & 1 \end{bmatrix} \right) = 1.$$

对于 (D) 问题, 由约束条件易得

$$\begin{bmatrix} -y_1 & 1 \\ 1 & 1 - y_2 \end{bmatrix} \succeq 0,$$

从而 $-y_1 \geqslant 0$, $-y_1(1-y_2) \geqslant 1$ $\left(\text{即} y_2 \leqslant 1 + \dfrac{1}{y_1}\right)$. 显然, 当 $y_1 \to -\infty$ 时, $1 + \dfrac{1}{y_1} \to 1$, 所以 $d^* = 1$. 但 (D) 在可行域上最优值不可达.

综上可知, 上述 (P) 与 (D) 满足完全对偶性, 即 $p^* = d^* = 1$, 但 $D^* = \varnothing$. 在该例中, 对偶问题是严格可行的. 尽管如此, 原问题可解及完全对偶性成立也无法保证对偶问题的可解性, 这一点与线性规划不同.

如果 (P) 与 (D) 满足完全对偶性且 P^* 与 D^* 均非空, 则称 (P) 与 (D) 满足强对偶性.

下面讨论强对偶性成立的条件.

给定问题 (P) 与 (D), 若 $d^* < +\infty$ 且 (D) 严格可行, 则 $P^* \neq \varnothing$, 且 $p^* = d^*$; 相应地, 若 $p^* > -\infty$ 且 (P) 严格可行, 则 $D^* \neq \varnothing$, 且 $p^* = d^*$.

证明 只证上述结论的前半部分, 后半部分的结论可类似证明.

记非空凸集 $M := \left\{ S \in \mathbf{S}^n \,\middle|\, S = C - \sum\limits_{i=1}^{m} y_i A_i, \ b^{\mathrm{T}} y \geqslant d^*, \ y \in \mathbf{R}^m \right\}$, 则 M 的内部为

$$\mathrm{ri}(M) := \left\{ S \in \mathbf{S}^n \,\middle|\, S = C - \sum_{i=1}^{m} y_i A_i, \ b^{\mathrm{T}} y > d^*, \ y \in \mathbf{R}^m \right\}.$$

容易看出: $\mathrm{ri}(M)\bigcap \mathrm{ri}(\mathbf{S}_+^n)=\varnothing$. 因为如不然, 就存在 $S^*\in \mathrm{ri}(M)\bigcap \mathrm{ri}(\mathbf{S}_+^n)$, 使得 $S^*\in D$ 且相应的 y^* 满足 $b^\mathrm{T}y^*>d^*$, 这与 d^* 是 (D) 的最优值矛盾, 所以 $\mathrm{ri}(M)\bigcap \mathrm{ri}(\mathbf{S}_+^n)=\varnothing$. 由凸集分离定理知, 存在非零矩阵 $\Lambda\in S^n$ 使得

$$\max_{S\in M}\langle S,\Lambda\rangle \leqslant \min_{U\in \mathbf{S}_+^n}\langle U,\Lambda\rangle.$$

因为 $M\neq \varnothing$, 所以 $\max_{S\in M}\langle S,\Lambda\rangle>-\infty$, 从而

$$\min_{U\in \mathbf{S}_+^n}\langle U,\Lambda\rangle \geqslant \max_{S\in M}\langle S,\Lambda\rangle >-\infty. \tag{8.5}$$

由对偶锥的定义可知

$$\min_{U\in \mathbf{S}_+^n}\langle U,Q\rangle=\begin{cases} 0, & Q\in (\mathbf{S}_+^n)^*=\mathbf{S}_+^n,\\ -\infty, & Q\notin \mathbf{S}_+^n.\end{cases}$$

结合式 (8.5) 可推出 $\Lambda\succeq 0$, 且

$$\max_{S\in M}\langle S,\Lambda\rangle \leqslant \min_{U\in \mathbf{S}_+^n}\langle U,\Lambda\rangle=0. \tag{8.6}$$

任取 $y\in \mathbf{R}^m$ 满足 $b^\mathrm{T}y\geqslant d^*$, 令 $S=C-\sum_{i=1}^m y_iA_i$, 则 $S\in M$. 由式 (8.6) 可得

$$-\sum_{i=1}^m y_i\langle A_i,\Lambda\rangle=\left\langle -\sum_{i=1}^m y_iA_i,\Lambda\right\rangle=\langle S,\Lambda\rangle-\langle C,\Lambda\rangle$$
$$\leqslant -\langle C,\Lambda\rangle,$$

即

$$f(y):=\sum_{i=1}^m y_i\langle A_i,\Lambda\rangle \geqslant \langle C,\Lambda\rangle. \tag{8.7}$$

所以, $f(y)$ 在半空间 $\{y\in \mathbf{R}^m|\ b^\mathrm{T}y\geqslant d^*\}$ 中有下界. 于是有 $\beta\geqslant 0$, 使得

$$\langle A_i,\Lambda\rangle=\beta b_i\quad (i=1,2,\cdots,m).$$

若 $\beta=0$, 则 $\langle A_i,\Lambda\rangle=0(i=1,2,\cdots,m)$, 由 (8.7) 得 $\langle C,A\rangle\leqslant 0$. 而由 (D) 的严格可行性知, 存在 $(y^\circ,S^\circ)\in D$, $S^\circ\succ 0$, 于是

$$\langle S^\circ,\Lambda\rangle=\langle C,\Lambda\rangle-\sum_{i=1}^m y_i^\circ\langle A_i,\Lambda\rangle=\langle C,\Lambda\rangle\leqslant 0.$$

因为 $S^\circ\succ 0$, $\Lambda\succeq 0$, $\Lambda\neq 0$, 所以 $\langle S^\circ,\Lambda\rangle>0$, 矛盾. 所以 $\beta>0$.

不妨设 $X^* := \frac{1}{\beta}\Lambda$, 下证 X^* 为 (P) 的最优解. 因为 $\Lambda \in \mathbf{S}_+^n$, $\beta > 0$, 所以 $X^* = \frac{1}{\beta}\Lambda \succeq 0$. 由 $\langle A_i, \Lambda \rangle = \beta b_i (i = 1, 2, \cdots, m)$ 可知, $\langle A_i, X^* \rangle = \left\langle A_i, \frac{1}{\beta}\Lambda \right\rangle = b_i$, $i = 1, 2, \cdots, m$, 从而 $X^* \in P$.

因为对任意满足 $b^{\mathrm{T}} y \geqslant d^*$ 的 $y \in \mathbf{R}^m$, 都有式 (8.7) 成立, 从而有 $b^{\mathrm{T}} y \geqslant \langle C, X^* \rangle$. 也就是说, 推导关系 "$b^{\mathrm{T}} y \geqslant d^* \Rightarrow b^{\mathrm{T}} y \geqslant \langle C, X^* \rangle$" 恒成立. 所以 $d^* \geqslant \langle C, X^* \rangle$. 而由弱对偶性定理知, $X^* \in P^*$ 且 $p^* = d^* \geqslant \langle C, X^* \rangle$.

综上所述, 半定规划的强对偶性定理可简单地表述成: 如果一个问题严格可行且有界, 则其对偶问题可解且完全对偶性成立.

由强对偶性定理可推出强对偶性成立的充分条件.

设问题 (P) 与 (D) 均为严格可行的, 则 P 与 D 均非空且完全对偶性成立.

证明   由 (P) 与 (D) 的严格可行性可知, 存在 $X^\circ \in P$, 和 $(y^\circ, S^\circ) \in D$. 利用弱对偶性可知

$$p^* = \min_{X \in P} \langle C, X \rangle \geqslant b^{\mathrm{T}} y^\circ > -\infty,$$

$$d^* = \max_{y \in D} b^{\mathrm{T}} y \leqslant \langle C, X^\circ \rangle < +\infty.$$

从而 (P) 与 (D) 都是有界的. 利用强对偶性定理可知, P^* 与 D^* 均非空且 $p^* = d^*$.

8.2.3   可行性

可行性分析是可解性分析的基础. 本节主要讨论线性半定规划的可行性, 这是最优性及解的唯一性分析的基础. 相比于线性规划问题, 线性半定规划问题的可行性有更为丰富的内容.

与线性规划类似, 可以利用半定情形下的 Farkas 引理来判别线性半定规划的可行性.

对任意给定的线性算子, $\mathcal{A} : \mathbf{S}^n \to \mathbf{R}^n$ 及任意 $b \in \mathbf{R}^m$, 若 $\mathcal{A}(\mathbf{S}_+^n)$ 是闭集, 则问题 (P) 可行当且仅当不等式组 $\mathcal{A}^* y \geqslant 0$, $b^{\mathrm{T}} y > 0$ 无解, 其中, $\mathcal{A}^* : \mathbf{R}^m \to \mathbf{S}^n$ 为算子 $\mathcal{A}$ 的伴随算子.

证明   显然, 问题 (P) 可行等价于 $b \in \mathcal{A}(\mathbf{S}_+^n)$. 利用对偶锥的定义, 结合 $\mathcal{A}(\mathbf{S}_+^n)$ 的闭性可知, $\mathcal{A}(\mathbf{S}_+^n) = (\mathcal{A}(\mathbf{S}_+^n))^{**}$. 从而

$$\begin{aligned}
b \in \mathcal{A}(\mathbf{S}_+^n) &\Leftrightarrow b \in (\mathcal{A}(\mathbf{S}_+^n))^{**} \\
&\Leftrightarrow y \in (\mathcal{A}(\mathbf{S}_+^n))^* \Rightarrow y^{\mathrm{T}} b \geqslant 0 \\
&\Leftrightarrow \mathcal{A}^* y \in \mathbf{S}_+^n \Rightarrow y^{\mathrm{T}} b \geqslant 0 \\
&\Leftrightarrow \mathcal{A}^* y \geqslant 0, \; b^{\mathrm{T}} y < 0 \Longleftrightarrow \text{无解}.
\end{aligned}$$

严格可行性在线性半定规划的强对偶性定理中起着重要作用. 下面利用半定条件下的 Gordan 引理来刻画严格可行性.

任意给定的线性算子 $\mathcal{A}: \mathbf{S}^n \to \mathbf{R}^m$ 及任意 $b \in \mathbf{R}^m$, 若 $b \in \mathcal{A}(\mathbf{S}^n)$, 则问题 (P) 严格可行当且仅当不等式组

$$\begin{cases} \mathcal{A}^*y \geqslant 0 \quad 且 \quad \mathcal{A}^*y \neq 0, \\ y^{\mathrm{T}}b \leqslant 0 \end{cases} \tag{8.8}$$

无解.

证明　假设不等式组 (8.8) 有解 y, 则 $\mathcal{A}^*y \geqslant 0$, $\mathcal{A}^*y \neq 0$, 且 $y^{\mathrm{T}}b \leqslant 0$. 由问题 (P) 严格可行, 不妨设存在 $X \succ 0$, $\mathcal{A}X = b$. 于是

$$0 \geqslant y^{\mathrm{T}}b = \langle y, \mathcal{A}X \rangle = \langle \mathcal{A}^*y, X \rangle > 0.$$

矛盾. 因此不等式组 (8.8) 无解.

反之, 若问题 (P) 没有严格可行解. 记 $M = \{z \in \mathbf{R}^m : z = \mathcal{A}X, X \succ 0\}$, 则集合 M 是非空凸集且 $b \notin M$. 由凸集分离定理可知, 存在非零向量 $y \in \mathbf{R}^m$ 和常数 a 使得

$$y^{\mathrm{T}}(\mathcal{A}X) \geqslant \alpha \geqslant y^{\mathrm{T}}b, \quad \forall X \succ 0, \tag{8.9}$$

$$y^{\mathrm{T}}(\mathcal{A}X_0) > \alpha, \quad \forall X_0 \succ 0. \tag{8.10}$$

对于任意 $\lambda > 0$, 当 $X \succ 0$ 时有 $\lambda X \succ 0$, 由式 (8.9), 分别令 $\lambda \to 0$ 及 $\lambda \to +\infty$, 可得 $\alpha \leqslant 0$ 且

$$\langle y, \mathcal{A}X \rangle \geqslant 0, \quad \forall X \succ 0.$$

利用连续性及 $\mathbf{S}_+^n$ 的闭性可得

$$\langle \mathcal{A}^*y, X \rangle \geqslant \langle y, \mathcal{A}X \rangle \geqslant 0, \quad \forall X \in \mathbf{S}_+^n.$$

于是, $y^{\mathrm{T}}b \leqslant 0$ 且 $\mathcal{A}^*y \succeq 0$. 若 $\mathcal{A}^*y = 0$, 则由 $b \in \mathcal{A}(\mathbf{S}^n)$ 知, 存在 $\bar{X} \in \mathbf{S}^n$ 使得 $b = \mathcal{A}\bar{X}$, 从而

$$y^{\mathrm{T}}b = \langle y, \mathcal{A}\bar{X} \rangle = \langle \mathcal{A}^*y, \bar{X} \rangle = 0.$$

结合 $y^{\mathrm{T}}b \leqslant \alpha \leqslant 0$, 可得 $\alpha = 0$. 利用式 (8.10) 有

$$0 = \langle \mathcal{A}^*y, X_0 \rangle = \langle y, \mathcal{A}X_0 \rangle > \alpha = 0.$$

矛盾!

因此, $\mathcal{A}^*y \neq 0$, 从而 y 为不等式组 (8.8) 的一个解.

注意到, 当假设 1 成立时, 对于任意 $b \in \mathbf{R}^m$ 均有 $b \in \mathcal{A}(S^n)$. 因此利用上述定理可得如下推论.

若问题 (P) 满足假设 1, 则问题 (P) 严格可行当且仅当不等式组 (8.8) 无解.

当可行域非空无界时, 线性半定规划问题可能出现无界的情形, 此时需要引入改进射线的概念来刻画这一性质.

若存在 $\bar{X} \succeq 0$, 使得 $\langle A_i, \bar{X} \rangle = 0 (i = 1, 2, \cdots, m)$ 且 $\langle C, \bar{X} \rangle < 0$, 则 $\bar{X}$ 称为问题 (P) 的改进射线; 若存在 $\bar{y} \in \mathbf{R}^m$, 使得 $\bar{S} := -\sum_{i=1}^{m} \bar{y}_i A_i \succeq 0$, 且 $b^{\mathrm{T}}\bar{y} > 0$, 则 $(\bar{y}, \bar{S})$ 称为问题 (D) 的对偶改进射线.

关于改进射线, 有下面几条性质.

设 $X \in P$, $\bar{X}$ 是改进射线. 对于问题 (P), 有

(a) $\langle A_i, X + \bar{X} \rangle = \langle A_i, X \rangle + \langle A_i, \bar{X} \rangle = b_i (i = 1, 2, \cdots, m)$;

(b) $X + \bar{X} \succeq 0$;

(c) $\langle C, X + \bar{X} \rangle = \langle C, X \rangle \rangle + \langle C, \bar{X} \rangle < \langle C, X \rangle$.

由 (a) 与 (b) 可知 $X + \bar{X} \in P$, 由 (c) 可知, 在 $X + \bar{X}$ 处的目标函数值比在 X 处的小, 即 $X + \bar{X}$ 比 X 更靠近最优解, 或者说 $X + \bar{X}$ 是对初始可行解 X 的一个改进. 同时, 对任意 $\alpha \geqslant 0$, $X + \alpha\bar{X}$ 也具有上述三条性质, 具有 (a), (c) 性质的所有 $\{\alpha\bar{X} : \alpha \geqslant 0\}$ 组成了一条射线, 所以它称为改进射线.

对偶改进射线也有类似性质. 于是有如下结论.

若问题 (P)(或 (D)) 是可行的且存在原始 (或对偶) 改进射线, 则问题 (P)(或 (D)) 是无界的.

当问题 (P) 不可行时, 也可能存在改进射线, 例如

$$\min \quad \left\langle \begin{bmatrix} 1 & 0 \\ 0 & -1 \end{bmatrix}, X \right\rangle,$$

$$\text{s.t.} \quad \left\langle \begin{bmatrix} 1 & 0 \\ 0 & 0 \end{bmatrix}, X \right\rangle = 0,$$

$$\left\langle \begin{bmatrix} 0 & 0 \\ 0 & 0 \end{bmatrix}, X \right\rangle = 1,$$

$$X \in \mathbf{S}_+^2.$$

显然该问题是不可行的, 但是存在改进射线 $\bar{X} = \begin{bmatrix} 1 & 0 \\ 0 & 1 \end{bmatrix}$.

在线性规划中, 原问题无界等价于对偶问题不可行. 在线性半定规划中, 也可以利用问题的改进射线来刻画其对偶问题的不可行性.

若对偶问题 (D) 存在一条对偶改进射线, 则原问题 (P) 不可行; 若原问题 (P) 存在一条改进射线, 则对偶问题 (D) 不可行.

证明　只证明第一部分, 第二部分可类似证明. 设 $(\bar{y}, \bar{S})$ 为一条对偶改进射线, 若存在 $X \in P$, 则

$$b^{\mathrm{T}}\bar{y} = \sum_{i=1}^{m} \bar{y}_i b_i = \sum_{i=1}^{m} \bar{y}_i \langle A_i, X \rangle$$

$$= \left\langle \sum_{i=1}^{m} \bar{y}_i A_i, X \right\rangle$$

$$= -\langle \bar{S}, X \rangle.$$

因为 $\bar{S} \succeq 0, X \succeq 0$, 所以 $\langle \bar{S}, X \rangle \geqslant 0$. 而由对偶改进射线的定义知, $b^{\mathrm{T}}\bar{y} > 0$. 于是

$$0 < b^{\mathrm{T}}\bar{y} = -\langle \bar{S}, X \rangle \leqslant 0,$$

矛盾. 故 $P = \varnothing$, 即问题 (P) 不可行.

若问题 (D) 存在改进射线, 则称问题 (P) 是强不可行的; 若问题 (P) 存在改进射线, 则称问题 (D) 是强不可行的.

还可定义半定规划的弱不可行性.

若 $P = \varnothing$, 但 $\forall \varepsilon > 0, \exists X \succeq 0$ 使得 $|\langle A_i, X \rangle - b_i| \leqslant \varepsilon,\ i = 1, 2, \cdots, m$, 则称 (P) 是弱不可行的; 若 $D = \varnothing$, 但 $\forall \varepsilon > 0, \exists S \succeq 0$ 使得 $\left\| \sum_{i=1}^{m} y_i A_i + S - C \right\| \leqslant \varepsilon$, 则称 (D) 是弱不可行的.

例 8.3　讨论下列线性半定规划问题的可行性及对偶问题的可行性.

$$\min \quad \left\langle \begin{bmatrix} 0 & 1 \\ 1 & 0 \end{bmatrix}, X \right\rangle,$$

$$\text{s.t.} \quad \left\langle \begin{bmatrix} 1 & 0 \\ 0 & 0 \end{bmatrix}, X \right\rangle = 0,$$

$$\left\langle \begin{bmatrix} 0 & 0 \\ 0 & 0 \end{bmatrix}, X \right\rangle = 1,$$

$$X \in \mathbf{S}_+^2.$$

分析 先求得原问题的对偶问题 (D)

$$\max \quad y_2,$$
$$\text{s.t.} \quad y_1 \begin{bmatrix} 1 & 0 \\ 0 & 0 \end{bmatrix} + S = \begin{bmatrix} 0 & 1 \\ 1 & 0 \end{bmatrix},$$
$$S \in \mathbf{S}_+^2.$$

显然原问题是不可行的, 且没有原始改进射线, 因为由原始改进射线的定义产生的如下系统显然无解:

$$\begin{cases} \begin{bmatrix} x_{11} & x_{12} \\ x_{12} & x_{22} \end{bmatrix} \succeq 0, \\ x_{11} = 0, \\ 2x_{12} < 0. \end{cases}$$

由定义知其对偶问题 (D) 不是强不可行的.

再由等式约束条件 $S = \begin{bmatrix} -y_1 & 1 \\ 1 & 0 \end{bmatrix}$, 因为 $\det(S) = -1 < 0$, 所以 $S \notin \mathbf{S}_+^n$, 即 (D) 是不可行的. $\forall \varepsilon > 0$, 令

$$S_0 := \begin{bmatrix} \dfrac{1}{\varepsilon} & 1 \\ 1 & \varepsilon \end{bmatrix}, \quad y_1^0 := -\frac{1}{\varepsilon}.$$

则

$$\| y_1^0 A + S_0 - C \| = \left\| -\frac{1}{\varepsilon} \begin{bmatrix} 1 & 0 \\ 0 & 0 \end{bmatrix} + \begin{bmatrix} \dfrac{1}{\varepsilon} & 1 \\ 1 & \varepsilon \end{bmatrix} - \begin{bmatrix} 0 & 1 \\ 1 & 0 \end{bmatrix} \right\|$$
$$= \left\| \begin{bmatrix} 0 & 0 \\ 0 & \varepsilon \end{bmatrix} \right\| = \varepsilon,$$

即 $\forall \varepsilon > 0$, $\exists \mathbf{S}_0 \in \mathbf{S}_+^n$, $\exists y^0 \in \mathbf{R}^2$ 使得 $\left\| \sum_{i=1}^2 y_i^0 A_i + S_0 - C \right\| \leqslant \varepsilon$. 所以 (D) 是弱不可行的.

强不可行是利用一个问题的改进射线的存在性来定义其对偶问题的强不可行性. 类似地, 可引入弱改进射线来刻画弱不可行性.

若问题 (P) 不存在改进射线, 但存在一个序列 $\bar{X}^{(k)} \geqslant 0, k = 1, 2, \cdots, m$, 使得

$$\liminf_{k \to \infty} |\langle A_i, \bar{X}^{(k)} \rangle| = 0, \quad i = 1, 2, \cdots, m; \quad \limsup_{k \to \infty} \langle C, \bar{X}^{(k)} \rangle = -1.$$

则称问题 (P) 有弱改进射线; 类似地, 若问题 (D) 不存在改进射线, 但存在序列 $\bar{y}^{(k)} \in \mathbf{R}^m$ 和 $\bar{\mathbf{S}}^{(k)} \succeq 0, k = 1, 2, \cdots, m$, 使得

$$\liminf_{k \to \infty} \left\| \bar{\mathbf{S}}^{(k)} + \sum_{i=1}^{m} \bar{y}^{(k)} A_i \right\| = 0; \quad \liminf_{k \to \infty} b^{\mathrm{T}} \bar{y}^{(k)} = 1,$$

则称问题 (D) 有弱改进射线.

问题 (D) 有弱改进射线的充要条件是问题 (P) 是弱不可行的; 问题 (P) 有弱改进射线的充要条件是问题 (D) 是弱不可行的.

证明　只证第二个结论, 类似可证第一个结论. 考虑如下优化问题:

$$\min_{X \succeq 0, t^+ \in \mathbf{R}_+^m, t^- \in \mathbf{R}_+^m} \sum_{i=1}^{m} (t_i^+ + t_i^-),$$

$$\text{s.t.} \qquad \mathrm{tr}(A_i X) + t_i^+ - t_i^- = 0, \quad i = 1, 2, \cdots, m, \tag{8.11}$$

$$\mathrm{tr}(CX) + t_{m+1}^+ + t_{m+1}^- = -1.$$

问题 (8.11) 的最优值为 0 等价于问题 (P) 有改进射线或者弱改进射线, 事实上, 必要性是显然的, 下证充分性.

(i) 若问题 (P) 有改进射线, 不妨设为 $\bar{X}$, 即

$$\bar{X} \succeq 0, \quad \langle C, \bar{X} \rangle < 0, \quad \langle A_i, X \rangle = 0 \quad (i = 1, 2, \cdots, m).$$

因为 $\langle C, \bar{X} \rangle < 0$, 所以存在 $\alpha > 0$ 使得

$$\langle C, \alpha \bar{X} \rangle = -1,$$

令

$$X^* = \alpha \bar{X}, \quad t_i^{+*} = 0, \quad t_i^{+*} = 0, \quad i = 1, 2, \cdots, m,$$

所以 $(X^*, t_i^{+*}, t_i^{-*})$ 是问题 (8.11) 的最优解, 最优值为 0.

(ii) 若问题 (P) 有弱改进射线, 不妨设为 $\bar{X}^{(k)}$, 即

$$\bar{X}^{(k)} \succeq 0, \quad \liminf_{k \to \infty} \langle A_i, \bar{X}^{(k)} \rangle = 0, \quad \limsup_{k \to \infty} \langle C, \bar{X}^{(k)} \rangle = -1.$$

令 $t_i^{+(k)} \to 0, \ t_i^{-(k)} \to 0, i = 1, 2, \cdots, m$, 可知问题 (8.11) 弱不可行, 且最优值为零.

考虑问题 (8.11) 的对偶规划

$$\max_{y \in \mathbf{R}^{m+1}} \left\{ -y_{m+1} \middle| -y_{m+1} C - \sum_{i=1}^{m} y_i A_i \succeq 0, -1 \leqslant y_i \leqslant 1, i = 1, 2, \cdots, m \right\}. \tag{8.12}$$

因为问题 (8.11) 严格可行且有下界, 由强对偶性定理可知, 问题 (8.12) 的解集非空, 且与问题 (8.11) 具有相同的最优值.

由上面的讨论知, 问题 (8.12) 的最优值为正等价于问题 (P) 无改进射线也无弱改进射线. 于是下面只需证明, 问题 (8.12) 的最优值为正的充要条件是问题 (D) 可行.

首先证明, 若问题 (8.12) 的最优值为正, 则问题 (D) 可行. 设 $y^* \in \mathbf{R}^{m+1}$ 是问题 (8.12) 的最优解, 则

$$-y_{m+1}^* > 0, \quad -y_{m+1}^* C - \sum_{i=1}^{m} y_i^* A_i \geqslant 0.$$

两边同时除以 $-y_{m+1}^*$, 得:

$$C - \sum_{i=1}^{m} \left(\frac{y_i^*}{y_{m+1}^*} A_i \right) \succeq 0,$$

所以 $-\left[\dfrac{y_1^*}{y_{m+1}^*}, \dfrac{y_2^*}{y_{m+1}^*}, \cdots, \dfrac{y_m^*}{y_{m+1}^*} \right] \in D$, 即问题 (D) 是可行的. 下证, 若问题 (D) 可行, 则问题 (8.12) 的最优值为正. 不妨设 $y^0 \in \mathbf{R}^m$, 使得 $C - \sum\limits_{i=1}^{m} y_i^0 A_i \succeq 0$.

(a) 若 $\max\limits_{i=1,2,\cdots,m} |y_i^0| \leqslant 1$, 令

$$y_i = y_i^0 (i = 1, 2, \cdots, m), \quad y_{m+1} = -1,$$

从而 $y = [y_1, y_2, \cdots, y_{m+1}]^{\mathrm{T}}$ 是问题 (8.12) 的一个可行解, 相应的目标函数值为 1, 于是最优值 $\geqslant 1$.

(b) 若 $\max\limits_{i=1,2,\cdots,m} |y_i^0| > 1$, 令

$$y_1 = \frac{y_i^0}{\max\limits_{i=1,2,\cdots,m} |y_i^0|}, \quad y_{m+1} = \frac{-1}{\max\limits_{i=1,2,\cdots,m} |y_i^0|},$$

此时

$$-y_{m+1} C - \sum_{i=1}^{m} y_i A_i = \frac{1}{\max\limits_{i=1,2,\cdots,m} |y_i^0|} \left(C - \sum_{i=1}^{m} y_i^0 A_i \right) \succeq 0,$$

且 $-1 \leqslant y_i \leqslant 1 (i = 1, 2, \cdots, m)$. 从而 $y = [y_1, y_2, \cdots, y_m, y_{m+1}]^{\mathrm{T}}$ 是问题 (8.12) 的可行解, 且相应的目标函数值为 $\dfrac{1}{\max\limits_{i=1,2,\cdots,m} |y_i^0|} > 0$, 所以最优值为正数.

8.2.4　最优性条件

本节介绍线性半定规划的最优解所满足的必要条件和充分条件. 它们不仅是半定规划理论的重要组成部分, 而且为各种算法的推导与分析提供了必不可少的理论基础.

与线性规划类似, 若线性半定规划原问题 (P) 与对偶问题 (D) 分别存在可行解 $X^* \in P$ 和 $(y^*, S^*) \in D$ 且相应的对偶间隙

$$\langle C, X^* \rangle - b^{\mathrm{T}} y^* = \langle X^*, S^* \rangle = 0,$$

则 X^*, (y^*, S^*) 分别是 (P) 与问题 (D) 的最优解. 由半定矩阵性质可得问题 (P) 与问题 (D) 均存在最优解的充分条件是如下系统有解:

$$\begin{cases} \langle A_i, X \rangle = b_i, \quad i = 1, 2, \cdots, m, \quad X \succeq 0, \\ \sum_{i=1}^{m} y_i A_i + S = C, \quad S \succeq 0, \\ XS = 0. \end{cases} \tag{8.13}$$

称上述系统为问题 (P) 和 (D) 的一阶最优性充分条件, 或称为 KKT 条件, 满足该系统的 (X, y, S) 称为问题 (P) 与 (D) 的 KKT 点对. 其中 $XS = 0$ 为互补松弛条件. 利用强对偶定理可得到 KKT 系统 (8.13) 成立的如下充分条件.

当问题 (P) 和 (D) 满足假设 2(严格可行性) 时, 必存在 $\bar{X} \in P^*$, $(\bar{y}, \bar{S}) \in D^*$, 且 $p^* = d^*$, 此时 $(\bar{X}, \bar{y}, \bar{S})$ 满足系统 (8.13).

在第 4 章中, 我们已经引入鞍点概念并讨论了 KKT 点对与鞍点之间的关系, 这里对半定规划问题再讨论这个问题.

给定问题 (P) 和相应的 Lagrange 函数

$$L(X, y, S) := \langle C, X \rangle - \sum_{i=1}^{m} y_i (\langle A_i, X \rangle - b_i) - \langle X, S \rangle,$$
$$\forall (X, y, S) \in \mathbf{S}^n \times \mathbf{R}^m \times \mathbf{S}_+^n. \tag{8.14}$$

若存在一点 $(\bar{X}, \bar{y}, \bar{S}) \in \mathbf{S}^n \times \mathbf{R}^m \times \mathbf{S}_+^n$ 满足

$$\bar{X} = \arg \min_{X \in S^n} L(X, \bar{y}, \bar{S}), \quad (\bar{y}, \bar{S}) = \arg \max_{y \in \mathbf{R}^m, S \succeq 0} L(\bar{X}, y, S). \tag{8.15}$$

则称 $(\bar{X}, \bar{y}, \bar{S})$ 为 Lagrange 函数的鞍点, 其中 "$\arg \min$" 和 "$\arg \max$" 分别代表整体极小值点和整体极大值点.

显然, 鞍点条件 (8.15) 也可以写成

$$\min_{X \in \mathbf{S}^n} L(X, \bar{y}, \bar{S}) = L(\bar{X}, \bar{y}, \bar{S}) = \max_{y \in \mathbf{R}^m, S \succeq 0} L(\bar{X}, y, S).$$

由于

$$\max_{y\in\mathbf{R}^m, S\succeq 0} L(\bar{X}, y, S) = \max_{y\in\mathbf{R}^m, S\succeq 0}\left\{\langle C,\bar{X}\rangle - \sum_{i=1}^m y_i(\langle A_i,\bar{X}\rangle - b_i) - \langle\bar{X}, S\rangle\right\}$$

$$= \langle C,\bar{X}\rangle - \max_{y\in\mathbf{R}^m}\left\{\sum_{i=1}^m y_i(\langle A_i,\bar{X}\rangle - b_i) - \min_{S\succeq 0}\langle\bar{X}, S\rangle\right\}$$

$$= \begin{cases} \langle C,\bar{X}\rangle, & \langle A_i,\bar{X}\rangle = b_i, i = 1, 2, \cdots, m, \bar{X}\succeq 0, \\ +\infty, & \text{其他}. \end{cases}$$

所以 $(\bar{y}, \bar{S}) = \arg\max_{y\in\mathbf{R}^m, S\succeq 0} L(\bar{X}, y, S)$ 等价于

$$\begin{cases} \langle A_i,\bar{X}\rangle = b_i, & i = 1, 2, \cdots, m, \quad \bar{X}\succeq 0, \\ \bar{S}\succeq 0, \bar{y}\in\mathbf{R}^m, \\ \langle\bar{X}, \bar{S}\rangle = 0. \end{cases}$$

注意到

$$L(X, \bar{y}, \bar{S}) = \left\langle C - \sum_{i=1}^m y_i A_i - \bar{S}, X\right\rangle + b^{\mathrm{T}}\bar{y}$$

是关于 X 的仿射函数, 所以 $\bar{X} = \arg\min_{X\in S^n} L(X, \bar{y}, \bar{S})$ 等价于 $\nabla_X L(\bar{X}, \bar{y}, \bar{S}) = 0$, 即

$$C - \sum_{i=1}^m y_i A_i - \bar{S} = 0.$$

所以鞍点条件就是最优性条件 (8.13).

给定问题 (P) 和 (D), $(\bar{X}, \bar{y}, \bar{S})\in\mathbf{S}^n\times\mathbf{R}^m\times\mathbf{S}_+^m$ 是 Lagrange 函数 $L(X, y, S)$ 的鞍点当且仅当它满足系统 (8.13).

上面两个定理表明, 当问题 (P) 和 (D) 均存在严格可行解时, 原问题与对偶问题均可解且对偶间隙为零、Lagrange 函数的鞍点、最优性条件这三个陈述是等价的.

最优性条件 (8.13) 可以看成一个混合型的互补问题, 它有别于经典的互补问题, 其决策变量为矩阵. 注意到

$$X^* \in \mathbf{S}_+^n, \quad \mathbf{S}^* \in \mathbf{S}_+^n, \langle X^*, \mathbf{S}^*\rangle = 0 \Leftrightarrow X^* S^* = 0 = S^* X^*,$$

即此时 X^* 与 S^* 是可交换的, 所以存在一个正交矩阵 Q, 使得 $X^* = Q\Lambda Q^{\mathrm{T}}, S^* = Q\Sigma Q^{\mathrm{T}}$. 其中 $\Lambda = \mathbf{Diag}(\lambda_1, \cdots, \lambda_n)$, $\Sigma = \mathbf{Diag}(\sigma_1, \cdots, \sigma_n)$, λ_i 和 σ_i 分别为 X^* 和 S^* 的特征值. 所以

$$X^*\in\mathbf{S}_+^n, S^*\in\mathbf{S}_+^n, \langle X^*, S^*\rangle = 0 \Leftrightarrow \Lambda\succeq 0, \Sigma\succeq 0, \Lambda\Sigma = 0.$$

显然

$$\Lambda \succeq 0, \Sigma \succeq 0, \Lambda\Sigma = 0 \Leftrightarrow \mathbf{diag}(\Lambda) \geqslant 0, \mathbf{diag}(\Sigma) \geqslant 0, \mathbf{diag}(\Lambda)^{\mathrm{T}}\mathbf{diag}(\Sigma) = 0.$$

这样就把矩阵互补问题转化成了向量互补问题. 于是, 向量互补问题中的很多概念和性质可以推广到矩阵互补问题中, 也可进一步推广到对称锥互补问题中.

8.2.5　解的唯一性

本节介绍问题 (P) 与 (D) 的最优解集为单点集的条件.

在讨论解的唯一性之前, 先引入线性半定规划严格互补性的概念.

设问题 (P) 与 (D) 可解, 若存在 $X^* \in P^*$ 及 $S^* \in D^*$ 使得

$$\langle X^*, S^* \rangle = 0, \quad X^* + S^* \succ 0,$$

则称问题 (P) 与 (D) 具有严格互补性, 相应的 X^*, S^* 称为问题 (P) 与 (D) 的一个严格互补解对.

对于线性规划问题, 原问题与对偶问题可解一定存在一个严格互补解对, 但对于半定规划问题这个结论不一定成立, 见下面例子.

例 8.4　考虑半定规划问题 (P)

$$\min \quad \left\langle \begin{bmatrix} 0 & 0 & 0 \\ 0 & 0 & 0 \\ 0 & 0 & 1 \end{bmatrix}, X \right\rangle,$$

$$\text{s.t.} \quad \left\langle \begin{bmatrix} 1 & 0 & 0 \\ 0 & 0 & 0 \\ 0 & 0 & 0 \end{bmatrix}, X \right\rangle = 1,$$

$$\left\langle \begin{bmatrix} 0 & 0 & 1 \\ 0 & 1 & 0 \\ 1 & 0 & 0 \end{bmatrix}, X \right\rangle = 0,$$

$$\left\langle \begin{bmatrix} 0 & 1 & 0 \\ 1 & 0 & 0 \\ 0 & 0 & 1 \end{bmatrix}, X \right\rangle = 0.$$

$$X \succeq 0,$$

其对偶问题 (D) 为

$$
\max \quad \begin{bmatrix} 1 \\ 0 \\ 0 \end{bmatrix}^{\mathrm{T}} \begin{bmatrix} y_1 \\ y_2 \\ y_3 \end{bmatrix},
$$

$$
\text{s.t.} \quad y_1 \begin{bmatrix} 1 & 0 & 0 \\ 0 & 0 & 0 \\ 0 & 0 & 0 \end{bmatrix} + y_2 \begin{bmatrix} 0 & 0 & 1 \\ 0 & 1 & 0 \\ 1 & 0 & 0 \end{bmatrix} + y_3 \begin{bmatrix} 0 & 1 & 0 \\ 1 & 0 & 0 \\ 0 & 0 & 1 \end{bmatrix} + S = \begin{bmatrix} 0 & 0 & 0 \\ 0 & 0 & 0 \\ 0 & 0 & 1 \end{bmatrix},
$$

$$
S \succeq 0,
$$

易知, 问题 (P) 与 (D) 分别具有唯一最优解

$$
X^* = \begin{bmatrix} 1 & 0 & 0 \\ 0 & 0 & 0 \\ 0 & 0 & 0 \end{bmatrix}, \quad y^* = 0, \quad S^* = \begin{bmatrix} 1 & 0 & 0 \\ 0 & 0 & 0 \\ 0 & 0 & 1 \end{bmatrix}.
$$

此时, $X^*S^* = 0$, 但 $X^* + S^* \notin \mathbf{S}_{++}^3$, 因此 (X^*, S^*) 不满足严格互补性.

考虑半定规划原问题 (P) 和对偶问题 (D). 若 $X^* \in P^*$, $S^* \in D^*$ 满足 $\langle X^*, S^* \rangle = 0$. 则称 (X^*, S^*) 为问题 (P) 和问题 (D) 的一个互补解对.

(i) 若 $X^* \in P^*$ 且 $\mathcal{R}(X) \subseteq \mathcal{R}(X^*)$, $\forall X \in P^*$, 则称 X^* 是一个极大互补原始最优解.

(ii) 若 $S^* \in D^*$ 且 $\mathcal{R}(S) \subseteq \mathcal{R}(S^*)$, $\forall S \in D^*$, 则称 S^* 是一个极大互补对偶最优解.
其中, $\mathcal{R}(X)$ 代表 X 的值域空间, 即 $\mathcal{R}(X) := \{Xx | x \in \mathbf{R}^n\}$.

显然, 当问题 (P) 与 (D) 具有严格互补性时, 相应的极大互补解对即为严格互补解对. 极大互补解实际上是秩最大的最优解. 此外, (P) 的所有极大互补解 X^* 都具有相同的值域空间, 统一记作 B, 即

$$
\mathcal{R}(X^*) \equiv B, \quad \forall X^* \in \mathrm{ri}(P^*); \quad \mathcal{R}(X) \subseteq B, \quad \forall X \in P^*.
$$

类似地, 记 N 为 (D) 中所有极大互补解 S^* 构成的值域空间, 则

$$
\mathcal{R}(S^*) \equiv N, \quad \forall S^* \in \mathrm{ri}(D^*); \quad \mathcal{R}(S) \subseteq N, \quad \forall S \in D^*.
$$

对任意 $(X^*, S^*) \in P^* \times D^*$, 若 $\langle X^*, S^* \rangle = 0$, 所以存在正交矩阵 Q, 对角矩阵 Λ 和 Σ, 使得

$$
X^* = Q \Lambda Q^{\mathrm{T}}, \quad S^* = Q \Sigma Q^{\mathrm{T}}.
$$

因为半定矩阵的值域空间是由半定矩阵的正特征值对应的特征向量生成的子空间, 所以
$$\mathcal{R}(X^*) = \mathcal{R}(Q\Lambda), \quad \mathcal{R}(S^{\mathrm{T}}) = \mathcal{R}(Q\Sigma).$$
记 Q_B 为生成子空间 B 的一组列正交的基矩阵, 即 $\mathcal{R}(Q_B) = B$, $Q_B \in \mathbf{R}^{n \times \dim B}$, 记 Q_N 为生成子空间 N 的一组列正交的基矩阵, 即 $\mathcal{R}(Q_N) = N$, $Q_N \in \mathbf{R}^{n \times \dim N}$, 于是:

(i) 若严格互补性成立, 则 $[Q_B, Q_N] \in \mathbf{R}^{n \times n}$, 即 $\dim B + \dim N = n$, $B \perp N$, $B \oplus N = \mathbf{R}^n$.

(ii) 若严格互补性不成立, 则令 $T := (B \oplus N)^{\perp}$, 引入正交矩阵 Q_T 使得 $\mathcal{R}(Q_T) = T$, 则 B, N, T 两两正交, 且 $B \oplus N \oplus T = \mathbf{R}^n$.

因为子空间的正交基不唯一, 所以 Q_B, Q_N, Q_T 不是唯一的, 但同一子空间的任意一组正交基可以通过坐标变换旋转得到另一组正交基. 因此, 在可旋转意义下 Q_B, Q_N, Q_T 是唯一的. 下面的引理说明了这一点.

设 $Q_B, \bar{Q}_B$ 是两个正交矩阵, 且满足 $\mathcal{R}(Q_B) = \bar{Q}_B = B$, 则存在一个正交方阵 U, 使得 $Q_B U = \bar{Q}_B$.

利用上述结论可将最优解分解成统一的形式.

假定问题 (P) 和 (D) 均存在最优解且对偶间隙为 0.

设 Q_B 满足 $\mathcal{R}(Q_B) = B$, $Q_B^{\mathrm{T}} Q_B = I$, 则 $\forall X \in P^*$, $\exists U_X \in \mathbf{S}_+^{\dim B}$, 使得 $X = Q_B U_X Q_B^{\mathrm{T}}$; 若 $X \in \mathrm{ri}(P^*)$, 则 $U_X \succ 0$.

类似地, 设 Q_N 满足 $\mathcal{R}(Q_N) = N$, $Q_N^{\mathrm{T}} Q_N = I$, 则 $\forall X \in D^*$, $\exists U_S \in \mathbf{S}_+^{\dim N}$, 使得 $S = Q_N U_S Q_N^{\mathrm{T}}$; 若 $S \in \mathrm{ri}(D^*)$, 则 $U_S \succ 0$.

证明　仅证命题的前半部分, 同理可证后半部分. 任取 $X \in P^*$, 存在正交分解 $X = QAQ^{\mathrm{T}}$, 其中 $Q \in \mathbf{R}^{n \times n}$ 是正交矩阵. 不妨设 $Q = [\bar{Q}_B, \bar{Q}_0]$, 其中 $\bar{Q}_B \in \mathbf{R}^{n \times \dim B}$ 且前 $\mathrm{rank}(X)$ 列是 X 的正特征值对应的特向量, $\bar{Q}_0 \in \mathbf{R}^{n \times (n - \dim B)}$. 从而 X 可分解为
$$X = [\bar{Q}_B \ \bar{Q}_0] \begin{bmatrix} \Lambda_0 & 0 \\ 0 & 0 \end{bmatrix} [\bar{Q}_B \ \bar{Q}_0]^{\mathrm{T}}, \tag{8.16}$$
其中 Λ_0 为 $\dim B \times \dim B$ 的对角矩阵, 且前 $\mathrm{rank}(X)$ 个对角元素为 X 的正特征值, 其余元素为 0, 显然 $\Lambda_0 \succeq 0$.

化简式 (8.16) 可得 $X = \bar{Q}_B \Lambda_0 \bar{Q}_B^{\mathrm{T}}$. 由前面引理可知, 存在正交矩阵 U 使得 $Q_B U = \bar{Q}_B$, 从而 $X = Q_B U \Lambda_0 U^{\mathrm{T}} Q_B^{\mathrm{T}}$. 记 $U_X = U \Lambda_0 U^{\mathrm{T}}$, 易知 $\Lambda_0 \succeq 0$, $U_X \succeq 0$, $X = Q_B X Q_B^{\mathrm{T}}$. 注意到 U_X 的特征值所组成的集合 (即谱) 与 X 是相同的, 只是 U_X 的零特征值的重数不超过 X 的零特征值的重数. 若 $X \in \mathrm{ri}(P^*)$, 则 $\mathrm{rank}(X) = \dim B$. 故 $\Lambda_0 \succ 0$, 于是有 $U_X \succ 0$.

为讨论对偶解的唯一性, 需要引入非退化的概念.

若 $\mathbf{S}^n = T_X + L^\perp$, 则称 $X \in P$ 是原始非退化的, 否则称 X 是原始退化的. 若 $\forall X \in P$, X 都是非退化的, 则称问题 (P) 是非退化的. 这里

$$T_X := \left\{ X' \in \mathbf{S}^n \middle| X' = Q \begin{bmatrix} U & V \\ V^{\mathrm{T}} & 0 \end{bmatrix} Q^{\mathrm{T}} \right\},$$

$U \in S^{\mathrm{rank}(X)}$, $V \in \mathbf{R}^{\mathrm{rank}(X) \times (n-\mathrm{rank}(S))}$, $Q \in \mathbf{R}^{n \times n}$ 是正交矩阵且前 $\mathrm{rank}(X)$ 列是 X 的正特征值对应的特征向量, $L = \mathrm{span}\{A_1, A_2, \cdots, A_m\}$, $L^\perp$ 为 L 的正交补.

若 $S^n = T_S + L$, 则称 $S \in D$ 是对偶非退化的, 否则称 S 是对偶退化的. 若 $\forall S \in D$, S 都是非退化的, 则称问题 (D) 是非退化的. 这里

$$T_S := \left\{ S' \in S^n \middle| S' = Q \begin{bmatrix} 0 & V \\ V^{\mathrm{T}} & W \end{bmatrix} Q^{\mathrm{T}} \right\},$$

$W \in S^{\mathrm{rank}(S)}$, $V \in \mathbf{R}^{\mathrm{rank}(S) \times (n-\mathrm{rank}(S))}$, $Q \in \mathbf{R}^{n \times n}$ 是正交矩阵且后 $\mathrm{rank}(X)$ 列是 S 的正特征值对应的特征向量, $L = \mathrm{span}\{A_1, A_2, \cdots, A_m\}$.

有了非退化的概念后, 结合最优解的统一分解形式, 可得到如下存在唯一最优解的充分条件.

设 (P) 与 (D) 是严格可行的,

(i) 若存在非退化解 $X^* \in P^*$, 则 (D) 有唯一解;

(ii) 若存在非退化解 $S^* \in D^*$, 则 (P) 有唯一解.

证明 由强对偶性成立的充分条件知, 问题 (P) 与 (D) 的严格可行性保证了问题 (P) 与 (D) 解的存在性与零对偶间隙. 因此仅需证明解的唯一性. 下面证 (i), 用反证法. 假设 $S_1 \in D^*$, $S_2 \in D^*$ 且 $S_1 \neq S_2$. 不妨设 X^* 是非退化的原始解, 则 $S^n = T_{X^*} + L^\perp$. 令正交矩阵 $Q = [\bar{Q} \ Q_N]$, 其中 $\bar{Q}$ 的前 $\mathrm{rank}(X^*)$ 列是 X^* 的正特征值对应的特征向量, Q_N 的列生成零空间 N. 记 $\dim N = s$, 则 $Q_N \in \mathbf{R}^{n \times n}$, $\bar{Q} \in \mathbf{R}^{n \times (n-s)}$, 从而

$$T_{X^*} := \left\{ X \in S^n \middle| X = [\bar{Q}, \ \bar{Q}_N] \begin{bmatrix} U & V \\ V^{\mathrm{T}} & 0 \end{bmatrix} [\bar{Q}, \ \bar{Q}_N]^{\mathrm{T}} \right\}.$$

利用前面定理, 对 S_1, S_2 进行分解有 $S_1 = Q_N U_1 Q_N^{\mathrm{T}}$, $S_2 = Q_N U_2 Q_N^{\mathrm{T}}$, 其中 $U_1, U_2 \in \mathbf{S}_+^s$, 记

$$\triangle S := S_1 - S_2 = Q_N(U_1 - U_2)Q_N^{\mathrm{T}},$$

$$\triangle S = \left(C - \sum_{i=1}^m y_i^1 A_i \right) - \left(C - \sum_{i=1}^m y_i^2 A_i \right) = \sum_{i=1}^m (y_i^2 - y_i^1)A_i \in L.$$

任取 $Z \in S^n$, 由 $S^n = T_{X^*} + L^\perp$ 知, Z 可分解成 $Z = Z_T + Z_{L^\perp}$, 其中 $Z_T \in T_{X^*}$, $Z_{L^\perp} \in L^\perp$. 进一步知, $\exists U$, V 使得

$$Z_T = [\bar{Q}, \ \bar{Q}_N] \begin{bmatrix} U & V \\ V^{\mathrm{T}} & 0 \end{bmatrix} [\bar{Q}, \ \bar{Q}_N]^{\mathrm{T}}.$$

于是

$$
\begin{aligned}
\langle \triangle S, Z \rangle &= \langle \triangle S, Z_T + Z_{L^\perp} \rangle \\
&= \langle \triangle S, Z_T \rangle + \langle \triangle S, Z_{L^\perp} \rangle \\
&= \langle \triangle S, Z_T \rangle + 0 \\
&= \left\langle Q_N(U_1 - U_2)Q_N^{\mathrm{T}}, [\bar{Q}, \ \bar{Q}_N] \begin{bmatrix} U & V \\ V^{\mathrm{T}} & 0 \end{bmatrix} [\bar{Q}, \ \bar{Q}_N]^{\mathrm{T}} \right\rangle \\
&= \left\langle [\bar{Q}, \ \bar{Q}_N]^{\mathrm{T}} Q_N(U_1 - U_2)Q_N^{\mathrm{T}}, [\bar{Q}, \ \bar{Q}_N] \begin{bmatrix} U & V \\ V^{\mathrm{T}} & 0 \end{bmatrix} \right\rangle,
\end{aligned}
\tag{8.17}
$$

因为 $Q_N^{\mathrm{T}}[\bar{Q}, \ \bar{Q}_N] = [0_{s \times (n-s)} \ I_s]$, 所以

$$\langle [\bar{Q}, \ \bar{Q}_N]^{\mathrm{T}} Q_N(U_1 - U_2)Q_N^{\mathrm{T}}, [\bar{Q}, \ \bar{Q}_N] \rangle = \begin{bmatrix} U & 0 \\ 0 & U_1 - U_2 \end{bmatrix},$$

代入式 (8.17) 有

$$\langle \Delta S, Z \rangle = \left\langle \begin{bmatrix} U & 0 \\ 0 & U_1 - U_2 \end{bmatrix}, \begin{bmatrix} U & V \\ V^{\mathrm{T}} & 0 \end{bmatrix} \right\rangle = 0.$$

由 Z 的任意性可知 $\Delta S = 0$. 这就与 $S_1 \neq S_2$ 矛盾, 从而问题 (D) 具有唯一解. 类似可证 (ii). 上述定理的逆命题不一定成立, 见下面反例.

例 8.5　将例 8.4 中的矩阵 A_3 换成 $\begin{bmatrix} 0 & 0 & 0 \\ 0 & 0 & 0 \\ 0 & 0 & 1 \end{bmatrix}$, 此时可以验证 (P) 具有唯一

解 $X^* = \begin{bmatrix} 1 & 0 & 0 \\ 0 & 0 & 0 \\ 0 & 0 & 0 \end{bmatrix}$, 而对于子问题 (D) 的任意最优解 $S^* = \begin{bmatrix} 1 & 0 & 0 \\ 0 & 0 & 0 \\ 0 & 0 & 1 - y_3^* \end{bmatrix} \succeq 0$,

由于

$$L = \mathrm{span}\{A_1, A_2, A_3\} = \left\{ \begin{bmatrix} \alpha & 0 & \beta \\ 0 & \beta & 0 \\ \beta & 0 & \gamma \end{bmatrix} : \alpha, \beta, \gamma \in \mathbf{R} \right\},$$

$$T_{S^*} = \left\{ S \in \mathbf{S}^n : S = \begin{bmatrix} 0 & 0 & \alpha \\ 0 & 0 & \beta \\ \alpha & \beta & \gamma \end{bmatrix}, \ \alpha, \beta, \gamma \in \mathbf{R} \right\}.$$

从而, $T_{S^*} + L \neq S^3$, 即问题 (D) 是退化的.

但上述定理的逆命题在严格互补性条件下是成立的, 即有下列命题.

若问题 (P) 与 (D) 的解对具有严格互补性, 则 $(P)((D))$ 有非退化解的充要条件为 $(D)((P))$ 有唯一解.

证明 仅证定理的前半部分, 后半部分可同样证明. 设 $X^* \in P^*$ 是非退化的, 则 $\mathbf{S}^n = T_{X^*} + L^\perp$. 两边取正交补得到 $(\mathbf{S}^n)^\perp = (T_{X^*} + L^\perp)^\perp$, 即 $\{0\} = T_{X^*}^\perp \bigcap L$. 又因为 $T_{X^*} = \left\{ X \in \mathbf{S}^n \middle| X = Q \begin{bmatrix} U & V \\ V^{\mathrm{T}} & 0 \end{bmatrix} Q^{\mathrm{T}} \right\}$. 由严格互补性可知 $B \oplus N = \mathbf{R}^n$, 从而 Q 可写成 $Q = [Q_B \ Q_N]$, 所以

$$Q \begin{bmatrix} 0 & 0 \\ 0 & W \end{bmatrix} Q^{\mathrm{T}} = [Q_B \ Q_N] \begin{bmatrix} 0 & 0 \\ 0 & W \end{bmatrix} [Q_B \ Q_N]^{\mathrm{T}} = Q_N W Q_N^{\mathrm{T}},$$

即 $T_{X^*}^\perp = \{X \in \mathbf{S}^n | X = Q_N W Q_N^{\mathrm{T}}\}$.

考察齐次线性方程组

$$Q_N \bar{W} Q_N^{\mathrm{T}} + \sum_{i=1}^m \bar{y}_i A_i, \quad \bar{W} \in S^{\dim N}, \quad \bar{y} \in \mathbf{R}^m \text{为未知量}, \tag{8.18}$$

因为

$$Q_N \bar{W} Q_N^{\mathrm{T}} \in T_{X^*}^\perp, \quad \sum_{i=1}^m -\bar{y}_i A_i \in L, \quad T_{X^*}^\perp \bigcap L = \{0\},$$

所以

$$Q_N \bar{W} Q_N^{\mathrm{T}} = -\sum_{i=1}^m \bar{y}_i A_i = 0,$$

即方程 (8.18) 只有零解: $\bar{W} = 0$, $\bar{y} = 0$. 故

$$Q_N \hat{W} Q_N^{\mathrm{T}} + \sum_{i=1}^m \bar{y}_i A_i = C \tag{8.19}$$

只有唯一解. 令 $S = Q_N \hat{W} Q_N^{\mathrm{T}}$, 则 $(\hat{y}, S)$ 是式 (8.19) 的唯一解. 若 (D) 存在解, 则 $(\hat{y}, S)$ 必是 (D) 的唯一解.

反之, 设 $X^* \in P^*$ 是退化解, 则 $T_{X^*} + L \subseteq \mathbf{S}^n$ 且 $T_{X^*} + L \neq \mathbf{S}^n$. 从而 $T_{X^*}^{\mathrm{T}} \bigcap L$ 含有非零元素, 因此线性方程 (8.19) 有多个解. 设 $(\bar{y}, \bar{S})$ 是 (D) 的一个极大互补解, 则 $\bar{S} = Q_N \bar{W} Q_N^{\mathrm{T}}$, $\bar{W} \succ 0$, 且 $(\bar{y}, \bar{S})$ 满足式 (8.19). 对 $\bar{W}$ 进行微小扰动使得 $\bar{S}' := Q_N \bar{W}' Q_N^{\mathrm{T}}$, $\bar{W}' \succ 0$, 且 $(\bar{y}, \bar{S}')$ 满足 (8.19), 则 $(\bar{y}, \bar{S}')$ 是 (D) 的可行解且目标函数值不变, 即 (D) 至少有两个不同的解.

8.3　求解线性半定规划的一个算法

考虑如下半定规划问题

$$
\begin{aligned}
\min \quad & c^{\mathrm{T}}x, \\
\text{s.t.} \quad & F(x) \succeq 0,
\end{aligned}
\tag{8.20}
$$

其中 $F(x) = F_0 + \sum\limits_{i=1}^{m} x_i F_i$, $c \in \mathbf{R}^m$, $F_0, F_1, \cdots, F_m \in \mathbf{R}^{n \times n}$.

已知半定规划问题 (8.20) 的对偶问题为

$$
\begin{aligned}
\max \quad & -\operatorname{tr}(F_0 Z), \\
\text{s.t.} \quad & \operatorname{tr}(F_i Z) = c_i, \quad i = 1, 2, \cdots, m, \\
& Z \succeq 0.
\end{aligned}
\tag{8.21}
$$

已经知道原问题和对偶问题之间的对偶间隙为:

$$
\eta = c^{\mathrm{T}}x + \operatorname{tr}(ZF_0) = \operatorname{tr}(ZF(x)).
\tag{8.22}
$$

给定一组原始可行点 $x^{(k)}$ 和对偶可行点 $Z^{(k)}$, 可以将 $x^{(k)}$ 看作一个次优点, 那么它给出了原问题最优值 p^* 的一个上界 $c^{\mathrm{T}}x^{(k)}$, 而 $Z^{(k)}$ 给出了 p^* 得一个下界 $-\operatorname{tr}(F_0 Z^{(k)})$. 因此,

$$
0 \leqslant c^{\mathrm{T}}x^{(k)} - p^* \leqslant \eta^{(k)} = c^{\mathrm{T}}x^{(k)} + \operatorname{tr}(F_0 Z^{(k)}).
$$

所以 $c^{\mathrm{T}}x^{(k)} + \operatorname{tr}(F_0 Z^{(k)}) \leqslant \varepsilon$ 可以设定为迭代终止条件, $\varepsilon > 0$ 是预先给定的误差值.

下面介绍一种求解线性半定规划问题的方法: 原–对偶势能减少方法, 该方法依赖于如下函数

$$
\varphi(x, Z) = (n + v\sqrt{n}) \log \left(\operatorname{tr}(F(x)Z)\right) - \log \det F(x) - \log \det Z - n \log n.
\tag{8.23}
$$

v 取大于等于 1 的常数. 由 $\psi(x, Z) \geqslant 0$ 得

$$
\eta = \operatorname{tr}(F(x)Z) \leqslant \exp\left(\frac{\varphi}{v\sqrt{n}}\right).
$$

所以, 如果 φ 是很小, 则对偶间隙 η 也很小.

势能减少方法始于一对严格可行点 $x^{(0)}, Z^{(0)}$, 并且每一步 φ 会减少一定值

$$
\varphi(x^{(k+1)}, Z^{(k+1)}) \leqslant \varphi(x^{(k)}, Z^{(k)}) - \delta.
\tag{8.24}
$$

δ 是一个常数. 由此迭代收敛到最优值并且是多项式收敛的, 下面的定理给出了明确的解释.

假设对于给定 $\delta > 0$ 等式 (8.24) 成立, 并且不依赖于 n 或 $\varepsilon(0 < \varepsilon < 1)$, 那么对于

$$k \geqslant \frac{v\sqrt{n}\log\left(\frac{1}{\varepsilon}\right) + \psi(x^{(0)} + Z^{(0)})}{\delta}$$

有 $\mathrm{tr}(F(x^{(k)})Z^{(k)}) < \varepsilon\mathrm{tr}(F(x^{(0)})Z^{(0)})$.

大致说来, 如果初始对足够居中, 我们有 $O(\sqrt{n})$ 步收敛. 具体的算法步骤如下所示.

势减算法

步骤 1 给定初始严格可行点 $x^{(0)}$ 和 $Z^{(0)}$, $k = 0$;

步骤 2 找到一个可行方向 $\delta x^{(k)}$ 和一个对偶可行方向 $\delta Z^{(k)}$;

步骤 3 找到最小化 $\varphi(x^{(k)} + p\delta x^{(k)}, Z^{(k)} + q\delta Z^{(k)})$ 的 $p^{(k)}, q^{(k)} \in \mathbf{R}$;

步骤 4 令 $x^{(k+1)} := x^{(k)} + p^{(k)}\delta x^{(k)}$, $Z^{(k+1)} := Z^{(k)} + q^{(k)}\delta Z^{(k)}$;

步骤 5 如果 $\eta^{(k)} = c^{\mathrm{T}}x^{(k)} + \mathrm{tr}(F_0 Z^{(k)}) > \varepsilon$, 停止; 否则, $k := k + 1$, 转向步骤 2.

该算法的分析及其他线性半定规划的算法与相关介绍, 可参考有关文献, 如 [15] 中的参考文献.

关于本章内容的注释 线性半定规划开始于 20 世纪 70 年代末 Lovasz 的工作, 他当时用半定规划松弛去研究组合优化问题的近似最优解. 20 世纪 90 年代, Goemans 采用半定松弛的办法, 对经典的最大割问题给出了一个近似最优界, 这是一个突破性进展. 从那以后, 半定规划松弛的技术在组合优化和非凸二次优化的研究中受到广泛重视, 得到很大发展. [5] 系统介绍了线性和非线性半定规划的理论与一些应用模型, 本章内容主要取自 [5]. 线性半定规划是近 20 年优化领域一个重要方向, 更多介绍可参考 [9, 14, 15].

习 题 8

8.1 设 $A, B \in \mathbf{S}^n$, 证明:

(a) $A \in \mathbf{S}_+^n \Leftrightarrow \langle A, H \rangle \geqslant 0, \forall H \in \mathbf{S}_+^n$;

(b) $A \in \mathbf{S}_{++}^n \Leftrightarrow \langle A, H \rangle > 0, \forall H \in \mathbf{S}_+^n \setminus \{0\}$;

(c) 若 $A, B \in \mathbf{S}_+^n$, 则 $\langle A, B \rangle = 0 \Leftrightarrow AB = BA = 0$;

(d) 若 $A, B \in \mathbf{S}_+^n$, 则

$$\lambda_{\min}(A)\lambda_{\max}(B) \leqslant \lambda_{\min}(A)\mathrm{tr}(B) \leqslant \langle A, B \rangle \leqslant \lambda_{\max}(A)\mathrm{tr}(B) \leqslant n\lambda_{\max}(A)\lambda_{\max}(B).$$

8.2 设 $A \in \mathbf{S}^n$, 则下列结论是等价的:

(a) $A \in \mathbf{S}_+^n$;

(b) $\lambda_i(A) \geqslant 0, i = 1, \cdots, n$;

(c) $x^{\mathrm{T}} A x \geqslant 0, \forall x \in \mathbf{R}^n$;

(d) A 的所有主子式非负;

(e) 存在矩阵 $L \in \mathbf{R}^{m \times n}$ 使得 $A = L^{\mathrm{T}} L$, 其中 $\mathrm{rank}(L) = \mathrm{rank}(A)$.

8.3　设 $A \in \mathbf{S}^n$, 则下列结论是等价的:

(a) $A \in \mathbf{S}_{++}^n$;

(b) $\lambda_i(A) > 0, i = 1, \cdots, n$;

(c) $x^{\mathrm{T}} A x > 0, \forall x \in \mathbf{R}^n$;

(d) A 的所有主子式为正数;

(e) 存在矩阵 $L \in \mathbf{R}^{m \times n}$ 使得 $A = L^{\mathrm{T}} L$, 其中 $\mathrm{rank}(L) = n$.

8.4　若矩阵 $A \in \mathbf{S}_+^n$, 则对于任意 $B \in \mathbf{R}^{m \times n}, B^{\mathrm{T}} A B \in \mathbf{S}_+^n$. 特别地, $A \in \mathbf{S}_+^n \Leftrightarrow$ $B^{\mathrm{T}} A B \in \mathbf{S}_+^n, \forall B \in \mathbf{R}^{n \times n}$ 且 B 非奇异; $A \in \mathbf{S}_{++}^n \Leftrightarrow B^{\mathrm{T}} A B \in \mathbf{S}_{++}^n, \forall B \in \mathbf{R}^{n \times n}$ 且 B 非奇异.

8.5　设 $A \in \mathbf{S}_{++}^n, C \in \mathbf{S}^n, B \in \mathbf{R}^{m \times n}$, 证明:

$$\begin{bmatrix} A & B \\ B^{\mathrm{T}} & C \end{bmatrix} \in \mathbf{S}_+^{m+n}(\mathbf{S}_{++}^{m+n}) \Leftrightarrow C - B^{\mathrm{T}} A^{-1} B \in \mathbf{S}_+^n(\mathbf{S}_{++}^n).$$

8.6　对称半正定矩阵的所有主对角元素均为非负数, 特别地, 对称正定矩阵的所有主对角元素均为正数; 由有限多个实对称矩阵组成的块对角矩阵是半正定 (或正定) 的当且仅当每个实对称矩阵是半正定 (或正定) 的; 若实对称半正定矩阵的某个对角元素为零, 则该对角元素所在列与行的元素均为零.

8.7　设 A, B, C, D 是具有适当阶数的矩阵, 证明以下结论:

$$(A \otimes B)^{\mathrm{T}} = A^{\mathrm{T}} \otimes B^{\mathrm{T}},$$

$$(A \otimes B)(C \otimes D) = (AC) \otimes (BD),$$

$$\mathrm{vec}(ABC) = (C^{\mathrm{T}} A)\mathrm{vec}(B),$$

$$\mathrm{vec}(AB + BC) = (I \otimes A + C^{\mathrm{T}} \otimes I)\mathrm{vec}(B).$$

8.8　设 A, B, C, D 是具有适当维数和特征的矩阵, 则

(a) $A \otimes_s B = B \otimes_s A$;

(b) $(A \otimes_s B)^{\mathrm{T}} = B^{\mathrm{T}} \otimes_s A^{\mathrm{T}}$;

(c) $A \otimes_s I \in \mathbf{S}^{\frac{n(n+1)}{2}} \Leftrightarrow A \in \mathbf{S}^n$;

(d) $(A \otimes_s A)^{-1} = A^{\mathrm{T}} \otimes_s A^{-1}$;

(e) $(A \otimes_s B)(C \otimes_s D) = \dfrac{1}{2}(AC \otimes_s BD + AD \otimes_s BC)$;

(f) 若 $A, B \in \mathbf{S}_{++}^n$, 则 $A \otimes_s B \in \mathbf{S}_{++}^{\frac{n(n+1)}{2}}$.

8.9　证明: $f(X) = -\log \det(X)$ 是 $\mathbf{S}_{++}^n$ 上为一个严格凸函数, 且

$$\nabla_X f(X) = -X^{-1}, \quad \forall X \in \mathbf{S}_{++}^n.$$

8.10 证明: $\nabla_X \det(X) = \det(X) X^{-1}, \forall X \in \mathbf{S}_{++}^n$.

8.11 证明线性半定规划对偶问题的对偶规划为原问题, 即原问题与对偶问题互为对偶.

8.12 半定规划问题上述对偶性可推广到 $\mathbf{S}^n$ 中一般闭凸锥上. 考虑一般锥线性规划的原问题 (P_K) 与对偶问题 (D_K)

$$
\begin{aligned}
p_k^* := \min \quad & \langle C, X \rangle, \\
\text{s.t.} \quad & \langle A_i, X \rangle = b_i, \quad i = 1, 2, \cdots, m, \\
& X \in K
\end{aligned}
$$

和

$$
\begin{aligned}
d_k^* := \max \quad & b^\mathrm{T} y, \\
\text{s.t.} \quad & \sum_{i=1}^m y_i A_i + S = C, \\
& S \in K^*,
\end{aligned}
$$

其中 $K \subseteq \mathbf{S}^n$ 是一个闭凸锥, $K^* \subseteq \mathbf{S}^n$ 为 K 的对偶锥, 则有下述对偶性理论.

若 (P_K) 存在一个可行解 $X^\circ \in \mathrm{ri}(K)$, (D_K) 存在一个可行解, 则 $D_K^* \neq \varnothing$ 且 $p_k^* = d_K^*$; 类似地, 若 (D_K) 存在一个可行解 (y°, S°) 且 $S^\circ \in \mathrm{ri}(K^*)$, (P_K) 存在一个可行解, 则 $P_K^* \neq \varnothing$ 且 $p_k^* = d_K^*$.

8.13 若 (D) 无改进射线, 则 (P) 或者可行或者弱不可行. 类似地, 若 (P) 无改进射线, 则 (D) 或者可行或者弱不可行.

8.14 证明对于给定 $X^* \in P^*$, 下面的结论等价:

(a) X^* 是极大互补原始最优解, 即 $\mathcal{R}(X) \subseteq \mathcal{R}(X^*)$, $\forall X \in P^*$;

(b) $X^* \in \mathrm{ri}(P^*)$;

(c) $\mathrm{rank}(X^*) \geqslant \mathrm{rank}(X)$, $\forall X \in P^*$.

8.15 给出计算下述问题 Newton 步长的一种有效方式

$$
\begin{aligned}
\min \quad & \mathbf{tr}(X^{-1}), \\
\text{s.t.} \quad & \mathbf{tr} A_i X = b_i, \quad i = 1, \cdots, p,
\end{aligned}
$$

其定义域为 $\mathbf{S}_{++}^n$, 假设 p 和 n 为阶次相同的数. 另外导出其 Lagrange 对偶问题, 并给出计算对偶问题 Newton 步长的计算复杂性.

8.16 函数 $\psi(X) = \log \det X$ 是锥 $\mathbf{S}_+^p$ 的广义对数. 其度为 p, 因为对 $s > 0$ 有

$$
\log \det(sX) = \log \det X + p \log s.
$$

函数 ψ 在 $X \in \mathbf{S}_{++}^p$ 处的梯度等于

$$
\nabla \psi(X) = X^{-1}.
$$

证明: $\nabla \psi(X) = X^{-1} \succ 0$, 并且 X 和 $\nabla \psi(X)$ 的内积等于 $\mathrm{tr}(X X^{-1}) = p$.

8.17 考虑半定规划问题

$$\min \quad c^{\mathrm{T}} x,$$
$$\text{s.t.} \quad \sum_{i=1}^{n} x_i F_i + G \leqslant 0,$$

其中变量 $x \in R^{100}, F_i \in S^{100}, G \in S^{100}$. 在保证原对偶问题严格可行以及最优值 $p^* = 1$ 的前提下随机产生问题实例. 初始点在中心路径上, 其对偶间隙等于 100. 采用障碍方法求解该问题.

8.18 本题考虑二分问题:

$$\min \quad x^{\mathrm{T}} W x,$$
$$\text{s.t.} \quad x_i^2 = 1, \quad i = 1, \cdots, n. \tag{8.25}$$

变量 $x \in \mathbf{S}^n$. 不失一般性, 假定 $W \in \mathbf{S}^n$ 满足 $W_{ii} = 0$. 用 p^* 表示二分问题的最优值, 用 x^* 表示最优划分. (注意 $-x^*$ 也是最优划分.)

二分问题 (8.25) 的 Lagrange 对偶由以下半定规划给出

$$\max \quad -\mathbf{1}^{\mathrm{T}} \nu,$$
$$\text{s.t.} \quad W + \mathbf{diag}(\nu) \succeq 0. \tag{8.26}$$

变量 $\nu \in \mathbf{R}^n$. 半定规划的对偶为

$$\min \quad \mathrm{tr}(WX),$$
$$\text{s.t.} \quad X \succeq 0, \tag{8.27}$$
$$\qquad X_{ii} = 1, \quad i = 1, \cdots, n.$$

变量 $X \in \mathbf{S}^n$. (该半定规划可以解释为两分问题 (8.25) 的一种松弛) 这两个半定规划的最优值相等, 用 d^* 表示. 它给出最优值 p^* 的一个下界. 用 ν^* 和 X^* 表示两个半定规划的最优解.

(a) 给定权矩阵 W, 实现求解半定规划 (8.26) 及其对偶 (8.27) 的障碍方法. 说明如何得到几乎最优的 ν 和 X, 给出你的方法所需的计算 Hessian 矩阵和梯度的公式, 并说明如何计算 Newton 步长. 用一些小的问题实例试验你的结论, 将你得到的下界和最优值进行比较 (后者可以通过计算所有 2^n 种划分的目标值确定). 随机产生一个不能通过穷举搜索确定最优划分的足够大的问题实例 (比如 $n = 100$), 用你的结论进行试验.

(b) 一种启发式方法. 如果 X^* 的秩为 1, 那么它必可写成 $X^* = x^*(x^*)^{\mathrm{T}}$, 其中 x^* 是两分问题的最优解. 基于该性质可设计下述简单的启发式方法以确定一个好的 (如果不是最好的) 划分. 求解上面的半定规划确定 X^* (以及下界 d^*. 用 ν 表示 X^* 的最大特征值对应的特征向量. 并令 $\hat{x} = \mathbf{sign}(\nu)$. 我们猜测向量 $\hat{x}$ 就是一个好的划分.

对 (a) 中用过的小规模和大规模问题实例试验该启发式方法. 并将所得到的启发式划分的目标值和下界 d^* 进行比较.

(c) 一种随机方法. 基于随机性可以设计另外一种利用半定规划 (8.27) 的解 X^* 确定好的划分的启发式技术. 这种方法很简单: 我们从 R^n 上均值为零协方差矩阵为 X^* 的分布中产生

样本 $x^{(1)}, \cdots, x^{(K)}$. 对每个样本我们考虑启发式近似解 $\hat{x}^{(k)} = \mathbf{sign}(x^{(k)})$. 然后选择其中最好的解, 即成本最小的解. 对 (a) 中用过的小规模和大规模问题实例试验该程序.

(d) **一种贪婪的启发式改进方法**. 假定已知一个划分 x, 即 $x_i \in \{-1, 1\}, i = 1, \cdots, n$. 如果改变元素 i, 即将 x_i 变为 $-x_i$, 目标值将如何改变? 考虑下述简单的贪婪算法: 给定一个初始划分 x, 对能使目标值发生最大减少的元素进行变动. 重复这个程序直到改变任何元素都不能减少目标函数时停止.

对一些问题实例, 包括大规模问题实例, 试验这种启发式方法. 从各种不同的初始划分开始进行试验, 包括 $x = \mathbf{1}$, (b) 中得到的启发式近似解, 以及 (c) 中随机产生的近似解. 用这种贪婪改进方法能对 (b) 和 (c) 中得到的近似解作出多大改进?

第9章 交替方向乘子法

前面介绍的求解凸优化问题的方法都假定目标函数是连续可微的, 甚至是二次连续可微的. 但在很多实际情况中, 可微性条件不满足, 但具有一些特殊结构或性质. 交替方向乘子法 (alternating direction method of multipliers, ADMM) 是求解目标函数有可分结构, 具有线性等式约束条件的一种方法. 这种方法在求解大规模问题上已证明是十分有效的. ADMM 最早分别由 Glowinski, Marrocco 及 Gabay, Mercier 于 1975 年和 1976 年提出, 那时是用于解某种类型微分方程离散化后的线性方程组的. 20 世纪 90 年代后期开始, 何炳生教授及与合作者的一系列工作, 系统发展了具可分结构凸优化问题的 ADMM, 并产生了广泛影响. 在过去的十几年中, 这类方法得到很大发展, 并越来越多地用于各种工程实际问题中.

这一章首先介绍了几个具体的具有可分结构的凸优化问题例子; 然后介绍了具有二块可分结构问题的经典 ADMM, 并证明了这种方法的收敛性; 最后对具有更多块结构的凸优化问题的算法做了简单介绍.

9.1 ADMM 算法简介

ADMM 主要用于求解如下形式的问题:

$$\begin{aligned} \min \quad & f(x) + g(z), \\ \text{s.t.} \quad & Ax + Bz = c, \end{aligned} \tag{9.1}$$

其中 $x \in \mathbf{R}^n$, $z \in \mathbf{R}^m$, $A \in \mathbf{R}^{p \times n}$, $B \in \mathbf{R}^{p \times m}$, $c \in \mathbf{R}^p$, $f : \mathbf{R}^n \to \mathbf{R} \cup \{+\infty\}$ 和 $g : \mathbf{R}^m \to \mathbf{R} \cup \{+\infty\}$ 是本征凸的、闭的函数. 为方便叙述, 用

$$p^\star = \inf\{f(x) + g(z) | Ax + Bz = c\}$$

表示问题 (9.1) 的最优值,

$$L_0(x, z, y) = f(x) + g(z) + y^{\mathrm{T}}(Ax + Bz - c)$$

表示 Lagrange 函数,

$$L_\rho(x, z, y) = f(x) + g(z) + y^{\mathrm{T}}(Ax + Bz - c) + \frac{\rho}{2}\|Ax + Bz - c\|_2^2$$

表示增广 Lagrange 函数.

经典 ADMM 的迭代格式为

$$\begin{cases} x^{k+1} := \arg\min\limits_{x} L_\rho(x, z^k, y^k), \\ z^{k+1} := \arg\min\limits_{z} L_\rho(x^{k+1}, z, y^k), \\ y^{k+1} := y^k + \rho(Ax^{k+1} + Bz^{k+1} - c). \end{cases} \tag{9.2}$$

令 $u = \dfrac{1}{\rho}y$, 上述格式的 ADMM 可写为如下格式:

$$\begin{cases} x^{k+1} := \arg\min\limits_{x} f(x) + \dfrac{\rho}{2}\|Ax + Bz^k - c + u^k\|_2^2, \\ z^{k+1} := \arg\min\limits_{z} g(z) + \dfrac{\rho}{2}\|Ax^{k+1} + Bz - c + u^k\|_2^2, \\ u^{k+1} := u^k + Ax^{k+1} + Bz^{k+1} - c. \end{cases} \tag{9.3}$$

9.2 具有可分结构的一些凸优化模型

例 9.1 凸约束最优化问题

一般的凸约束优化问题为

$$\begin{aligned} \min \quad & f(x), \\ \text{s.t.} \quad & x \in \mathcal{C}, \end{aligned} \tag{9.4}$$

这里 f 和 $\mathcal{C}$ 都是凸的. 这个问题可写作

$$\begin{aligned} \min \quad & f(x) + \Pi_{\mathcal{C}}(z), \\ \text{s.t.} \quad & x - z = 0. \end{aligned}$$

此处, $\Pi_{\mathcal{C}}(z)$ 表示 $\mathcal{C}$ 的指标函数, 即

$$\Pi_{\mathcal{C}}(z) = \begin{cases} 0, & z \in \mathcal{C}, \\ \infty, & z \notin \mathcal{C}. \end{cases}$$

于是这个问题的经典 ADMM 格式为

$$\begin{cases} x^{k+1} := \arg\min\limits_{x} f(x) + \dfrac{\rho}{2}\|x - z^k + u^k\|_2^2, \\ z^{k+1} := \Pi_{\mathcal{C}}(x^{k+1} + u^k), \\ u^{k+1} := u^k + x^{k+1} - z^{k+1}. \end{cases}$$

例 9.2 l_1-范数问题

用 ADMM 求解 l_1-范数问题与如下的软阈值算子密不可分:

$$S_\kappa(a) = \arg\min_x \left\{ \kappa\|x\|_1 + \frac{\rho}{2}\|x - a\|_2^2 \right\},$$

实际上这个问题的解 x^+ 可显式地写为:

$$x_i^+ = \begin{cases} a_i - \kappa, & a_i > \kappa, \\ 0, & \|a_i\| \leqslant \kappa, \\ a_i + \kappa, & a_i < -\kappa. \end{cases}$$

1) l_1 正则化线性回归模型

l_1 正则化线性回归模型, 即 LASSO(Least absolute shrinkage and selection operator) 是一种被广泛应用的统计模型, 它包含求解如下问题:

$$\min \frac{1}{2}\|Ax - b\|_2^2 + \lambda\|x\|_1,$$

这里的正则化系数 λ 通常由交叉验证给出. 这个问题可写为

$$\min \quad \frac{1}{2}\|Ax - b\|_2^2 + \lambda\|z\|_1,$$
$$\text{s.t.} \quad x - z = 0,$$

求解这个模型的经典 ADMM 格式为

$$\begin{cases} x^{k+1} := (A^{\mathrm{T}}A + \rho I)^{-1}(A^{\mathrm{T}}b + \rho(z^k - u^k)), \\ z^{k+1} := \mathbf{S}_{\lambda/\rho}(x^{k+1} + u^k), \\ u^{k+1} := u^k + x^{k+1} - z^{k+1}, \end{cases}$$

2) 最小一乘问题

最小一乘问题为

$$\min \quad \|Ax - b\|_1,$$

显然, 它可等价写为

$$\min \quad \|z\|_1,$$
$$\text{s.t.} \quad Ax - z = b,$$

按两块可分结构的标准写法, 这里相当于 $f = 0, g = \|\cdot\|_1$. 假设 $A^{\mathrm{T}}A$ 可逆, 则这个问题的经典 ADMM 格式为

$$\begin{cases} x^{k+1} := (A^{\mathrm{T}}A)^{-1}A^{\mathrm{T}}(b + z^k - u^k), \\ z^{k+1} := \mathbf{S}_{\lambda/\rho}(Ax^{k+1} - b + u^k), \\ u^{k+1} := u^k + Ax^{k+1} - z^{k+1} - b. \end{cases}$$

例 9.3 分布式模型拟合

实际应用中存在这样一类模型拟合问题:

$$\min \quad l(Ax - b) + r(x), \tag{9.5}$$

其中 $x \in \mathbf{R}^n$ 是模型参数, $A \in \mathbf{R}^{m \times n}$ 是特征矩阵, $b \in \mathbf{R}^m$ 是输出矩阵, $l: \mathbf{R}^m \to \mathbf{R}$ 是凸的损失函数, $r: \mathbf{R}^n \to \mathbf{R}$ 是凸的正则化函数. 通常, l 具有可分形式, 即

$$l(Ax - b) = \sum_{i=1}^{m} l_i(a_i^{\mathrm{T}} x - b_i),$$

这里 $l_i: \mathbf{R} \to \mathbf{R}$ 是第 i 个训练样本的损失函数, $a_i \in \mathbf{R}^n$ 是第 i 个样本的特征向量, 而 b_i 是对应的输出值. 在实际应用中, l_i 通常对所有的 i 都是一样的形式. 常见的损失函数有二次损失 $\frac{1}{2}\|u\|_2^2$, 负对数似然损失 $\log_{p_i}(-u)$, Hinge 损失 $(1 - u_i)_+$, 指数损失 $\exp(-u_i)$, logistic 损失 $\log(1 + \exp(-u_i))$. 常见的正则化函数为 ℓ_1-范数和 ℓ_2-范数的平方.

ADMM 提供了一种对这类问题的分布式计算框架, 把包含难处理的大规模数据问题划分为易处理的小规模问题.

1) 划分训练样本

这里我们主要讨论如何处理有适当的特征数, 但样本量巨大的模型拟合问题. 大部分的统计学习都属于这一类问题. 我们的目标是用分布式计算方法去求解这一类问题, 让每一个处理器训练样本的一个子集.

按照下面的方式划分 A 和 b

$$A = \begin{bmatrix} A_1 \\ \vdots \\ A_N \end{bmatrix}, \quad b = \begin{bmatrix} b_1 \\ \vdots \\ b_N \end{bmatrix},$$

这里 $A_i \in \mathbf{R}^{m_i \times n}, b_i \in \mathbf{R}^{m_i}$ 并且 $\sum_{i=1}^{N} m_i = m$. 因此, A_i 和 b_i 表示被第 i 个处理器处理的第 i 块数据.

这样, 模型拟合问题可写为下面目标函数可分为两块的凸优化问题:

$$\min \quad \sum_{i=1}^{N} l_i(A_i x_i - b_i) + r(z),$$

$$\text{s.t.} \quad x_i = z, \quad i = 1, \cdots, N,$$

这里 $x_i \in \mathbf{R}^n$, $z \in \mathbf{R}^n$. 求解这个问题的经典 ADMM 格式为

$$
\begin{cases}
x_i^{k+1} := \arg\min_{x_i}\{l_i(A_i x_i - b_i) + \dfrac{\rho}{2}\|x_i - z^k + u_i^k\|_2^2\}, \\[2mm]
z^{k+1} : \arg\min_{z}\{r(z) + (N\rho/2)\|z - \bar{x}^{k+1} - \bar{u}^k\|_2^2\}, \qquad i = 1, \cdots, N, \\[2mm]
u_i^{k+1} := u_i^k + x_i^{k+1} - z^{k+1},
\end{cases}
$$

这里 $\bar{x}$ 和 $\bar{u}$ 表示 $\{x_i\}_{i=1}^N$ 和 $\{u_i\}_{i=1}^N$ 的平均值.

2) 划分特征

这里主要讨论如何处理有适当的样本量, 但特征数巨大的模型拟合问题. 这类问题来自于统计中的自然问题处理. 把 x 划分为 $x = (x_1, \cdots, x_N)$, 这里 $x_i \in \mathbf{R}^{n_i}$ 并且 $\sum_{i=1}^N n_i = n$. 假设正则化函数也是可分的, 则模型拟合问题可写为

$$
\min \ l\left(\sum_{i=1}^N A_i x_i - b\right) + \sum_{i=1}^N r_i(x_i),
$$

它可等价地写为

$$
\min \ l\left(\sum_{i=1}^N z_i - b\right) + \sum_{i=1}^N r_i(x_i),
$$
$$
\text{s.t.} \quad A_i x_i - z_i = 0, \quad i = 1, \cdots, N,
$$

求解这个问题的经典 ADMM 格式为

$$
\begin{cases}
x_i^{k+1} := \arg\min_{x_i} r_i(x_i) + \dfrac{\rho}{2}\|A_i x_i - z^k + u_i^k\|_2^2), \\[2mm]
z^{k+1} =: \arg\min_{z} l\left(\sum_{i=1}^N z_i - b\right) + \sum_{i=1}^N (\rho/2)\|A_i x_i k + 1 - z_i^k + u_i^k\|_2^2, \quad i = 1, \cdots, N, \\[2mm]
u_i^{k+1} := u_i^k + A_i x_i^{k+1} - z^{k+1}.
\end{cases}
$$

这里只是列出了几个例子, 说明具有等式仿射约束的可分凸优化问题普遍性, 有些问题的优化模型就具有这种形式, 有的可等价写为这种形式.

9.3　最优性条件和停止准则

这一章讨论的可分凸优化问题, 两个分块凸函数一般有一个不可微. 前面介绍了次微分的定义及其基本性质, 由此得到凸优化问题的最优性条件, 并由此给出算法的停止准则.

下面利用次梯度分析可分离凸优化问题的最优性条件.

设 (x^*, z^*) 是 (9.1) 的解, 则有

$$
\begin{cases}
0 \in \partial f(x^\star) + A^{\mathrm{T}} y^\star, \\
0 \in \partial g(z^\star) + B^{\mathrm{T}} y^\star, \\
Ax^\star + Bz^\star - c = 0.
\end{cases}
\tag{9.6}
$$

由 ADMM, 既然 z^{k+1} 最小化 $L_\rho(x^{k+1}, z, y^k)$, 则

$$
\begin{aligned}
0 &\in \partial g(z^{k+1}) + B^{\mathrm{T}} y^k + \rho B^{\mathrm{T}}(Ax^{k+1} + Bz^{k+1} - c) \\
&= \partial g(z^{k+1}) + B^{\mathrm{T}} y^{k+1}.
\end{aligned}
$$

这意味着 z^{k+1} 和 y^{k+1} 总满足最优性条件 (9.6) 中的第二个式子. 而 x^{k+1} 最小化 $L_\rho(x, z^k, y^k)$, 即

$$
\begin{aligned}
0 &\in \partial f(x^{k+1}) + A^{\mathrm{T}} y^k + \rho A^{\mathrm{T}}(Ax^{k+1} + Bz^k - c) \\
&= \partial f(x^{k+1}) + A^{\mathrm{T}} y^{k+1} + \rho A^{\mathrm{T}} B(z^k - z^{k+1}).
\end{aligned}
$$

也即

$$
\rho A^{\mathrm{T}} B(z^{k+1} - z^k) \in \partial f(x^{k+1}) + A^{\mathrm{T}} y^{k+1}.
$$

和最优性条件比较, 可以看出, 如果原始残差 $r^{k+1} = Ax^{k+1} + By^{k+1} - c$, 对偶残差为 0, 即

$$
s^{k+1} = \rho A^{\mathrm{T}} B(z^{k+1} - z^k) = 0,
$$

则 $(x^{k+1}, z^{k+1}, y^{k+1})$ 为最优解. 下一节的收敛性分析表明, 在一定的假设条件下, 可以证明 r^{k+1} 和 s^{k+1} 趋向于 0. 故可以用如下条件作为算法的停止准则:

$$
\|r^k\|_2 \leqslant \epsilon^{\mathrm{pri}}, \quad \|s^k\|_2 \leqslant \epsilon^{\mathrm{dual}},
$$

这里的 ϵ^{pri} 和 ϵ^{dual} 表示原始误差限和对偶误差限.

9.4 收敛性分析

这一节证明经典 ADMM 的收敛性. 我们需要做如下假定:

增广 Lagrange 函数 L_0 有鞍点, 即存在 $(x^\star, z^\star, y^\star)$ 满足

$$
L_0(x^\star, z^\star, y) \leqslant L_0(x^\star, z^\star, y^\star) \leqslant L_0(x, z, y^\star), \quad \forall x, z, y.
$$

这个假设表明 $(x^\star, y^\star)$ 是问题 (9.1) 的最优解而 $y^\star$ 是对偶问题的最优解, 并且原问题和对偶问题的最优值相等, 也就是说强对偶性成立. 在这个假设条件下, 经典交替方向法产生的点列满足下面三条性质:

(1) 原始残差收敛. 当 $k \to \infty$ 时, $r^k := Ax^k + Bz^k - c \to 0$, 即可行性随着迭代逐渐满足.

(2) 目标函数值收敛. 当 $k \to \infty$ 时, $f(x^k) + g(z^k) \to f(x^\star) + g(y^\star)$, 即目标函数值随着迭代趋向最优值.

(3) 对偶残差收敛. 当 $k \to \infty$ 时, $s^k := \rho A^{\mathrm{T}} B(z^k - z^{k-1}) \to 0$.

给定 L_0 的一个鞍点 $(x^\star, z^\star, y^\star)$, 记

$$V^k = \frac{1}{\rho} \|y^k - y^\star\|_2^2 + \rho \|B(z^k - z^\star)\|_2^2.$$

先证明三个不等式, 由这三个不等式可自然推出算法的收敛性. 第一个不等式是

$$p^\star - p^{k+1} \leqslant y^{\star \mathrm{T}} r^{k+1}. \tag{9.7}$$

第二个不等式是

$$p^{k+1} - p^\star \leqslant -(y^{k+1})^{\mathrm{T}} r^{k+1} - \rho \left(B(z^{k+1} - z^k) \right)^{\mathrm{T}} \left(-r^{k+1} + B(z^{k+1} - z^k) \right), \tag{9.8}$$

第三个不等式是

$$V^{k+1} \leqslant V^k - \rho \|r^{k+1}\|_2^2 - \rho \|B(z^{k+1} - z^k)\|_2^2. \tag{9.9}$$

不等式 (9.7) 的证明　因为 $(x^\star, z^\star, y^\star)$ 是 L_0 的鞍点, 所以有

$$L_0(x^\star, z^\star, y^\star) \leqslant L_0(x^{k+1}, z^{k+1}, y^\star).$$

又因为 $Ax^\star + Bz^\star = c, L_0(x^\star, z^\star, y^\star) = p^\star, p^{k+1} = f(x^{k+1}) + g(z^{k+1})$, 所以

$$p^\star \leqslant p^{k+1} + y^{\star \mathrm{T}} r^{k+1},$$

即 (9.7) 得证.

不等式 (9.8) 的证明　由算法, x^{k+1} 最小化 $L_\rho(x, z^k, y^k)$. 因为 f 是闭的、本征的、凸的, 所以 f 和 $L_\rho(x, y^k, z^k)$ 的次梯度存在, 于是有

$$0 \in \partial L_\rho(x^{k+1}, z^k, y^k) = \partial f(x^{k+1}) + A^{\mathrm{T}} y^k + \rho A^{\mathrm{T}} (Ax^{k+1} + Bz^k - c).$$

注意到 $y^{k+1} = y^k + \rho r^{k+1}$, 所以

$$0 \in \partial f(x^{k+1}) + A^{\mathrm{T}} (y^{k+1} - \rho B(z^{k+1} - z^k)),$$

即 x^{k+1} 最小化

$$f(x) + \left(y^{k+1} - \rho B(z^{k+1} - z^k) \right)^{\mathrm{T}} Ax.$$

同样, 由 z^{k+1} 最小化 $g(z) + (y^{k+1})^{\mathrm{T}} Bz$, 于是有下面两个不等式:

$$f(x^{k+1}) + (y^{k+1} - \rho B(z^{k+1} - z^k))^{\mathrm{T}} Ax^{k+1} \leqslant f(x^\star) + (y^{k+1} - \rho B(z^{k+1} - z^k))^{\mathrm{T}} Ax^\star$$

和

$$g(z^{k+1}) + (y^{k+1})^{\mathrm{T}} Bz^{k+1} \leqslant g(z^\star) + (y^{k+1})^{\mathrm{T}} Bz^\star.$$

两个不等式相加, 便得第二个不等式 (9.8).

不等式 (9.9) 的证明   将不等式 (9.8) 和 (9.7) 相加, 重新排列并乘以 2, 得到

$$2(y^{k+1} - y^\star)^{\mathrm{T}} r^{k+1} - 2\rho \left(B(z^{k+1} - z^k)\right)^{\mathrm{T}} r^{k+1}$$
$$+2\rho \left(B(z^{k+1} - z^k)\right)^{\mathrm{T}} \left(B(z^{k+1} - z^\star)\right) \leqslant 0. \tag{9.10}$$

考虑上式左边第一项. 把 $y^{k+1} = y^k + \rho r^{k+1}$ 代入, 得

$$2(y^k - y^\star)^{\mathrm{T}} r^{k+1} + \rho \|r^{k+1}\|_2^2 + \rho \|r^{k+1}\|_2^2. \tag{9.11}$$

把 $r^{k+1} = \dfrac{1}{\rho}(y^{k+1} - y^k)$ 代入第二项, 有二、三项之和可写为

$$2(y^k - y^\star)^{\mathrm{T}} r^{k+1} + \frac{1}{\rho}\|y^{k+1} - y^k\|_2^2 + \rho\|r^{k+1}\|_2^2.$$

由于 $y^{k+1} - y^k = (y^{k+1} - y^\star) - (y^k - y^\star)$, 上式又可写为

$$\frac{1}{\rho} \left(\|y^{k+1} - y^\star\|_2^2 - \|y^k - y^\star\|_2^2\right) + \rho\|r^{k+1}\|_2^2. \tag{9.12}$$

将 $\rho\|r^{k+1}\|_2^2$ 与 (9.10) 左边后两项相加, 得

$$\rho\|r^{k+1}\|_2^2 - 2\rho \left(B(z^{k+1} - z^k)\right)^{\mathrm{T}} r^{k+1} + 2\rho \left(B(z^{k+1} - z^k)\right)^{\mathrm{T}} \left(B(z^{k+1} - z^\star)\right),$$

其中 $\rho\|r^{k+1}\|_2^2$ 是从式 (9.12) 中移过来的. 把 $z^{k+1} - z^\star = (z^{k+1} - z^k) + (z^k - z^\star)$ 代入最后一项, 整理得

$$\rho\|r^{k+1} - B(z^{k+1} - z^k)\|_2^2 + \rho \left(\|B(z^{k+1} - z^\star)\|_2^2 - \|B(z^k - z^\star)\|_2^2\right).$$

这样, 由不等式 (9.10) 可得

$$V^k - V^{k+1} \geqslant \rho\|r^{k+1} - B(z^{k+1} - z^k)\|_2^2. \tag{9.13}$$

由于 z^{k+1} 最小化 $g(z) + (y^{k+1})^{\mathrm{T}} Bz$, z^k 最小化 $g(z) + (y^k)^{\mathrm{T}} Bz$, 于是有

$$g(z^{k+1}) + (y^{k+1})^{\mathrm{T}} Bz^{k+1} \leqslant g(z^k) + (y^{k+1})^{\mathrm{T}} Bz^k$$

和

$$g(z^k) + (y^k)^{\mathrm{T}} B z^k \leqslant g(z^{k+1}) + (y^k)^{\mathrm{T}} B z^{k+1}.$$

二不等式相加, 得

$$(y^{k+1} - y^k)^{\mathrm{T}} B(z^{k+1} - z^k) \leqslant 0.$$

因为 $y^{k+1} - y^k = \rho r^{k+1}$, 由上式得 $\rho (r^{k+1})^{\mathrm{T}} B(z^{k+1} - z^k) \leqslant 0$.

于是从 (9.13) 可得

$$V^{k+1} - V^k \leqslant -\rho \|r^{k+1}\|_2^2 - \rho \|B(z^{k+1} - z^k)\|_2^2,$$

(9.9) 得证.

因为原始残差 r^k 随着 $k \to \infty$ 趋向于 0, 得到不等式 (9.7) 的右端着 $k \to \infty$ 趋向于 0.

当 $k \to \infty$ 时, 因为 $B(z^{k+1} - z^\star)$ 有界并且 r^{k+1} 和 $B(z^{k+1} - z^k)$ 收敛到 0, 于是不等式 (9.8) 右边也收敛到 0. 所以有 $\lim_{k \to \infty} p^k = p^\star$, 即目标函数值收敛.

对 (9.9) 式, 不等式 $k = 0$ 到 ∞ 进行求和, 有

$$\rho \sum_{k=0}^{\infty} \left(\|r^{k+1}\|_2^2 + \|B(z^{k+1} - z^k)\|_2^2 \right) \leqslant V^0,$$

这表明当 $k \to \infty$ 时, 有 $r^k \to 0$ 以及 $B(z^{k+1} - z^k) \to 0$.

所以残差 $s^k = \rho A^{\mathrm{T}} B(z^{k+1} - z^k)$ 收敛到 0.

于是经典 ADMM 的收敛性得证.

9.5　目标函数是多块情形的 ADMM

ADMM 起初是为求解目标函数可分为两块的带线性等式约束凸优化问题的一类有效方法. 一个自然的问题就是, 如果目标函数可分为三块或更多块, 能否采用 ADMM 求解? 也即考虑用 ADMM 求解下列形式的凸优化问题:

$$\begin{aligned} \min \quad & \sum_{i=1}^{N} \theta_i(x_i), \\ \text{s.t.} \quad & \sum_{i=1}^{N} A_i x_i = b, \end{aligned} \tag{9.14}$$

其中 $N \geqslant 3, x_i \in \mathbf{R}^{n_i}, A_i \in \mathbf{R}^{p \times n_i}, \theta_i : \mathbf{R}^{n_i} \to \mathbf{R} \cup \{+\infty\}$ 是本征凸的、闭的函数.

记这个问题的 Lagrange 函数为

$$L_0(x_1, \cdots, x_N, \lambda) = \sum_{i=1}^{N} \theta_i(x_i) + \lambda^{\mathrm{T}} \left(\sum_{i=1}^{N} A_i x_i - b \right),$$

增广 Lagrange 函数记为

$$L_\rho(x_1, \cdots, x_N, \lambda) = \sum_{i=1}^{N} \theta_i(x_i) + \lambda^{\mathrm{T}} \left(\sum_{i=1}^{N} A_i x_i - b \right) + \frac{\rho}{2} \left\| \sum_{i=1}^{N} A_i x_i - b \right\|_2^2,$$

类似两块的情形, 容易写出下面多块形式的 ADMM:

$$\begin{cases} x_1^{k+1} := \arg\min_{x_1} L_\rho(x_1, x_2^k, \cdots, x_N^k, \lambda^k), \\ \qquad\qquad \cdots \\ x_i^{k+1} := \arg\min_{x_i} L_\rho(x_1^{k+1}, \ldots, x_{i-1}^{k+1}, x_i, x_{i+1}^k \cdots, x_N^k, \lambda^k), \\ \qquad\qquad \cdots \\ x_N^{k+1} := \arg\min_{x_N} L_\rho(x_1^{k+1}, \cdots, x_{N-1}^{k+1}, x_N, \lambda^k), \\ \lambda^{k+1} := \lambda^k + \rho \left(\sum_{i=1}^{N} A_i x_i^{k+1} - b \right), \end{cases}$$

对于多块的情形, 是否有两块情形的收敛性结果呢? 答案是否定的. 比如对下面的例子:

$$\min \quad x_1^2 + x_2^2 + x_3^2,$$
$$\text{s.t.} \quad \begin{bmatrix} 1 & 1 & 1 \\ 1 & 1 & 2 \\ 1 & 2 & 2 \end{bmatrix} \begin{bmatrix} x_1 \\ x_2 \\ x_3 \end{bmatrix} = 0.$$

可以计算得到其在多块 ADMM 格式下的迭代矩阵. 容易验证当 $\rho = 1$ 时, 这个迭代矩阵的谱半径为 1.0087, 大于 1, 也就是说当取特定的初始点时, 算法是发散的.

近年来, 有许多关于多块 ADMM 的工作. 一类工作是证明其在特定的假设下算法具有收敛性, 譬如约束矩阵之间有正交性, 目标函数有一部分是强凸的并且 ρ 充分小; 另一类是在对原来的算法进行修改, 如加上校正步; 还有一类是对目标函数包含二次函数的问题设计具体的算法.

下面我们介绍一种求解多块结构情形的 ADMM 的改进算法, 即带高斯回代的交替方向法 (the ADM with Gaussian back substitution, ADM-G). 同两块的 ADMM 相似, 我们假设:

(1) (9.14) 中 A_i 都是列满秩的;

(2) 增广 Lagrange 函数 L_0 有一个鞍点, 即存在 $(x_1^\star, \cdots, x_N^\star, \lambda^\star)$ 满足

$$L_0(x_1^\star, \cdots, x_N^\star, \lambda) \leqslant L_0(x_1^\star, \cdots, x_N^\star, \lambda^\star) \leqslant L_0(x_1, \cdots, x_N, \lambda^\star), \quad \forall x_1, \cdots, x_N, \lambda.$$

容易验证 $(x_1^\star, \cdots, x_N^\star, \lambda^\star)$ 满足

$$
\begin{cases}
0 \in \partial\theta_1(x_1^\star) + A_1^{\mathrm{T}}\lambda^\star, \\
0 \in \partial\theta_2(x_2^\star) + A_2^{\mathrm{T}}\lambda^\star, \\
\quad \cdots \\
0 \in \partial\theta_N(x_2^\star) + A_N^{\mathrm{T}}\lambda^\star, \\
\displaystyle\sum_{i=1}^{N} A_i x_i^\star - b = 0.
\end{cases}
\tag{9.15}
$$

先介绍算法涉及的几个矩阵:

$$
M = \begin{bmatrix}
\rho A_2^{\mathrm{T}}A_2 & 0 & \cdots & \cdots & 0 \\
\rho A_3^{\mathrm{T}}A_2 & \rho A_3^{\mathrm{T}}A_3 & \ddots & & \vdots \\
\vdots & \vdots & \ddots & \ddots & \vdots \\
\rho A_N^{\mathrm{T}}A_2 & \rho A_N^{\mathrm{T}}A_3 & \cdots & \rho A_N^{\mathrm{T}}A_N & 0 \\
0 & 0 & \cdots & 0 & \dfrac{1}{\rho}I_p
\end{bmatrix},
$$

$$
Q = \begin{bmatrix}
\rho A_2^{\mathrm{T}}A_2 & \rho A_2^{\mathrm{T}}A_3 & \cdots & \rho A_2^{\mathrm{T}}A_N & A_2^{\mathrm{T}} \\
\rho A_3^{\mathrm{T}}A_2 & \rho A_3^{\mathrm{T}}A_3 & \cdots & \rho A_3^{\mathrm{T}}A_N & A_3^{\mathrm{T}} \\
\vdots & \vdots & \ddots & \ddots & \vdots \\
\rho A_N^{\mathrm{T}}A_2 & \rho A_N^{\mathrm{T}}A_3 & \cdots & \rho A_N^{\mathrm{T}}A_N & A_N^{\mathrm{T}} \\
A_1 & A_2 & \cdots & A_N & \dfrac{1}{\rho}I_p
\end{bmatrix},
$$

以及

$$
H = \mathrm{diag}\left(\rho A_2^{\mathrm{T}}A_2, \rho A_3^{\mathrm{T}}A_3, \cdots, \rho A_N^{\mathrm{T}}A_N, \frac{1}{\rho}I_p \right).
$$

由于 A_i 都是列满秩的, 所以 H 可逆, 且有

$$
H^{-1}M^{\mathrm{T}} = \begin{bmatrix}
I_{n_2} & (A_2^{\mathrm{T}}A_2)^{-1}A_2^{\mathrm{T}}A_3 & \cdots & & (A_2^{\mathrm{T}}A_2)^{-1}A_2^{\mathrm{T}}A_N & 0 \\
0 & \ddots & \ddots & & \vdots & \vdots \\
\vdots & & \ddots & \ddots & (A_{N-1}^{\mathrm{T}}A_{N-1})^{-1}A_{N-1}^{\mathrm{T}}A_N & 0 \\
0 & \cdots & 0 & & I_{n_N} & 0 \\
0 & \cdots & 0 & & 0 & I_p
\end{bmatrix}.
$$

记 $v = (x_2, \cdots, x_N, \lambda)$, $w = (x_1, x_2, \cdots, x_N, \lambda)$, 现在给出 ADM-G 的具体步骤, 它由两步构成:

步骤 1 通过下列步骤求出 $\bar{w}^k = (\bar{x}_1^k, \bar{x}_2^k, \cdots, \bar{x}_m^k, \bar{\lambda}^k)$:

$$
\begin{cases}
\bar{x}_1^k := \arg\min_{x_1} L_\rho(x_1, x_2^k, \cdots, x_N^k, \lambda^k), \\
\bar{x}_2^k := \arg\min_{x_2} L_\rho(\bar{x}_1^k, x_2, \cdots, x_N^k, \lambda^k), \\
\qquad\qquad \cdots\cdots \\
\bar{x}_i^k := \arg\min_{x_i} L_\rho(\bar{x}_1^k, \cdots, \bar{x}_{i-1}^k, x_i, x_{i+1}^k, \cdots, x_N^k, \lambda^k), \\
\qquad\qquad \cdots\cdots \\
\bar{x}_N^k := \arg\min_{x_N} L_\rho(\bar{x}_1^k, \cdots, \bar{x}_{N-1}^k, x_N, \lambda^k), \\
\bar{\lambda}^k := \lambda^k + \rho\left(\sum_{i=1}^N A_i \bar{x}_i^k - b\right).
\end{cases}
$$

步骤 2 给定 $\alpha \in (0,1)$, 基于 $\bar{w}^k$, 通过下列格式得到 w^{k+1}:

$$
\begin{cases}
H^{-1}M^{\mathrm{T}}(v^{k+1} - v^k) = \alpha(\bar{v}^k - v^k), \\
x_1^{k+1} = \bar{x}_1^k.
\end{cases}
$$

把上述步骤中第一步称为交替方向步或预测步, 第二步称为 Gauss 回代步或校正步.

下面证明 ADM-G 的收敛性. 证明主要由如下三步构成:

(1) 若 $\bar{v}^k \neq v^k$, 则 $-M^{-\mathrm{T}}H(v^k - \bar{v}^k)$ 是函数 $\frac{1}{2}\|v - v^\star\|_G^2$ 在 $v = v^k$ 处的下降方向, 其中 $G = MH^{-1}M^{\mathrm{T}}$.

(2) $\|v^{k+1} - v^\star\|_G^2 \leqslant \|v^k - v^\star\|_G^2 - \alpha\left((1-\alpha)\|v^k - \bar{v}^k\|_H^2 + \|v^k - \bar{v}^k\|_Q^2\right)$.

(3) 由 (1), (2) 得: ADM-G 是收敛的 (留作习题).

证明: $-M^{-\mathrm{T}}H(v^k - \bar{v}^k)$ 是函数 $\frac{1}{2}\|v - v^\star\|_G^2$ 在 $v = v^k$ 处的下降方向. 根据 $\bar{w}^k$

的定义给定 $\tilde{w}^k$, 可知

$$
0 \in \begin{bmatrix} \partial\theta_1(\bar{x}_1^k) + A_1^{\mathrm{T}}\lambda^k + \rho\left(A_1\bar{x}_1^k + \sum_{j=2}^{N} x_j^k - b\right) \\[2mm] \partial\theta_2(\bar{x}_2^k) + A_2^{\mathrm{T}}\lambda^k + \rho\left(A_1\bar{x}_1^k + A_2\bar{x}_2^k + \sum_{j=3}^{N} x_j^k - b\right) \\[2mm] \vdots \\[2mm] \partial\theta_N(\bar{x}_N^k) + A_N^{\mathrm{T}}\lambda^k + \rho\left(\sum_{j=1}^{N-1} A_j\bar{x}_j^k + x_N^k - b\right) \\[2mm] \bar{\lambda}^k = \lambda^k + \rho\left(\sum_{j=1}^{N} A_j\bar{x}_j^k - b\right) \end{bmatrix},
$$

即

$$
0 \in \begin{bmatrix} \partial\theta_1(\bar{x}_1^k) + A_1^{\mathrm{T}}\bar{\lambda}^k \\ \partial\theta_2(\bar{x}_2^k) + A_2^{\mathrm{T}}\bar{\lambda}^k \\ \vdots \\ \partial\theta_N(\bar{x}_N^k) + A_N^{\mathrm{T}}\bar{\lambda}^k \\ \sum_{j=1}^{N} b - A_j\bar{x}_j^k \end{bmatrix} + \begin{bmatrix} A_1^{\mathrm{T}}\left(\sum_{j=2}^{N} A_j(x_j^k - \bar{x}_j^k)\right) \\ A_2^{\mathrm{T}}\left(\sum_{j=3}^{N} A_j(x_j^k - \bar{x}_j^k)\right) \\ \vdots \\ A_{N-1}^{\mathrm{T}}(A_N(x_N^k - \bar{x}_N^k)) \\ \frac{1}{\rho}(\lambda^k - \bar{\lambda}^k) \end{bmatrix},
$$

也即

$$
0 \in \begin{bmatrix} \partial\theta_1(\bar{x}_1^k) + A_1^{\mathrm{T}}\bar{\lambda}^k \\ \partial\theta_2(\bar{x}_2^k) + A_2^{\mathrm{T}}\bar{\lambda}^k \\ \vdots \\ \partial\theta_N(\bar{x}_N^k) + A_N^{\mathrm{T}}\bar{\lambda}^k \\ \sum_{i=1}^{N} b - A_i\bar{x}_i^k \end{bmatrix} + \rho\begin{bmatrix} A_1^{\mathrm{T}} \\ A_2^{\mathrm{T}} \\ \vdots \\ A_N^{\mathrm{T}} \\ 0 \end{bmatrix}\left(\sum_{j=2}^{N} A_j(x_j^k - \bar{x}_j^k)\right)
$$

$$
- \begin{bmatrix} 0 & 0 & \cdots & \cdots & 0 \\ \rho A_2^{\mathrm{T}}A_2 & 0 & \cdots & \cdots & 0 \\ \rho A_3^{\mathrm{T}}A_2 & \rho A_3^{\mathrm{T}}A_3 & \ddots & & \vdots \\ \vdots & \vdots & \ddots & \ddots & \vdots \\ \rho A_N^{\mathrm{T}}A_2 & \rho A_N^{\mathrm{T}}A_3 & \cdots & \rho A_N^{\mathrm{T}}A_N & 0 \\ 0 & 0 & \cdots & 0 & \frac{1}{\rho}I_p \end{bmatrix}\begin{bmatrix} x_2^k - \bar{x}_2^k \\ x_3^k - \bar{x}_3^k \\ \vdots \\ x_N^k - \bar{x}_N^k \\ \lambda^k - \bar{\lambda}^k \end{bmatrix}.
$$

考虑到

$$
0 \in
\begin{bmatrix}
\partial\theta_1(\bar{x}_1^\star) + A_1^\mathrm{T}\bar{\lambda}^\star \\
\partial\theta_2(\bar{x}_2^\star) + A_2^\mathrm{T}\bar{\lambda}^\star \\
\vdots \\
\partial\theta_N(\bar{x}_N^\star) + A_N^\mathrm{T}\bar{\lambda}^\star \\
\displaystyle\sum_{i=1}^{N} b - A_i\bar{x}_i^\star
\end{bmatrix},
$$

以及 M 的定义, 可以得到

$$
\begin{bmatrix}
\bar{x}_1^k - x_1^\star \\
\bar{x}_2^k - x_2^\star \\
\vdots \\
\bar{x}_3^k - x_3^\star \\
\bar{\lambda}^k - \lambda^\star
\end{bmatrix}^\mathrm{T}
\left[
\begin{bmatrix}
A_1^\mathrm{T}(\bar{\lambda}^k - \bar{\lambda}^\star) \\
A_2^\mathrm{T}(\bar{\lambda}^k - \bar{\lambda}^\star) \\
\vdots \\
A_N^\mathrm{T}(\bar{\lambda}^k - \bar{\lambda}^\star) \\
-\displaystyle\sum_{i=1}^{N} A_i(\bar{x}_i^k - \bar{x}_i^\star)
\end{bmatrix}
\right.
$$
$$
\left.
+\rho
\begin{bmatrix}
A_1^\mathrm{T} \\
A_2^\mathrm{T} \\
\vdots \\
A_N^\mathrm{T} \\
0
\end{bmatrix}
\left(\sum_{j=2}^{N} A_j(x_j^k - \bar{x}_j^k)\right) -
\begin{pmatrix}
0 \\
M(v^k - \bar{v}^k)
\end{pmatrix}
\right] \leqslant 0,
$$

即

$$
(\bar{v}^k - v^\star)^\mathrm{T} M(v^k - \bar{v}^k) \geqslant (\bar{\lambda}^k - \lambda^k)^\mathrm{T}\left(\sum_{j=2}^{N} A_j(x_j^k - \bar{x}_j^k)\right),
$$

也即

$$
(v^k - v^\star)^\mathrm{T} M(v^k - \bar{v}^k) \geqslant (v^k - \bar{v}^k)^\mathrm{T} M(v^k - \bar{v}^k) + (\bar{\lambda}^k - \lambda^k)^\mathrm{T}\left(\sum_{j=2}^{N} A_j(x_j^k - \bar{x}_j^k)\right). \quad (9.16)
$$

上式的最后一项:

$$(v^k - \bar{v}^k)^{\mathrm{T}} M(v^k - \bar{v}^k) + (\bar{\lambda}^k - \lambda^k)^{\mathrm{T}} \left(\sum_{j=2}^{N} A_j(x_j^k - \bar{x}_j^k) \right)$$

$$= \begin{bmatrix} x_2^k - \bar{x}_2^k \\ x_3^k - \bar{x}_3^k \\ \vdots \\ x_N^k - \bar{x}_N^k \\ \lambda^k - \bar{\lambda}^k \end{bmatrix}^{\mathrm{T}} \begin{bmatrix} \rho A_2^{\mathrm{T}} A_2 & 0 & \cdots & \cdots & 0 \\ \rho A_3^{\mathrm{T}} A_2 & \rho A_3^{\mathrm{T}} A_3 & \ddots & & \vdots \\ \vdots & \vdots & \ddots & \ddots & \vdots \\ \rho A_N^{\mathrm{T}} A_2 & \rho A_N^{\mathrm{T}} A_3 & \cdots & \rho A_N^{\mathrm{T}} A_N & 0 \\ 0 & 0 & \cdots & 0 & \frac{1}{\rho} I_p \end{bmatrix} \begin{bmatrix} x_2^k - \bar{x}_2^k \\ x_3^k - \bar{x}_3^k \\ \vdots \\ x_N^k - \bar{x}_N^k \\ \lambda^k - \bar{\lambda}^k \end{bmatrix}$$

$$+ \begin{bmatrix} x_2^k - \bar{x}_2^k \\ x_3^k - \bar{x}_3^k \\ \vdots \\ x_N^k - \bar{x}_N^k \\ \lambda^k - \bar{\lambda}^k \end{bmatrix}^{\mathrm{T}} \begin{bmatrix} 0 & 0 & \cdots & \cdots & 0 \\ 0 & 0 & \ddots & & \vdots \\ \vdots & \vdots & \ddots & \ddots & \vdots \\ 0 & 0 & \cdots & 0 & 0 \\ A_2 & A_3 & \cdots & A_m & 0 \end{bmatrix} \begin{bmatrix} x_2^k - \bar{x}_2^k \\ x_3^k - \bar{x}_3^k \\ \vdots \\ x_N^k - \bar{x}_N^k \\ \lambda^k - \bar{\lambda}^k \end{bmatrix}$$

$$= \begin{bmatrix} x_2^k - \bar{x}_2^k \\ x_3^k - \bar{x}_3^k \\ \vdots \\ x_N^k - \bar{x}_N^k \\ \lambda^k - \bar{\lambda}^k \end{bmatrix}^{\mathrm{T}} \begin{bmatrix} \rho A_2^{\mathrm{T}} A_2 & 0 & \cdots & \cdots & 0 \\ \rho A_3^{\mathrm{T}} A_2 & \rho A_3^{\mathrm{T}} A_3 & \ddots & & \vdots \\ \vdots & \vdots & \ddots & \ddots & \vdots \\ \rho A_N^{\mathrm{T}} A_2 & \rho A_N^{\mathrm{T}} A_3 & \cdots & \rho A_N^{\mathrm{T}} A_N & 0 \\ A_2 & A_3 & \cdots & A_N & \frac{1}{\rho} I_p \end{bmatrix} \begin{bmatrix} x_2^k - \bar{x}_2^k \\ x_3^k - \bar{x}_3^k \\ \vdots \\ x_N^k - \bar{x}_N^k \\ \lambda^k - \bar{\lambda}^k \end{bmatrix}$$

$$= \frac{1}{2} \begin{bmatrix} x_2^k - \bar{x}_2^k \\ x_3^k - \bar{x}_3^k \\ \vdots \\ x_N^k - \bar{x}_N^k \\ \lambda^k - \bar{\lambda}^k \end{bmatrix}^{\mathrm{T}} \begin{bmatrix} 2\rho A_2^{\mathrm{T}} A_2 & \rho A_2^{\mathrm{T}} A_3 & \cdots & \rho A_2^{\mathrm{T}} A_N & A_2^{\mathrm{T}} \\ \rho A_3^{\mathrm{T}} A_2 & 2\rho A_3^{\mathrm{T}} A_3 & \ddots & \rho A_3^{\mathrm{T}} A_N & A_3^{\mathrm{T}} \\ \vdots & \vdots & \ddots & \ddots & \vdots \\ \rho A_N^{\mathrm{T}} A_2 & \rho A_N^{\mathrm{T}} A_3 & \cdots & 2\rho A_N^{\mathrm{T}} A_N & 0 \\ A_2 & A_3 & \cdots & A_N & \frac{2}{\rho} I_p \end{bmatrix} \begin{bmatrix} x_2^k - \bar{x}_2^k \\ x_3^k - \bar{x}_3^k \\ \vdots \\ x_N^k - \bar{x}_N^k \\ \lambda^k - \bar{\lambda}^k \end{bmatrix}.$$

注意到 H 和 Q 的定义, 有

$$(v^k - \bar{v}^k)^{\mathrm{T}} M(v^k - \bar{v}^k) + (\bar{\lambda}^k - \lambda^k)^{\mathrm{T}} \left(\sum_{j=2}^{N} A_j(x_j^k - \bar{x}_j^k) \right) = \frac{1}{2} \|v^k - \bar{v}^k\|_H^2 + \frac{1}{2} \|v^k - \bar{v}^k\|_Q^2,$$

于是不等式 (9.16) 可写为

$$(v^k - v^\star)^{\mathrm{T}} M(v^k - \bar{v}^k) \leqslant \frac{1}{2} \|v^k - \bar{v}^k\|_{H+G}^2,$$

也即

$$\langle MH^{-1}M^{\mathrm{T}}(v^k - v^\star), M^{-\mathrm{T}}H(\bar{v}^k - v^k)\rangle \leqslant -\frac{1}{2}\|v^k - \bar{v}^k\|_{H+G}^2. \tag{9.17}$$

记 $G = MH^{-1}M^{\mathrm{T}}$，则 $MH^{-1}M^{\mathrm{T}}(v^k - v^\star)$ 是距离函数 $\frac{1}{2}\|v - v^\star\|_G^2$ 在 v^k 处的梯度.

那么当 $v^k \neq \bar{v}^k$ 时，$-M^{-\mathrm{T}}H(v^k - v^\star)(v^k - \bar{v}^k)$ 是距离函数 $\frac{1}{2}\|v - v^\star\|_G^2$ 在 v^k 处的下降方向.

由算法迭代格式的第二步知

$$\|v^k - v^\star\|_G^2 - \|v^{k+1} - v^\star\|_G^2$$
$$=\|v^k - v^\star\|_G^2 - \|(v^k - v^\star) - \alpha M^{-\mathrm{T}}H(v^k - \bar{v}^k)\|_G^2$$
$$=2\alpha(v^k - v^\star)^{\mathrm{T}}M(v^k - \bar{v}^k) - \alpha^2\|v^k - \bar{v}^k\|_H^2,$$

利用不等式 (9.17)，可知

$$\|v^{k+1} - v^\star\|_G^2 \leqslant \|v^k - v^\star\|_G^2 - \alpha\left((1-\alpha)\|v^k - \bar{v}^k\|_H^2 + \|v^k - \bar{v}^k\|_Q^2\right). \tag{9.18}$$

由 (9.18) 就容易得到 ADM-G 的收敛性 (留作习题).

关于本章内容的注释 ADMM 的思想在 20 世纪 70 年代被首次提出, 当时是用于求解一类数学物理方程离散后的线性方程组. 这个想法在 20 世纪 90 年代, 被用于求解具有可分结构的变分不等式和凸优化问题. 何炳生教授及他与合作者在 ADMM 方面的系列研究工作大大推动了 ADMM 的发展, 受到学界的广泛关注. 近些年 ADMM 方面有很多新的工作出现. 本章介绍了经典的 ADMM 及收敛性分析, 内容主要取自 [10, 11]. 更详细的发展历史及前沿发展介绍, 可参考 [10, 12].

另外, [16] 指出, 二块经典 ADMM 必须再加一定条件才能保证子问题有解, 否则会出现子问题解不存在的情况. 具体讨论可看 [16].

习 题 9

9.1 验证软阈值算子:

$$S_\kappa(a) = \arg\min_x \kappa\|x\|_1 + \frac{\rho}{2}\|x - a\|_2^2$$

的解 x^+ 有如下显式表达:

$$x_i^+ = \begin{cases} a_i - \kappa, & a_i > \kappa, \\ 0, & \|a_i\| \leqslant \kappa, \\ a_i + \kappa, & a_i < -\kappa. \end{cases}$$

9.2 证明问题:

$$\min \quad \sum_{i=1}^{N} l_i(A_i x_i - b_i) + r(z),$$

$$\text{s.t.} \quad x_i = z, \quad i = 1, \cdots, N$$

的 ADMM 为

$$\begin{cases} x_i^{k+1} := \arg\min_{x_i} \left(l_i(A_i x_i - b_i) + \frac{\rho}{2}\|x_i - z^k + u_i^k\|_2^2 \right), \\ z^{k+1} := \arg\min_z (r(z) + (N\rho/2)\|z - \bar{x}^{k+1} - \bar{u}^k\|_2^2), \\ u_i^{k+1} := u_i^k + x_i^{k+1} - z^{k+1}, \end{cases}$$

这里 $\bar{x}$ 和 $\bar{u}$ 表示 $\{x_i\}_{i=1}^N$ 和 $\{u_i\}_{i=1}^N$ 的平均值.

9.3 统计中的稀疏逆协方差选择 (sparse inverse covariance selection) 模型可表示为

$$\min_{X \in \mathbf{S}_+^n} \quad \operatorname{tr}(SX) - \log\det X + \lambda\|X\|_1,$$

其中 $\mathbf{S}_+^n$ 表示对称半正定矩阵的全体, $\|X\|_1 = \sum_{i,j} |x_{i,j}|$.

(a) 写出用 ADMM 求解这个问题的算法格式.

(b) 写出算法涉及的子问题的显式解. (提示: 若已知 C, 可用特征值分解的方式构造 X 满足 $\rho X - X^{-1} = C$.)

9.4 TV 去噪模型是图像处理中的一个重要模型, 它可表示为

$$\min_x \quad \frac{1}{2}\|Ax - b\|_2^2 + \lambda\|Dx\|_1,$$

请写出这个问题的 ADMM 算法, 并写出子问题的显式解.

9.5 ADMM 可以看作是增广 Lagrange 方法 (ALM) 的推广. 对如下凸约束优化问题:

$$\min \quad f(x),$$

$$\text{s.t.} \quad Ax = b,$$

定义增广 Lagrange 函数为

$$L_\rho(x, \lambda) = f(x) + \lambda^{\mathrm{T}}(Ax - b) + \frac{\rho}{2}\|Ax - b\|_2^2,$$

则 ALM 算法为

$$\begin{cases} x^{k+1} := \arg\min_x L_\rho(x, \lambda^k), \\ \lambda^{k+1} := \lambda^k + (Ax^{k+1} - b), \end{cases}$$

假设函数 f 是凸闭的, 且问题的鞍点存在, 则该算法对任意的 $\rho > 0$ 收敛. 假设 $(x^\star, \lambda^\star)$ 是问题的一个鞍点:

(a) 证明

$$\|\lambda^{k+1} - \lambda^\star\|_2^2 \leqslant \|\lambda^k - \lambda^\star\|_2^2 - \|\lambda^k - \lambda^{k+1}\|_2^2.$$

(b) 证明 $\lim_{k\to\infty} f(x^k) = f(x^\star)$ 以及 $\lim_{k\to\infty} Ax^k - b = 0$.

9.6 证明 ADM-G 算法的第三步, 即证明算法生成的点列 $\{w^k\}_{k=1}^{\infty}$ 是有界的, 且点列 $\{w^k\}_{k=1}^{\infty}$ 的任一聚点都是问题的解.

参 考 文 献

[1] Boyd S, Vandenberghe L. Convex Optimization. Cambridge: Cambridge University Press, 2004.

[2] Boyd S, Vandenberghe L. 凸优化. 王书宁, 许鋆, 黄晓霖译. 北京: 清华大学出版社, 2013.

[3] Ben-Tal A, Nemirovski A. Lectures on Modern Convex Optimization: Analysis, Algorithms, and Engineering Applications. Philadelphia: SIAM, 2001.

[4] Rockafellar R T. Convex Analysis. Princeton: Princeton University Press, 1970.

[5] 修乃华, 罗自炎. 半定规划. 北京: 北京交通大学出版社, 2014.

[6] Nocedal J, Wright S J. Numerical Optimization. New York: Springer-Verlag, 2006.

[7] Borwein J M, Lewis A S. Convex Analysis and Nonlinear Optimization: Theory and Examples. Canadian Mathematical Society, 2000.

[8] Palomar D, Eldar Y. 信号处理与通信中的凸优化理论. 北京: 科学出版社, 2013.

[9] de Klerk E. Aspects of Semidefinite Programming: Interior Point Algorithms and Selected Applications. Boston: Kluwer Academic Publishers, 2002.

[10] Boyd S, Parikh N, Chu E, et al. Distributed optimization and statistical learning via the alternating direction method of multipliers. Foundations and Trends in Machine Learning, 2010, 3(1): 1-122.

[11] He B S, Yuan X M. Block-wise alternating direction method of multipliers for multiple-block convex programming and beyond. SMAI J. Computational Mathematics 2015, 1: 145-174.

[12] 何炳生. 我和乘子交替方向法 20 年. 运筹学学报, 2018, 22(1): 1-31.

[13] Chen C H, He B S, Ye Y Y, Yuan X M. The direct extension of ADMM for multi-block convex minimization problems is not necessary convergent. Mathematical Programming, 2016, 155(1-2): 57-79.

[14] Vandenberghe L, Boyd S. Semidefinite Programming. SIAM Review, 1996, 38(1): 49-95.

[15] Wolkwitz H, Saigal R, Vandenberghe L. Handbook of Semidefinite Programming: Theory，Algorithms and Applications. International Series in Operations Research and Management Science. Boston: Kluwer Academic Publishers, 2000.

[16] Chen L, Sun D F , Toh Kim-Chuan. A note on the convergence of ADMM for linearly constrained convex optimization problems. Computational Optimization and Applications, 2017,66:327-343.